Workbook for Drone Pilot

드론 무인멀티콥터
조종자 자격증 필기

PREFACE

드론 무인멀티콥터 조종자 자격증 필기를 펴내면서

국가정보전략연구소의 구성원이 주축이 돼 지난 2017년부터 출간하기 시작한 드론 관련 서적이 7권이 넘어섰다. 고등학생용 교과서에서 드론 자격증 취득용까지 다양한 서적을 펴내면서 각계각층의 독자로부터 큰 성원을 이끌어냈다.

저자들은 2019년 경기도 포천시 드론클러스터 추진을 위한 세미나 개최를 위해 협력하기 시작했다. 이후 포천시 드론클러스터 추진단 구성, 포천시 드론 특별자유화구역 신청 등에도 함께 노력했다. 드론 특별자유화구역 신청 컨설팅 프로젝트에서는 8개 사업 중 5개가 선정되는 쾌거를 이룩했다.

경기도에서는 다수의 지자체가 신청했음에도 불구하고 포천시가 유일하게 드론 특별자유화구역으로 선정됐다. 휴전선 인근으로 군부대가 밀집돼 불가능할 것이라는 우려가 팽배했지만 극복했다. 전국 15개 지자체 33개 구역이 선정됐는데, 포천시가 5개 구역을 인정받은 것은 지역 특성을 반영해 다양한 사업 아이템을 제시한 결과다.

국가정보전략연구소 컨설팅팀은 국내외 공공기관, 기업, 단체를 대상으로 경영전략, 시장개척, 시장조사, 특허출원, R&D전략, 조직관리 등에 관한 컨설팅과 자문을 제공한다. 특히 260여개에 달하는 글로벌 국가의 정책, 글로벌 기업의 경영전략, 글로벌 산업 동향에 관해 정확하고 현장감 있는 정보를 수집한다.

현재 다수의 국내 언론사, 기업 등에 글로벌 시장 동향에 관한 정보를 유료로 제공하고 있다. 다른 컨설팅 업체들과 차별화하기 위해 선진국 정보기관의 정보시스템인 GIMS(Global Intelligence Management Strategy)를 운영한다. 또한 임무를 완벽하게 수행하기 위해 글로벌 네트워크를 구축 및 유지하는데 상당한 시간과 노력을 투입했다.

지난 30여년 이상 축적한 방대한 규모의 정보(Intelligence)와 첩보(information)는 국가정보전략연구소의 핵심 자산으로 자리매김했다. 매년 국내 전문가들이 잘 다루지 않는 주제에 대해 다수의 책을 출간하고 수천편의 현안 이슈 칼럼을 기고할 수 있는 저력도 양질의 빅 데이터(Big Data) 덕분이다.

드론뿐만 아니라 인공지능(AI), 사물인터넷(IoT), 블록체인(Block Chain), 로봇(Robotics), 자율주행자동차(Self-Driving Car), 바이오(Bio) 등 4차 산업 혁명 전반에 걸쳐 기술적 특성과 시장 현황을 모니터링하고 있다. 향후에도 심도 깊은 정보를 지속적으로 공개할 방침이다.

이번에 출간하는 '드론 무인멀티콥터 조종자 자격증 필기'는 드론 조종자 자격증을 취득하려는 일반인을 대상으로 집필한 책이다. 문제은행식으로 출제되는 필기시험의 범위를 넘는 내용이 많지만 항공산업에 대한 이해도를 높이기 위한 목적에서 추가했다는 점을 밝힌다. 독자들에게 몇 마디 유의사항을 제시하면 다음과 같다.

첫째, 드론 조종자 자격증을 취득한다고 자격증을 곧바로 활용하거나 돈을 많이 버는 직업을 얻기란 쉽지 않다. 몇 년 전 모 유명 연예인이 TV프로그램에 나와 드론 자격증을 취득하는 과정을 보여주면서 자격증 취득 열풍이 불었다. 하지만 금세 미풍으로 사그라들었다. 한국인의 급한 성질이 문제가 아니라 자격증의 활용 방안을 찾지 못했기 때문이다.

둘째, 드론 조종자 자격증이 현재는 인생에 큰 도움이 되지 않을 수도 있지만 미래 전망은 매우 밝다는 점을 잊지 않기를 바란다. 드론산업의 특수성이나 거대한 산업변화의 과도기로 자격증 소지자에 대한 수요가 정체돼 있다. 농업용뿐만 아니라 물류용, 건설용, 레저용, 촬영용 등으로 드론 수요가 확대되는 상황이 전개되고 있다.

셋째, 드론은 멀티콥터뿐만 아니라 틸터로터, 고정익 드론 등 종류도 다양하기 때문에 자격증 취득 이후에도 지속적으로 관련 지식을 습득해야 한다. 일반인이 레저용으로 사용하는 드론은 이·착륙의 용이성, 조종의 편리성, 저렴한 가격 등의 이유로 멀티콥터가 대세이다. 하지만 군사용이나 산업용 드론은 틸터로터, 고정익 드론이 주류라는 점을 감안하면 멀티콥터 조종자 자격증만으로는 미래를 준비하는 데 충분하지 않다.

넷째, 글로벌 국가들이 드론을 강제로 등록하도록 요구하거나 비행구역을 제한하는 등 규제를 강화하고 있지만 활용방안을 찾으려는 노력도 그에 못지않은 상황이다. 드론을 등록한다는 것은 정부 차원의 활용방안을 강구하겠다는 신호로 인식하면 좋다. 드론 규제도 부정적인 면보다는 긍정적인 측면이 강하다.

다섯째, 드론 자격을 관리하는 국토교통부, 교통안전공단, 항공안전기술원 등 유관기관들은 드론 조종자 자격증의 발급뿐만 아니라 활용체계를 수립하는데 적극적으로 나서야 한다. 민간수요를 확장하기 위해 가능하다면 규제를 대폭 완화할 필요가 있다. 관련 부처가 뒷짐만 지고 있으면 드론산업은 4차 산업혁명의 아이콘으로 성장할 수 없다.

마지막으로 이 책을 집필하고 감수하는데 현장에서 얻은 노하우와 경험을 아낌없이 나눠주신 신시균 원장님에게도 깊은 감사를 드린다. 국내 드론 1세대로 일본까지 방문해 드론 조종술과 정비체계를 배워와 후진양성에 평생을 바친 선구자이기 때문이다. 독자들도 많은 선배님들이 흘린 땀이 현재 국내 드론산업을 성장시킨 밑거름이 되었다는 사실을 잊지 않기를 바란다.

2021년 11월 30일

편저자 민 진 규, 박 재 희, 김 봉 석

드론 무인멀티콥터 조종자 자격증 필기

CONTENTS

CHAPTER 01	무인멀티콥터	8
CHAPTER 02	항공역학	68
CHAPTER 03	항공기상학	154
CHAPTER 04	항공법규	244
CHAPTER 05	모의고사	320
APPENDIX 01	초경량비행장치조종자 실기시험표준서	398
APPENDIX 02	무인멀티콥터 체크리스트	411

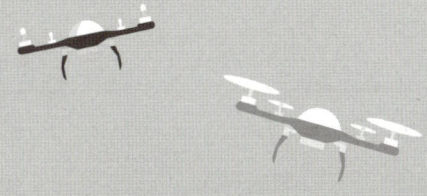

드론 무인멀티콥터 조종자 자격증 필기

CHAPTER 01

무인멀티콥터

- **STEP 1** 드론의 정의
- **STEP 2** 항공기의 구성
- **STEP 3** 드론의 구성
- **STEP 4** 드론의 기술

CHAPTER 01 무인멀티콥터

STEP 1 드론의 정의

1 주요 기관의 정의

(1) 국제민간항공기구(ICAO)
① 드론을 RPAS(Remotely Piloted Aircraft System)으로 정의
② RPAS를 원격조종항공기시스템으로 번역하며 원격조종항공기
③ 원격조종스테이션(remote pilot station)은 원격조종사가 무인비행기를 관리하는 스테이션

(2) 미국 연방항공청(FAA)
① 원격조종 및 자율조종으로 시계 밖 비행이 가능한 민간용 비행기로 승객이나 승무원을 운송하지 않는다'고 정의
② 무인의 기준은 '탑승자'가 아니라 '조종자'라는 의미이며 승객을 운송할 수 없다고 한계를 설정

(3) 한국 항공안전법
① 무인비행장치는 '항공기에 사람이 탑승하지 아니하고 원격·자동으로 비행할 수 있는 항공기'로 정의
② 무인비행장치는 사람이 탑승하지 않는 무인동력비행장치와 무인비행선을 포함
③ 150kg 미만의 무인항공기
④ 소형 무인항공기를 무인비행장치로 분류하고 초경량비행장치에 포함

(4) 기타 정의
① 사전 프로그래밍된 경로를 따라 자동 또는 반자동 형식으로 자율비행하는 비행체
② 비행체, 지상통제장비(GCS), 통신장비(Data Link), 탑재임무장비(Payload), 지원장비, 시스템 등의 구성요소로 된 전체 시스템

2 드론의 표현과 분류

(1) 무인항공기(드론)의 다양한 표현

약어	전체 명칭	의미
UAV	Uninhabited Aerial Vehicle	항공기에는 사람이 탑승하지 않지만 지상에는 원격으로 조종하는 조종사가 있다는 뜻
UAV	Unmanned Aerial Vehicle	사람이 탑승하지 않은 항공기
UAV	Unpiloted Aerial Vehicle	조종사가 탑승하지 않은 항공기
UAS	Unmanned Aerial System	사람이 탑승하지 않는 항공시스템
RPAS	Remotely Piloted Aircraft System	원격으로 조종하는 항공시스템
RPAV	Remote Piloted Air/Aerial Vehicle	원격으로 조종하는 항공기
RPV	Remotely Piloted Vehicles	지상에서 원격으로 조종하는 기기
	Robot Aircraft	비행하는 로봇

(2) 드론의 분류

종류	설명
고정익 드론	고정날개 형태인 드론, 연료소모가 적어 장거리 임무수행에 적합
회전익 드론	헬리콥터와 동일한 형태의 드론, 수직이착륙이 가능해 함상이나 산악지형에 유리
멀티콥터형 드론	3개 이상의 다중 로터를 탑재한 비행체 형태로 회적인 드론의 장점을 보유
가변로터형 드론	로터/프로펠러가 가변형인 하이브리드 드론, 수직으로 이륙한 이후 프로펠러를 수직으로 전환한 이후 고정익으로 비행
동축반전형 드론	하나의 축에 2개의 로터를 반대방향으로 회전해 반토큐현상을 상쇄

STEP 2   항공기의 구성

1 항공기의 구성

(1) 날개(Wing)
- ① 보조익(ailerons)
  날개의 후연부 바깥쪽에 부착돼 있으며 좌우측 보조익은 상호 반대방향으로 운동하도록 고안
- ② 고양력장치(flaps)
  날개의 후연부 안쪽에 보조익과 나란히 부착되어 있으며 항공기 날개의 양력발생에 활용

(2) 동체(Fuselage)

항공기의 몸체로서 조종실, 승객과 화물을 적재할 수 있는 공간을 제공하며 날개, 착륙장치, 엔진을 지지

- ① 트러스(Truss) 구조 : 경비행기에 주로 사용
- ② 세미모노코크(Semi-monocoque) 구조 : 응력 외피형 구조형태
  - ㉠ 세로대, 스트링어로 정형하여 외피를 입히는 구조로 기체를 유선형으로 제작 가능
  - ㉡ 부분적으로 가해지는 집중하중을 프레임, 벌크헤드, 링, 스트링어 등을 통해 외피로 전달
  - ㉢ 내부공간의 활용도가 높음.

(3) 꼬리날개(Empennage)
- ① 방향타(rudder)
  조종사가 페달을 좌우로 움직임에 따라 방향타의 좌우작용으로 비행기가 좌측 및 우측방향을 전환
- ② 승강타(elevator)
  조종사가 조종간을 전후로 움직임에 따라 승강타의 상하작용으로 비행기는 상승 및 하강
- ③ 수직안정판(vertical stabilizer)
  항공기의 꼬리부에 수직표면으로 설치되는 조종면으로 항공기의 수직축에 대해 항공기의 운동을 조종해주고 안정성을 제공
- ④ 수평안정판(horizontal stabilizer)
  항공기의 동체 뒷부분에 수평으로 장치되어 있는 수평꼬리날개의 앞쪽 반부분을 말하며 비행기의 기수를 올리거나 내리고, 세로의 균형과 안정을 유지
- ⑤ 트림 탭(trim tab)
  비행 중 조종면에 작용하는 공기역학적 하중을 조절하기 위해서 주조종면에 장착되어 있는 작은 조종면을 말함.

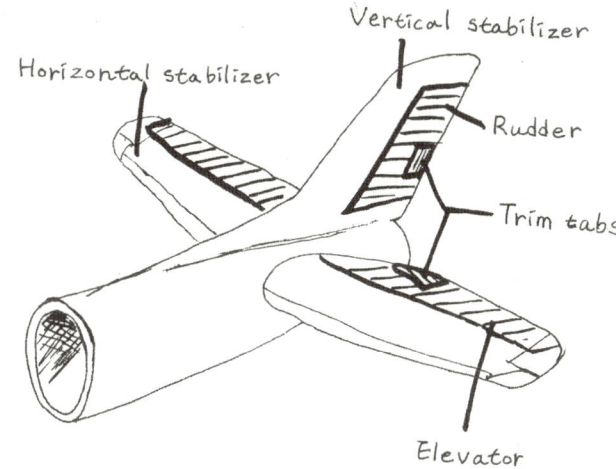

꼬리날개의 구성 |

(4) 착륙장치(Landing Gear)
① 주착륙장치(main landing gear)
  항공기가 착륙할 때 항공기가 안전하게 착륙할 수 있도록 지상에서 항공기 중량의 대부분을 받아 착륙 시 충격을 흡수할 수 있도록 한 장치
② 보조착륙장치(auxiliary landing gear)
  항공기가 착륙 혹은 이륙 시에 충분히 균형을 갖도록 하는 기어장치

(5) 엔진(Powerplant)
① 왕복식 엔진(reciprocal)
② 제트(jet) 엔진

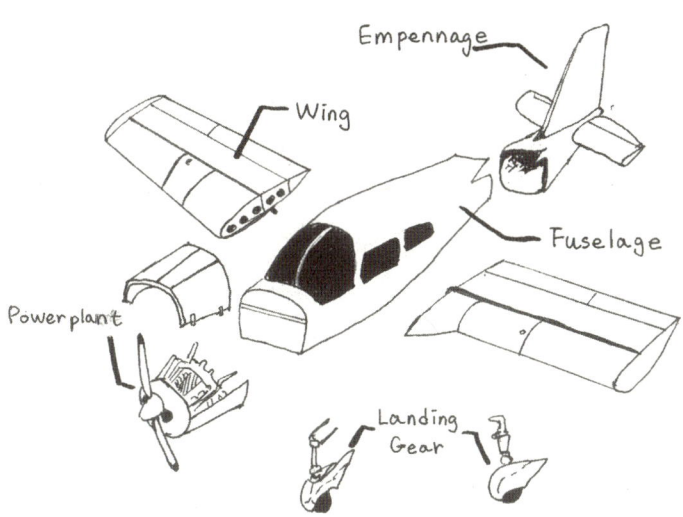

항공기의 구성 |

2 기체에 영향을 미치는 힘

(1) 외력의 종류

외력은 항공기의 외부에서 작용하는 힘을 말하며 양력, 항력, 추력, 중력이 있음.

① 양력(Lift) : 날개에 발생해 항공기를 들어 올리는 힘
② 추력(Thrust) : 항공기를 앞으로 나아가게 하는 힘
③ 항력(Drag) : 항공기의 전진을 방해하는 힘
④ 중력(Weight): 항공기의 전체 무게가 지구의 중심으로 향하는 힘

(2) 내력의 종류

내력은 항공기 구조물 내부에 하중을 전달하는 힘을 말하며 인장력, 압축력, 전단력, 굽힘 모멘트, 비틀림 등이 있음.

① 인장력(tension) : 서로 잡아당기거나 밀어내는 힘
② 압축력(compression) : 서로 찍어 누르는 힘
③ 전단력(shear force) : 밀려서 끊기는 힘
④ 굽힘 모멘트(bending moment) : 구부러지는 힘
⑤ 비틀림(torsion)

(3) 하중계수

하중계수는 항공기에 작용하는 하중을 등속수평비행 시의 양력으로 나눈 값을 말한다. 등속수평비행하고 있는 항공기에서 양력과 중력, 추력과 항력이 서로 평행이므로 관성력은 작용하지 않는다. 항공기 설계규정에는 항공기 유형에 따라 하중계수의 최대치를 정해 놓고 있는데 이를 제한 하중계수라고 함.

3 항공기의 구조형식

(1) 트러스 구조

트러스 구조는 목재, 철판으로 트러스(truss)를 구성하고 천 또는 얇은 금속판 외피를 씌우는 구조를 말한다. 초경량 항공기, 소형기에 많이 사용됨.

(2) 응력외피구조

응력외피구조는 골조뿐만 아니라 외피도 하중의 일부를 담당하게 하는 형식을 말한다. 모노코크 구조형식(monocoque construction)과 반 모노코크 구조 형식(semi-monocoque construction)이 있다. 전자는 골조와 외피가 일체인데 반해 후자는 골조와 외피를 각각 만들어 조립한다. 중량에 비해 강도가 큰 이점이 있음.

(3) 샌드위치 구조

샌드위치 구조는 양쪽에 외판을 두고 가운데 다른 소재를 넣은 방식이다. 외판재료는 알루미늄합금, 티타늄합금, 스텐레스강, 섬유강화 플라스틱(FRP) 등을 주로 사용한다. 거품형, 발사(balsa)형, 허니컴(honeycomb), 파동형 등이 있음.

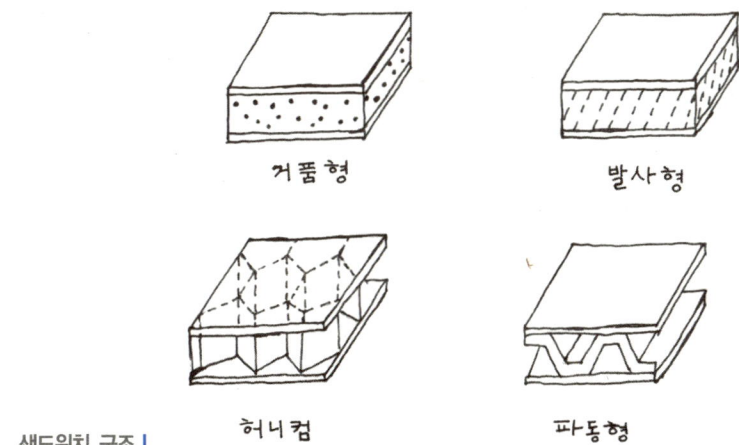

| 샌드위치 구조 |

(4) 페일세이프 구조

페일세이프(fail-safe) 구조는 구조 요소 일부에 파손이 생기더라도 전체의 안정성을 유지할 수 있는 구조를 말한다. 다중하중경로구조, 이중구조, 대치구조, 하중경감구조 등이 있음.

① 다중하중경로구조(redundant structure)
② 이중구조(double structure)
③ 대치구조(back-up structure)
④ 하중경감구조(load dropping structure)

4 항공기 기체의 재료

(1) 금속재료

① 알루미늄(aluminum)합금
② 강(steel)과 특수강
③ 니켈(nickel)합금
④ 마그네슘(magnesium)합금
⑤ 동합금
⑥ 티타늄(titanium)합금
⑦ 소결합금

(2) 복합재료

① 유리섬유계 복합재(GFRP)는 1940년대 초 레이더전파의 투과성을 가진 재료로 개발된 이후 널리 사용되고 있지만 강도가 높지 못해 고강도 부재로는 적당하지 않음.
② 탄소섬유계 복합재(CFRP)는 군용기에 많이 사용
③ 아라미드섬유계 복합재(AFRP)
④ 보론섬유계 복합재(RBFRP)

5 항공기의 추진기관

(1) 왕복기관

왕복기관은 실린더, 피스톤, 커넥팅 로드, 크랭크 축, 흡배기 밸브, 점화를 위한 스파크 플러그 등으로 구성돼 있다. 왕복기관은 연료의 연소에 의해 얻어지는 열에너지를 회전일로 변환시킨다. 연료가스를 팽창시켜 피스톤을 왕복운동 시킨 다음 크랭크 기구에 의해 회전일로 바꿔 동력을 확보함.

① 독일 니콜라우스 오토(Nikolaus August Otto)는 1876년 흡입, 압축, 폭발, 배기의 4개 행정으로 작동하는 기관을 제작했으며 4행정기관은 동력축이 2회전할 때마다 1회의 폭발
② 영국 클라크(Clark, J. L.)는 1880년 폭발, 배기로 이뤄지는 2행정기관 제작
③ 항공기용 왕복기관은 가솔린(gasoline)을 주 연료로 하는 4행정기관
④ 항공기는 디젤(Diesel)기관을 전혀 사용하지 않음.

(2) 왕복기관의 구조

① 실린더(cylinder)
실린더는 실린더 기통(cylinder)과 실린더 헤드(cylinder head)로 구분된다. 실린더 헤드에는 흡기 배기밸브와 점화하기 위한 스파크 플러그를 장착함.
② 피스톤(piston)
피스톤은 실린더 내의 폭발압력을 힘으로 변환해 커넥팅 로드(connecting rod)를 거쳐 크랭크축(crankshaft)으로 전달하는 역할을 수행
③ 커넥팅로드(connecting rod)
커넥팅로드는 연결봉이라고 부르는데 피스톤에 가해진 힘을 크랭크 축에 전달하는 역할을 수행한다. 한쪽 끝은 피스톤에 연결돼 왕복운동을 하고 다른 한 쪽 끝은 크랭크축에 연결돼 회전운동을 함.
④ 흡배기 밸브
흡입밸브는 흡입행정에서 혼합공기를 실린더 내로 유입시키고 배기밸브는 배기행정에서 배기가스를 방출하며 압축 및 팽창 행정에서 실린더 내의 기밀을 유지
⑤ 점화기
왕복기관의 점화계통은 마그네토(magneto) 점화방식을 많이 사용하며 시동할 때는 유도 바이브레이터(induction vibrator)를 겸용하는 경우도 있음.

(3) 왕복기관의 연료

① 왕복기관의 연료는 주로 액체연료가 사용됨.
② 연소는 연료증기와 공기가 혼합돼 점화에 의해 타는 과정을 말함.
③ 연소한계
연료의 혼합비가 어떤 범위보다 크거나 작으면 점화나 화염전파가 일어나지 않는 것을 말함.
④ 노킹(knocking)현상
내연기관의 실린더 내에서 이상연소에 의해 망치로 두드리는 것과 같은 소리가 나는 것을 말한다. 열효율의 저하, 마모 증가, 피스톤 손상 등의 원인이 됨.

⑤ 항공기 엔진의 배기가스 색깔
  ㉠ 백색 : 수분 함유
  ㉡ 청색 : 오일 누유
  ㉢ 흑색 : 불완전 연소

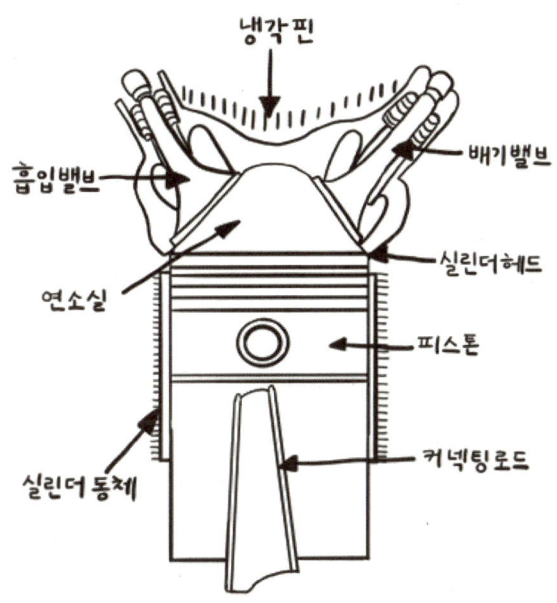

| 왕복기관의 구조 |

(4) 항공기 연료의 조건
  ① 기화성이 좋은 것.
  ② 발열량이 큰 것.
  ③ 제폭성이 큰 것.
  ④ 부식성이 적은 것.
  ⑤ 불순물 생성이 적은 것.
  ⑥ 물리적, 화학적 안정성이 큰 것.

(5) 가스터빈기관
  ① 터보제트
  ② 터보팬
  ③ 터보프롭
  ④ 터보축기관

(6) 왕복기관과 비교한 가스터빈기관의 장점
  ① 연료의 연소가 연속적으로 진행되기 때문에 기관의 중력당 추력이 큼.
  ② 윤활유 소비량이 적음.
  ③ 왕복기관에 비해 옥탄가가 낮은 연료를 사용할 수 있음.
  ④ 비행속도가 커질수록 효율이 좋아져 초음속 비행이 가능
  ⑤ 추운 날씨에도 시동이 쉬워 극한지방이나 고고도에서 운용이 가능
  ⑥ 추력이 좋아 대부분의 대형 항공기에 사용

(7) 윤활유의 역할

① 마찰면이 분리되면서 마찰 저항력 감소하는 마찰 저감 작용
② 마찰면에 발생하는 마찰열을 흡수하는 냉각작용
③ 마찰면에 발생하는 충격을 마찰면 전체로 분산하는 응력분산 작용
④ 마찰면의 표면에 유막을 형성해 수분, 산소 등의 침투를 방지하는 방청 작용
⑤ 마찰면의 이물질을 청소하는 세정작용
⑥ 실린더 피스톤을 중심으로 유막을 형성해 폭발가스가 누출되는 것을 방지하는 밀봉 작용

6 항공기의 계기계통

(1) 항공계기에 표시된 색상의 의미

① 적색 빗금선 : 최소, 최대 운전범위 또는 운용한계
② 녹색 : 계속 운전범위 또는 순항범위
③ 황색 : 경계 및 경고범위
④ 백색 : 속도계에만 표시되는 것으로 플랩작동 속도범위(최대 하중 착륙 시)
⑤ 청색 : 왕복기관에서 혼합기 오토에서 기관 계속 운전범위

(2) 비행계기(flight instrument)의 종류

① 고도계(altimeter)
② 속도계(air-speed indicator) 및 마하계(mach meter)
③ 승강계(rate of climb indicator) 또는 수직속도계(vertical velocity indicator), 순간수직속도계(instantaneous vertical speed indicator)
④ 선회경사계(turn & bank indicator)
⑤ 자이로 수평지시계(gyro horizon indicator)
⑥ 방향 자이로 지시계(directional gyro indicator)
⑦ 실속 탐지기(stall detector)

(3) 동력계기(engine instrument)의 종류

① 회전계(RPM gage)
② 다지관 압력계(manifold pressure gauge)
③ 연료 압력계(fuel pressure gauge)
④ 윤활유 압력계(oil pressure gauge)
⑤ 기관 압력비 지시계(engine pressure ratio indicator)
⑥ 연료 유량계(fuel flowmeter)
⑦ 연료량계(fuel quantity indicator)
⑧ 기통두 온도계(cylinder head temperature indicator)

⑨ 윤활유 온도계(oil temperature indicator)
⑩ 연료 온도계(fuel temperature indicator)
⑪ 흡입공기 온도계(carburetor air temperature indicator)
⑫ 배기가스 온도계(exhaust gas temperature indicator)
⑬ 압축기 입구 온도계(compressor inlet temperature indicator)

(4) 항법계기(navigation instrument)의 종류
① 나침반(magnetic compass)
② 원격 지시식 나침반(flux-gate compass)
③ 대기 온도계(out-side air temperature indicator)
④ 자동 무선방향 탐지기(automatic directional finder)
⑤ VOR(Very high frequency Omni Range)
⑥ LORAN(Long Range Navigation)
⑦ DME(Distance Measuring Equipment))
⑧ 편류측정기(drift meter)
⑨ 도플러 항법장치(Doppler navigation system)
⑩ 관성항법장치(INS)
⑪ GPS 지시기

(5) 기타 계기(other instrument)
① 전압계(voltmeter) 및 전류계(ammeter)
② 작동 유압계(hydraulic pressure gauge)
③ 객실 고도계(cabin pressure gauge)
④ 산소 압력계(oxygen pressure gauge)
⑤ 조종면 위치 지시계 (control surface position indicator)

7 계기계통 상세

(1) 피토정압계
① 정의 : 항공기의 고도 및 속도에 따른 동압을 감지해 상태를 나타내는 계기
고도가 높아지면 대기압이 낮아지고 속도가 빨라지면 동압이 커지는데 이 변화를 아날로그화해 항공기 계기에 속도, 고도, 승강계 변화량으로 표시함.
② 피토정압계의 종류
㉠ 고도계(altimeter)
㉡ 속도계(air-speed indicator)
㉢ 승강계(rate of climb indicator)

③ 피토관(Pitot tube) : 유속 측정장치의 하나로 유체 흐름의 총압과 정압의 차이로 유속 측정
  ㉠ 1728년 프랑스 H.피토가 발명함.
④ 정압공(static port)
  비행기의 동체 앞부분의 좌우 측면에 도출되지 않게 뚫린 구멍으로 파이프와 연결돼 대기 속도계와 고도계에 연결된다. 정압공을 통해 파악한 동압(dynamic pressure)과 정압(static pressure)의 합인 전압(total pressure)과 정압의 차이로 속도를 측정하게 됨.

(2) 고도계(Altimeter)

고도계는 항공기와 지상 또는 다른 항공기와 수직 분리를 위해 필요하며 국제표준대기(International standard atmosphere)는 고도계를 조정하기 위해 제정한다. 해수면에서 표준 대기압은 29.92"Hg, 1013.2hPa이며 표준 대기조건에서 기압은 고도가 1000ft 상승할 때마다 약 1"Hg씩 감소함.

① 절대고도(Absolute altitude)
  비행 중인 항공기로부터 항공기 바로 밑의 지표까지의 고도를 말하며 해면에서 항공기, 산악의 경우에는 산악표면으로부터 항공기까지의 수직거리를 말함.
② 지시고도(Indicated altitude)
  고도계의 콜스만 창(kollsman window)에 인근 공항의 최근 고도계 수정치(altimeter setting) 값을 세팅 시켰을 때 고도계가 지시하는 고도
  ㉠ 표준기온보다 더운 지역에서는 고도계 지시는 진고도보다 낮게 지시
  ㉡ 표준기온보다 추운 지역에서 고도계 지시는 진고도다 높게 지시
  ㉢ 고기압에서 저기압으로 고도계 수정 없이 비행했을 때 지시고도는 진고도보다 높게 지시
  ㉣ 저기압에서 고기압으로 고도계 수정 없이 비행했을 때 지시고도는 진고도보다 낮게 지시
③ 진고도(True altitude)
  비표준 대기상태를 수정한 수정고도로서 평균 해면 고도 위의 실제 높이(actual height)
  ㉠ 기온이 표준보다 높은 지역에서는 지시고도는 진고도보다 낮게 지시
  ㉡ 기온이 표준보다 낮은 지역에서는 지시고도가 진고도보다 높게 지시
  ㉢ 표준기온에서는 지시도고와 진고도가 일치
④ 기압고도(Pressure Altitude)
  고도계 수정치를 표준기압인 29.92"Hg에 맞춘 상태에서 고도계가 지시하는 고도
⑤ 밀도고도(Density Altitude)
  기압고도와 기압을 수정한 것이 밀도고도이다. 표준대기 조건에서만 밀도고도는 기압고도와 일치
  ㉠ 표준기온보다 높을 때 공기가 팽창하면서 밀도고도는 기압고도보다 높음
  ㉡ 표준기온보다 낮을 때 공기가 수축하면서 밀도고도는 기압고도보다 낮음
  ㉢ 저밀도 고도에서는 항공기 성능이 상승하지만 고밀도 고도에서는 항공기 성능이 저하
  ㉣ 고밀도 고도에서는 밀도가 적어 공기흡입량이 줄어 엔진의 동력이 감소

(3) 속도계

① 지시속도(Indicated Airspeed)
속도계가 지시하는 속도로 공기역학적으로 항공기의 성능을 결정하기 위한 기본단위로 사용한다. 고도 및 기온에 따라 변하지 않음.

② 수정 속도(Calibrated Airspeed)
수정 속도도 지시속도(IAS)에서 계기의 오차를 수정한 것으로 계산함.

③ 등가 속도(Equivalent Airspeed)
수정 속도에서 단열 압축성 흐름을 수정한 것이 등가 속도이다. 고도 2만ft 이상과 지시속도 180kn 이상에서는 항공기 전방의 공기가 압축되는 현상이 발생한다. 압축성 공기는 비정상적으로 지시속도를 나타내기 때문이 등가속도는 수정 속도보다 낮음.

④ 대기속도(Airspeed)
㉠ 주변 공기와 상대적 속도
㉡ 항공기의 비행속도이지만 대지속도(ground speed)와는 달리 지상의 비행거리와 관계없이 풍압으로 측정되는 속도

⑤ 진대기 속도(True Airspeed)
현재의 대기조건에서 공기 속을 이동하는 실제 속도(actual airspeed)이며 해수면이 표준대기 조건에서 수정 속도와 진대기 속도는 일치함.

⑥ 대지속도(Ground Speed) : 지상 위를 이동하는 실제속도임.

(4) 자기계기

지자기에 의한 방위를 탐지함으로써 비행방향을 측정하는 기기를 말한다. 비행방향은 북쪽을 기준으로 삼는데 종류는 다음과 같음.

① 진북(true north) : 변하지 않는 북쪽으로 북극성의 방향
② 자북(magnetic north) : 나침반의 N극이 가리키는 북쪽
③ 도북(grid north) : 지도상의 북쪽으로 지도의 세로선 위쪽이 도북

(5) 자이로계기(Gyro instrument)

자이로를 사용해 항공기의 자세, 회전각 속도, 또는 방위를 나타내는 계기를 말한다. 자이로는 자이로스코프의 줄인 말로 고속으로 회전하는 로터란 뜻이다. 자이로계기의 종류는 다음과 같음.

① 선회계
② 경사계
③ 수평지시계

8 기타 항공기 운항에 필요한 지식

(1) 항법(Navigation)의 종류

① 지문항법(Geonavigation)
  ㉠ 조종사사 지형을 시각적으로 확인하면서 최초 선정된 확인점(check point)에서 다음 확인점까지 비행하는 항법
  ㉡ 강, 호수, 해안선, 도로, 철도, 도시, 산 등의 지형을 이용해 연안항해에 적합

② 추측항법(Dead Reckoning Navigation)
  ㉠ 이미 알고 있는 지점을 기준으로 방향과 속도를 계산해 찾아가는 항법
  ㉡ VFR 용 항공지도인 구역항공도(Sectional Chart)를 이용해 출발지와 도착지 사이에 몇 개의 시각적인 체크포인트를 잡고, 거리와 방향 비행속도에 따른 도달시간, 사용될 연료량 등을 계산해 비행하며 실제와 계산치를 비교해 가며 하는 항법
  ㉢ 린드버그(Charles Lindbergh)가 나침반과 속도 정보만을 이용해 대서양을 횡단한 내용을 보도한 신문기사에서 'Dead Reckon'이라는 표현을 사용해 유래함.

③ 무선항법(Radio Navigation)
  ㉠ 지상의 기지국에서 보내는 무선신호를 통해 기지국과의 거리, 방향을 계산해 현재의 위치를 알아내는 항법
  ㉡ 종류는 NDB(non-directional radio beacon), VOR(VHF omnidirectional radio range), DME(distance measuring equipment), TACAN(Tactical Air Navigation), ILS(Instrument Landing system) LORAN(LOng RAnge Navigation) 등으로 다양함.
  ㉢ 현재 LORAN이 장거리 무선항법시스템으로 육상, 항공기 등에 광범위하게 사용됨.

④ 천문항법(Astronomical Navigation)
  ㉠ 태양, 달, 별 등과 같은 천체 관측에 의해 항공기의 위치를 결정하는 항법
  ㉡ 위성항법이 개발되면서 사용이 감소하고 있음.

⑤ 관성항법(Inertial Navigation System)
  ㉠ 자이로스코프를 이용해 위치를 확인하는 항법
  ㉡ 뉴턴의 운동법칙을 이용한 것으로 각속도를 측정하는 자이로와 가속도를 측정하는 가속도계로 구성하며 최초의 자이로는 독일의 V-2 로켓에 장착

⑥ 위성항법(Satellite Navigation)
  ㉠ 위성에서 발사되는 전파를 관측하거나 위성을 중계국으로 해 자신의 위치를 확인하고 진로를 결정하는 항법
  ㉡ 가장 많이 이용되는 방법은 NNSS(Navy Navigation Satellite System)
  ㉢ 범지구위성항법시스템은 미국의 GPS(Global Positioning System), 러시아의 글로나스(GLONASS), 유럽의 갈릴레오(Galileo), 중국의 베이두(Beiduou) 등이 있음.

(2) 위성항법 시스템의 종류와 특징

시스템	운용 국가	운용목적	위성 수(기)	정밀도
GPS	미국	군사용	32	3m
		민수용	32	15m
GLONASS	러시아	군사용/민수용	24	50m
Galieo	유럽연합	군사용/민수용	30	1m
Beiduou (COMPASS)	중국	군사용	13	1m
		민수용	35	10m

출처 : 민진규 국가정보학(배움, 2018)

STEP 3 　 드론의 구성

1 드론의 구성

(1) 비행체(Air Vehicle)
    ① 추진장치
    ② 연료장치(배터리)
    ③ 모터 & 변속기(ESC) : FC(Flight Controller)의 명령에 따라 모터의 전류를 제어
    ④ 항법전자장치(GPS)
    ⑤ 통신장비

(2) 페이로드(Payload)
    ① 카메라(Camera) : 일반 카메라는 주간, 적외선 카메라는 야간 촬영용
    ② 재머(Jammer) : 드론을 강제로 착륙시키거나 접근 자체를 막을 수 있는 장비
    ③ 농약통 : 방제 드론의 농약통은 5리터, 10리터, 20리터 등이 있음
    ④ 각종 무기 : 수류탄, 미사일, 기관총 등

2 드론의 세부구성

(1) 비행체의 구조와 기능
    ① 비행제어기(Flight Controller) : 무선조종기에서 보내는 조종명령과 자이로센서 등의 입력에 따라 ESC에 모터 제어신호를 보내는 역할 수행
    ② RC수신기
    ③ 지자기센서(3-Magnetometers) : 방향 측정
    ④ 기압센서(barometric Pressure Sensor) : 고도 측정
    ⑤ 자이로스코프(3-Gyroscopes) : 수평자세 측정
    ⑥ 가속도센서(3-Accelerometers) : 중력과 무관한 가속측정장치로 각속도 측정
    ⑦ GPS수신기 : 위치 측정
    ⑧ 모터변속기(Electronic Speed Controller, ESC) : 모터에 들어가는 전류를 제어
    ⑨ 비디오송신기
    ⑩ 카메라
    ⑪ 짐벌모터
    ⑫ 랜딩기어(Landing Gear) : 드론이 지면에 안정적으로 착지할 수 있도록 해주는 장치
    ⑬ 프로펠러(Propeller) : 드론의 양력발생과 호버링(hovering) 등 비행안전성을 결정

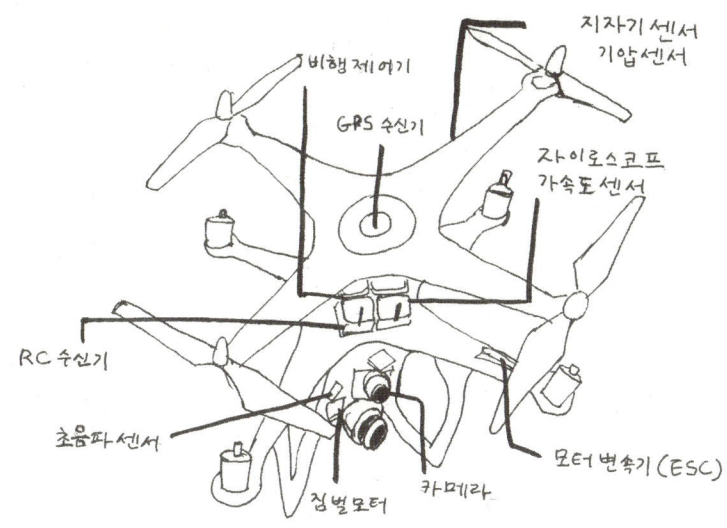

멀티콥터의 구조 |

(2) 조종기의 구조

① 좌스틱 : 상하좌우로 엘리베이터(Elevator), 러더(Rudder)의 값을 입력
② 우스틱 : 상하좌우로 스로틀(Throttle), 에일러론(Aileron)의 값을 입력
③ 트림 : 멀티콥터가 한 방향을 기울거나 중심을 잡기 위해 스틱의 중심을 옮겨야 할 때 사용하는 스위치

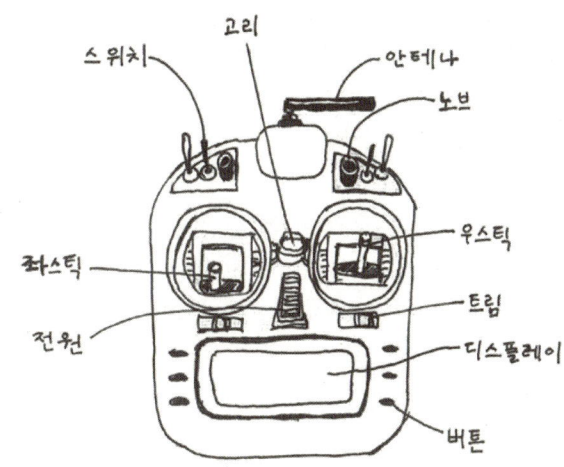

멀티콥터 조종기의 구조 |

(3) 조종기의 세팅

① 스로틀(Throttle) : 상승/하강
② 러더(Rudder) : 좌측/우측 회전
③ 엘리베이터(Elevator) : 전진/후진
④ 에일러론(Aileron) : 좌측/우측 이동

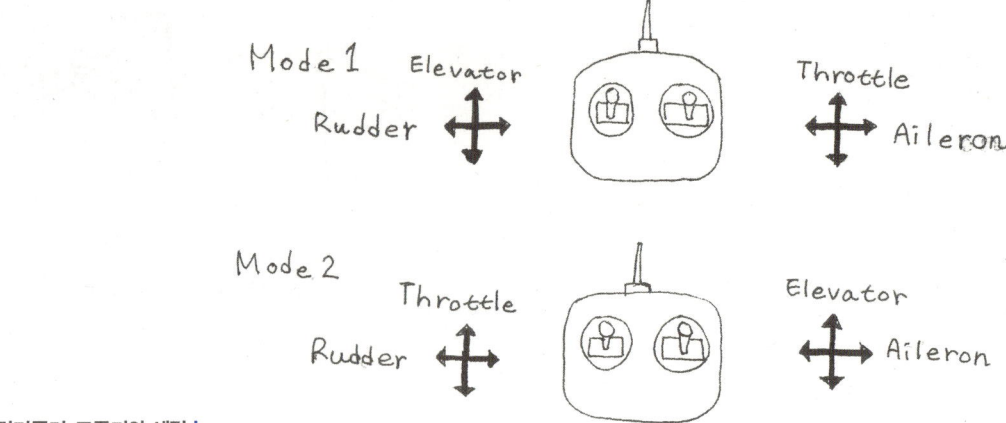

멀티콥터 조종기의 세팅 |

(4) 조종모드의 종류
① 수동제어모드(Manual Mode) : 완전한 수동이 아닌 자동자세제어모드
② GPS 자동비행모드(GPS Mode) : GPS를 이용해 자동으로 자세 및 위치를 인식
③ 자동복귀모드(RTH) : Home 좌표 위치를 저장하면 자동 착륙 및 제자리비행 설정 가능
④ 자세제어모드(Attitude Mode) : 자동비행시스템에서 자동으로 비행자제를 유지

(5) 조종기 테스트
① 안전한 사용을 위해 비행 전에 반드시 거리 테스트 실시
② 레인지 모드는 출력을 떨어뜨려 근거리에서 비행 전에 테스트하는 기능임.
③ 레인지 모드 테스트는 기체에서 30m 떨어진 위치에서 실시

(6) 바인딩(Binding)
① 조종기와 드론을 연결하는 것을 의미
② 드론의 전원을 켠 후 조종기의 전원을 넣고 조종기 컨트롤러를 특정하게 조작해 진행
③ 조종기와 드론이 1:1로 연결되지만 일부 조종기는 다수의 드론과 연결을 설정할 수 있음.

(7) 장기간 사용하지 않을 경우 조종기의 관리방법
① 배터리를 분리해서 보관
② 실온에서 보관하고 직사광선 회피
③ 배터리와 같이 전용 보관함에 보관

(8) 기타 용어
① 캘리브레이션(Calibration) : 드론과 무선조종기 기준을 다시 설정하는 것을 의미
② FPV(First-Person View) : 카메라를 통해 원격원상을 1인칭 시점에서 보면서 조종
③ 짐벌(Gimbal) : 카메라의 움직임에 상관없이 안정적인 영상촬영을 가능케 하는 장비

STEP 4 드론의 기술

1 배터리 기술

(1) 드론의 에너지원 종류
① 항공연료(kerosene) : 대형 고정익 드론에 사용, 미국의 프리데이터(Predator)가 해당
② 배터리(battery cells) : 소형 회전익 드론에 많이 사용하며 단거리, 짧은 시간만 운용
③ 연료전지(fuel cells) : 연료에 저장된 화학에너지를 전기에너지로 전환해 사용
④ 태양광전지(solar cells) : 고정익 드론의 날개에 태양광 전지를 부착해 에너지를 얻음.

(2) 드론에 사용하는 배터리의 종류
① 1차 전지 : 수은전지, 망간건전지, 알칼라인전지 등으로 기전력이 크고 일정하게 전압이 유지
② 2차 전지 : 납축전지, 니켈카드뮴(NiCd)전지, 니켈수소(NiMH)전지, 리튬 이온(Li-ion)전지, 리튬 폴리머(Lithium-Polymer)전지 등으로 여러 번 충전해 사용할 수 있음.
③ 배터리 용량은 Ah 또는 mAh로 표기
④ 배터리 방전율은 C자로 표기하며 순간적으로 얼마나 많은 에너지를 뽑을 수 있는지 평가
⑤ 배터리 출력은 방전율값(C) × 전류량(배터리용량)으로 계산

(3) 리튬이온(Lithium-ion) 배터리의 특징
① 알칼리 배터리, 니켈 카드뮴 배터리, 납산 배터리, 리튬 철 배터리 등에 비해 높은 에너지 밀도를 갖고 있음.
② 충전 주기가 길어 수명이 긴 편이며 약 500회 충전 시 배터리 성능이 급격하게 떨어짐.
③ 메모리 현상은 배터리에 잔여 전력이 남아 있음에도 불구하고 장시간 재충전으로 인해 잔여전력을 인식하지 못하는 현상을 말함.
④ 영하권이나 저온, 고온 등에서는 충전 효율이 떨어짐.
⑤ 하나의 셀이 고장 나면 체인 반응을 일으켜 전체 배터리 팩을 사용할 수 없음.

(4) 리튬폴리머(Lithium-Polymer) 배터리의 특징
① 리튬이온 배터리보다 얇고 폭발 위험이 적으며 다양한 형태로 제작이 가능
② 전해질의 용액이 새는 누액현상, 자연 방전, 메모리효과도 없어 완전방전이 되지 않아도 충전해 사용이 가능
③ 셀(cell)당 기준 전압이 3.7V이고 3V이하로 내려가면 전해질 손상이 시작되며 배터리 배부름 현상이 발생함
④ 만충전압은 4.2V이고 최대 방전은 3.2V로 관리
⑤ 저전압 경보장치를 3.4V 정도에 맞춰 관리하면 배터리 손상을 막을 수 있음.
⑥ 과전압, 과전류, 과방전 등 보호회로가 없으므로 과방전 및 단락에 주의해야 함.
⑦ 배부름 현상이 발생한 배터리는 불산(플루오르화수소)을 발산해 인체에 해로움.

(5) 배터리의 가격, 수명, 전압 등의 비교

	Li-Ion 리튬 이온	Li-Po 리튬 폴리머	Ni-Cad 니켈 카드뮴	Ni-MH 니켈 수소
가격	고(高)	고(高)	저(低)	저(低)
수명	장(長)	중(中)	단(短)	중(中)
전압	3.7V	3.7V	1.2V	1.2V
무게	가벼움	가벼움	무거움	무거움
안전성	낮음	낮음	높음	높음

(6) 드론에 사용하는 배터리의 관리방법
　① 충전 시에는 과충전을 방지하고 충전이 다됐을 경우에 배터리 분리
　② 보관 시에는 10일 이상 장기간 사용하지 않을 경우에는 60~70% 정도 방전시켜 보관
　　㉠ 화로, 전열기 등 열원 주변에 보관 금지하고 보관 장소의 온도는 22℃~28℃
　　㉡ 더운 여름에는 차량 내부 보관 금지
　　㉢ 낙하, 충격 등으로부터 보호
　　㉣ 안경, 시계, 보석 등 금속성 물체와 함께 보관 금지(합선 가능성 높아짐)
　　㉤ 어린이나 애완동물이 접근할 수 없는 장소에 보관
　③ 사용하지 않을 시 기체에서 분리해 보관
　④ 사용할 때는 -10℃~40도℃ 범위에서만 사용
　⑤ 배터리 연결 및 분리 순서
　　㉠ 배터리 연결 : -(음극/검정), 다음으로 +(양극/빨강)
　　㉡ 배터리 분리 : +(양극/빨강), 다음으로 -(음극/검정)

(7) 리튬폴리머 배터리 폐기방법
　① 배터리 잔량을 최소화하고 0V를 확인한 후 폐기
　② 배터리를 소금물에 완전히 담가 완전방전 후 폐기
　③ 폐기물 처리규정에 따라 처리

2 모터의 종류와 기술

(1) 드론에 사용하는 모터의 종류
　① 브러시리스 모터(brushless motor) : 모터 내부에 브러시 없음
　② 브러쉬드 모터(brushed motor) : 모터 내부에 브러시 존재

(2) 브러쉬드 모터(brushed motor)와 브러시리스 모터(brushless motor)의 비교

	브러쉬드 모터	브러시리스 모터
개발 시기	19세기	1970년대
수명의 길이	비교적 짧음	반영구적
전력손실	발생	미발생
출력	동일 무게의 엔진보다 낮은 출력	동일 무게의 엔진보다 높은 출력
전자속도제어기(ESC)	필요 없음	필요
장점	구조적으로 단순하고 가격이 저렴	속도와 출력에서 우수
단점	브러시의 마모로 이물질 발생	ESC 등이 필요해 비용이 높음

(3) ESC(Electronic Speed Control)
　① 전기모터의 속도를 변화시키기 위한 목적으로 만들어진 전자회로
　② 브러시리스 모터(brushless motor)를 제어하기 위해 사용
　③ 수신기의 스로틀 제어 채널과 연결돼 송신기의 조작에 의해 전기모터의 속도를 제어
　④ 진행방향으로 가속시킬 수도 있지만 반대로 회전시켜 브레이크 역할도 수행이 가능
　⑤ 전자속도제어기, 전자변속기라고 번역하기도 함.

3 기타 관련 기술

(1) 드론이 사용하는 무선통신 방식
　① 위성통신 : 위성통신은 대기권에 발사된 인공위성이 통신신호를 중계하는 것을 말함.
　② 셀룰러시스템 : GSM(Global System for Mobile communication), CDMA(Code Division Multiple Access) 방식
　③ 와이파이(Wi-Fi) : 근거리 컴퓨터 네트워크방식인 랜(Local Area Network)을 무선화한 것임.
　④ 블루투스(Bluetooth) : 블루투스는 컴퓨터, 이어폰 등 정보통신기기들을 근거리에서 서로 연결하는 기술

(2) 드론이 사용하는 2.4Ghz 대역의 특징
　① 2.4Ghz 전파는 직진성은 우수하지만 장애물이 있을 경우 PCM방식에 비해 통달거리가 짧음.
　② 통달거리를 늘리기 위해 일정 출력(300mW) 이상을 사용하려면 개별적으로 신고하고 승인을 받아야 함.

(3) 블레이드(Blade)의 특성
　① 블레이드는 로터를 구성하는 날개를 지칭
　② 블레이드는 주동력 장치인 모터에서 발생하는 회전력으로 회전
　③ 기체의 크기와 로터의 직경은 비례

④ 피치각(pitch angle)
　㉠ 블레이드 면적을 익면적이라고 함.
　㉡ 피치각은 기준면에 대한 각도로 로터 안쪽에 휘어져 있는 각
　㉢ 피치각이 클수록 기체 비행속도가 빨라짐.
　㉣ 촬영용은 익면적이 좁고 피치각도가 커서 바람저항에 잘 견딤.
　㉤ 농업용은 익면적이 넓고 피치각도가 작아 안정적인 비행이 가능
⑤ 탈조현상 : 브러시리스 모터가 돌지 못하고 덜덜 떠는 상태
　㉠ 조그만 모터에 직경이 너무 크거나 피치가 넓은 로터를 장착하면 모터 과부하로 탈조현상
⑥ 메인 블레이드의 밸런스(balance) 측정방법
　㉠ 메인 블레이드 각각의 무게가 일치하는지 측정
　㉡ 메인 블레이드 각각의 무게중심(C.G)가 일치하는지 측정
　㉢ 양쪽 블레이드의 드레그 홀에 축을 끼워 앞전이 일치하는지 측정
　㉣ 양쪽 블레이드의 무게가 동일하지 않을 경우에 검정테이프를 붙여서 맞춤.

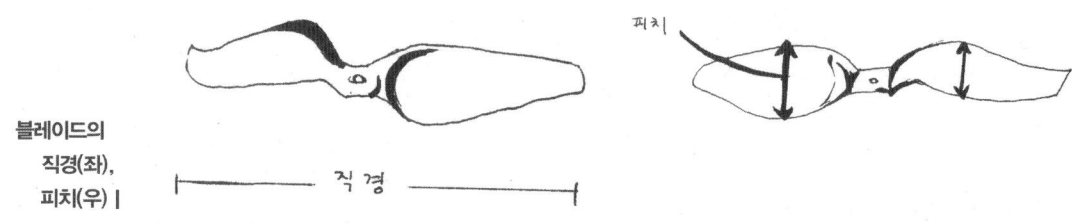

블레이드의 직경(좌), 피치(우)

CHAPTER 01 무인멀티콥터 연습문제

001 국제민간항공기구(ICAO)가 정의하고 있는 드론에 포함되지 않는 용어는?
① 원격조종항공기 ② 무인비행기
③ 조종사 ④ 원격조종스테이션

> **해설** 국제민간항공기구(ICAO)는 드론을 원격조종항공시스템으로 정의하며 원격조종항공기, 원격조종스테이션 등을 포함한다.

002 한국 항공안전법 시행규칙에서 정의하는 무인비행기에 포함되지 않는 것은?
① 사람이 탑승하지 않는 무인동력비행장치
② 사람이 탑승하지 않는 무인비행선
③ 연료를 제외한 자체 중량이 150kg 이상인 무인비행기
④ 연료의 중량을 제외한 자체 중량이 180kg 이하인 무인비행선

> **해설** 연료를 제외한 자체 중량이 150kg 이하인 무인비행기, 무인헬리콥터, 무인멀티콥터가 무인비행장치에 포함된다.

003 다음 중 항공기의 구성에 대한 설명으로 올바른 것은?
① 날개, 착륙장치, 동체, 꼬리날개부로 구성돼 있다.
② 동체, 날개, 동력장치, 장비장치로 구성돼 있다.
③ 날개, 동체, 꼬리날개부, 착륙장치, 각종 장비장치로 돼 있다.
④ 날개, 동체, 꼬리날개부, 착륙장치, 엔진으로 구성돼 있다.

004 다음 중 꼬리날개(empennage)의 구성 부문으로 올바른 것은?
① 보조익, 승강타, 수직안정판, 플랩
② 방향타, 수직안정판, 승강타, 수평안정판
③ 플랩, 방향타, 수평안정판, 수직안정판
④ 보조날개, 플랩, 방향타, 수평안정판

> **해설** 꼬리날개는 항공기의 안정성을 위해 동체후방에 부착하며 미익부라고 부른다.

001 ③ 002 ④ 003 ④ 004 ②

005 다음 비행기 구성부품 중에서 비행 중 기수의 상하방향 운동의 안정성을 만들어 주는 부분의 명칭으로 올바른 것은?

① 동체
② 주날개
③ 꼬리날개
④ 착륙장치

해설 꼬리날개의 엘리베이터(상/하)가 상하운동의 안전성을 제공해준다.

006 다음 중 날개를 구성하는 구성품으로 올바른 것은?

① 외피(skin), 리브(rib), 세로대(longeron)
② 리브(rib), 날개보(spar), 세로지(stringer)
③ 외피(skin), 날개보(spar), 리브(rib), 벌크헤드(bulkhead)
④ 외피(skin), 날개보(spar), 세로지(stringer), 리브(rib)

007 다음 중 모노코크(monocoque)구조에서 항공 역학적인 힘을 대부분 담당하는 부재는?

① 뼈대(frame)
② 외피(skin)
③ 세로지(stringer)
④ 정형재(former)

008 다음 중 세미-모노코크(monocoque)구조에 대한 설명으로 올바른 것은?

① 공간 확보가 어렵다.
② 외피는 기하하적인 외형만 유지한다.
③ 외피가 전단응력을 담당하고 있다.
④ 하중(힘)을 모두 골격이 받는다.

009 다음 중 트러스형 구조에 대한 설명으로 올바르지 않은 것은?

① 제작이 쉽고 비용이 저렴하다.
② 내부 공간 마련이 어렵다.
③ 주로 경비행기에 사용된다.
④ 외피가 하중의 일부를 담당한다.

010 다음 중 응력외피형 구조형식에서 외피(skin)가 주로 담당하는 응력은?
① 굽힘력　　　　　　　　　② 비틀림력
③ 전단력　　　　　　　　　④ 인장력

> **해설**　비틀림력응력은 비행기가 이착륙 시 방향전환을 하게 되는 경우와 비행 중 난기류를 만나 비행기의 몸체가 기우뚱 거리게 될 때 비틀림 현상을 방지한다.

011 다음 중 캠버의 형태를 만드는 날개 시위방향의 구조 부재로 에어포일(airfoil)을 유지하는 것은?
① SPAR　　　　　　　　　② RIB
③ STRINGER　　　　　　　④ TORSION BOX(비틀림 방지 상자)

012 다음 중 날개에 걸리는 굽힘(하중)력을 담당하는 것은?
① spar　　　　　　　　　　② rib
③ skin　　　　　　　　　　④ spar web

013 다음 비행 중 날개에서 최대 휨 모멘트는 어느 부분에서 발생하는가?
① 날개 뿌리(wing root)부분　　② 날개 끝(wing tip)부분
③ 날개 중앙　　　　　　　　④ 날개 모든 부분에서 받는 휨 모멘트는 동일

> **해설**　날개 뿌리부분은 날개 장착부이다. 날개의 하중의 전달 순서를 보면 스킨, 스트링어, 리브, 스파, 날개장착부 순이다.

014 일반적으로 보조날개(ailerons)가 날개의 끝에 장착된다. 다음 중 그 이유는?
① 날개의 구조강도 때문에　　　② 익단 실속을 지연시키기 위해
③ 나선회전을 방지하기 위해　　④ 보조날개의 효과를 높이기 위해

> **해설**　보조날개는 항공기의 좌우 주익(主翼)의 바깥쪽 뒷면에 붙어 있는 가동익(可動翼)으로 기체의 롤링을 조정하는 데 사용한다. 특히 기체가 선회 시 기축(기수에서 꼬리를 연하는 선)을 중심으로 선회량에 맞는 경사를 주어 일정한 반지름으로 선회 비행이 가능하게 한다.

005 ③　006 ④　007 ②　008 ③　009 ④　010 ②　011 ②　012 ①　013 ①　014 ④

015 다음 중 동력 비행장치에 주로 사용되는 연료 공급방식으로 올바른 것은?

① 중력 공급방식과 압력 공급방식
② 압력 공급방식
③ 제트 공급방식
④ 중력 공급방식

016 연료탱크는 온도팽창을 고려해 여유 공간이 있어야 한다. 다음 중 필요한 여유 공간으로 올바른 것은?

① 2% 이상
② 4% 이상
③ 6% 이상
④ 8% 이상

017 다음 조종면 중에서 기체의 수평 안정판 뒷부분에 부착되어 조종간(Control stick)에 의해 작동되며 기수방향을 상하 운동을 주는 것은?

① 방향타(Rudder) 또는 방향키
② 도움날개(Ailerons) 또는 보조익
③ 승강타(Elevator) 또는 승강키
④ 러더 트림(Rudder trim)

018 다음 조종면 중에서 기체의 양끝 뒷부분에 부착되어 조종간(Control stick)에 의해 작동되며 기체를 좌 또는 우로 기울여 경사각을 주는 것은?

① 방향타(Rudder) 또는 방향키
② 도움날개(Ailerons) 또는 보조익
③ 승강타(Elevator) 또는 승강키
④ 러더 트림(Rudder trim)

019 다음 조종계통 중 승강타에 이상이 생겼을 때 역할을 대신하여 제어할 수 있는 장치는?

① ailerons trim
② elevator trim
③ rudder trim
④ flap

020 다음 중 실속속도를 감소시켜 이/착륙거리를 줄여주는 장치는?

① 승강기 트림
② 플랩
③ 에일러론
④ 방향키

021 다음 중 속도계기상에 빨간색 선은 무엇을 의미하는가?

① 기동 속도   ② 초과금지속도
③ 주의 속도   ④ 경고 속도

022 다음 기관계기 중에서 4행정 기관에는 반드시 필요하지만 2행정 기관에는 필요하지 않는 것은?

① 기관 회전계(R.P.M indicator)
② 윤활유 압력계(Oil pressure indicator)
③ 실린더 헤드 온도계(C.H.T indicator)
④ 배기가스 온도계(Exhaust gas temperature indicator)

023 다음에서 열거한 착륙장치(Landing gear) 중 활주 중 전방시야가 좋고 높은 속도에서 제동장치를 사용했을 때 비교적 안전한 방식은?

① 전륜형(Nose wheel type)   ② 후륜형 (Tail wheel type)
③ 접개들이식(Retractable gear type)   ④ 바퀴 형(wheel type)

024 다음 계기의 색 표시 중에서 녹색 호선으로 표시된 부분은 어떤 의미인가?

① 최대 작동 범위   ② 위험 작동 범위
③ 최저 작동 범위   ④ 안전 작동 범위

025 비행 중 내활(Slip)이나 외활(Skid) 현상이 발생할 때 알 수 있는 계기는?

① 자세계(Attitude indicator)   ② 선회속도계(Turn air speed indicator)
③ 승강계(Vertical speed indicator)   ④ 선회 경사계(Turn & slip indicator)

026 다음 중 고도계의 작동원리는?

① 대기압을 측정   ② 대기속도를 측정
③ 온도를 측정   ④ 비행자세에 따라 다르다.

015 ① 016 ① 017 ③ 018 ② 019 ② 020 ② 021 ② 022 ② 023 ① 024 ④ 025 ④ 026 ①

027 다음 중 정압공에 결빙이 생기면 정상적으로 작동하지 않는 계기는?
① 고도계
② 속도계
③ 승강계
④ 모두 작동하지 못한다.

028 다음 중 비행기의 속도계에 나타난 속도에 포함되지 않는 것은?
① 지시속도(IAS)
② 진대기속도(TAS)
③ 대지속도(GS)
④ 계산속도

> (해설) 계산속도는 없으며 수정속도는 지시속도에서 계기의 오차를 수정한 것으로 계산한다.

029 다음 중 정압만을 필요로 하는 계기는?
① 고도계
② 속도계
③ 선회계
④ 자이로 계기

030 다음 중 항공기의 상승 또는 하강의 양을 지시해주는 계기는?
① 승강계
② 속도계
③ 자세계
④ 선회계

031 다음 중 속도계의 속도를 측정하기 위해 속도계가 내부에 설치하는 것은?
① 다이아램프
② 부르동관
③ 마노미터
④ 서모스타트

032 다음 중 착륙거리를 단축시키기 위한 고항력장치에 포함되지 않는 것은?
① 에어브레이크
② 역추진장치
③ 드래그슈트
④ 슬롯

> (해설) 슬롯(Slot)은 길고 가는 통이나 홈으로 주익 아랫면의 공기를 슬롯을 통해 윗면으로 보내 기류가 이탈하는 것을 방지한다. 슬롯과 슬랫은 고양력장치이다.

033 Knot, MPH로 단위가 표시되는 계기가 있다. 다음 중 어느 계기인가?
① 외부 공기 온도계
② 비행 속도계
③ 기관 회전계
④ 기관 압력계

034 다음 중 스포일러의 역할에 포함되지 않는 것은?
① 양력증가
② 항력증가
③ 브레이크역할
④ 보조익 도움역할

035 다음 중 테일 스키드란 무엇인가?
① 정전기를 방전하는 방전기
② 미륜(뒷바퀴)식 착륙장치중 뒷바퀴에 해당한다.
③ 동체 꼬리 부분의 파손을 막기 위해 달아 놓은 것
④ 스키식 착륙장치

036 다음 중 주 조종면에 포함되지 않는 것은?
① 보조익(ailleron)
② 트림탭(trim tab)
③ 승강타(elevator)
④ 방향타(rudder)

037 다음 중 가로 축을 중심으로 한 운동은 무엇으로 조종하는가?
① 도움날개
② 방향키
③ 승강키
④ 플랩

038 다음 중 회전익기의 부양에 관련이 없는 것은?
① 볼텍스
② 블레이드양력
③ 모멘텀
④ 꼬리날개

027 ④ 028 ④ 029 ① 030 ① 031 ① 032 ① 033 ② 034 ① 035 ③ 036 ② 037 ③ 038 ④

039 다음 중 날개 앞전의 약간 안쪽 밑에서 윗면으로 틈을 만들어주어 큰 받음각일 때 밑면의 공기 흐름을 윗면으로 유도하여 흐름의 떨어짐을 지연시키는 고양력장치는?

① 단순플랩　　　　　　　② 분할플랩
③ 슬롯과 슬랫　　　　　　④ 파울러플랩

040 다음 중 항공기의 엘리베이터(elevator)에 대한 설명으로 올바르지 않은 것은?

① 꼬리날개 부분에서 수평으로 펼쳐진 날개의 방향판을 말한다.
② 항공기의 요(yaw)조종과 관련이 있다.
③ 이륙 직후 기수를 들어 올려 항공기가 상승하도록 한다.
④ 수평꼬리 날개 전체의 각도를 변화시킨다.

> 해설　엘리베이터(elevator)는 피치(pitch)조종과 관련이 있다.

041 다음 중 항공기의 러더(rudder)에 대한 설명으로 올바르지 않은 것은?

① 항공기의 수직꼬리 날개에 장착된 수직방향판을 말한다.
② 항공기의 좌우 회전을 결정한다.
③ 이착륙 시 활주로 등 저속에서 방향선회를 담당한다.
④ 공중에서 롤링 모멘트를 만든다.

> 해설　항공기의 롤링 모멘트를 만드는 것은 러더가 아니라 에일러론(aileron)이다.

042 다음 중 비행기 방향타(Rudder)의 사용목적은?

① 편요(yawing)조종　　　　② 과도한 기울임의 조종
③ 선회 시 경사를 주기 위해　④ 선회 시 하강을 막기 위해

043 다음 중 자이로를 이용한 계기에 포함되지 않는 것은?

① 선회 경사계　　　　　　② 방향 지시계
③ 비행 자세계　　　　　　④ 비행 속도계

> 해설　자이로 계기는 자세계(Attitude Indicator), 선회경사 지시계(Turn and slip indicator) or 선회 코디네이터(Turn coordinator), 기수방위 지시계(HDI) 등이다.

044 다음 중 플랩(flap)을 설치하는 목적으로 올바른 것은?

① 이·착륙 시 양력을 크게 하기 위해
② 순항 시 양력을 크게 하기 위해
③ 순항 시 항력을 작게 하기 위해
④ 이·착륙 시 항력을 작게 하기 위해

> **해설** 항공기의 이·착륙 시 양력을 크게 하기 때문에 활주로가 짧은 경우에 많이 사용한다.

045 동력비행장치가 비행 중 어느 한쪽으로 쏠림이 생기면 조종사는 계속 조종간을 한쪽으로 힘을 주고 있어야 한다. 이런 경우 조종력을 '0'으로 해주거나 조종력을 경감하는 장치는?

① 도움날개
② 트림(Trim)
③ 플랩(Flap)
④ 승강타

046 다음 중 조종면의 힌지 모멘트를 감소시켜 조종사의 조종력을 '0'으로 환원 시키는 장치는?

① 트림탭
② 평형탭
③ 서보탭
④ 스프링탭

047 다음 중 항공기의 방향 안정성을 확보해주는 것은?

① rudder(방향타)
② elevator(승강타)
③ vertical stabilizer(수직안정판)
④ horizontal stabilizer(수평안정판)

> **해설** 수직안정판은 방향타가 설치된 전방부 날개로 핀(fin)이라고 부른다.

048 다음 중 정압공에 결빙이 생겼을 경우 정상적인 작동을 하지 못하는 계기는?

① 고도계
② 속도계
③ 승강계
④ 모두 해당된다.

039 ③ 040 ② 041 ④ 042 ① 043 ④ 044 ① 045 ② 046 ① 047 ③ 048 ④

049 다음 중 대기압의 영향을 받는 계기에 포함되지 않는 것은?
① 속도계
② 고도계
③ 흡입다기관 압력계
④ 오일 압력계

> **해설** 속도계, 고도계, 흡입다기관 압력계만 대기압의 영향을 받는다.

050 다음 중 항공기의 수직축을 중심으로 진행방향에 대한 좌우 회전운동은?
① 횡요
② 종요
③ 편요
④ 사이드슬립

051 다음 중 수직핀(vertical fin)을 사용하는 목적으로 올바른 것은?
① 수직 안전성을 위해서
② 방향 안전성을 위해서
③ 세로 안전성을 위해서
④ 가로 안전성을 위해서

> **해설** 항공기의 후방부에 있는 고정된 수직표면, 수직핀은 비행기의 방향 안정성을 제공하는 풍향계와 같이 작용한다. 수직안정판(vertical stabilizer)라고도 한다.

052 다음 중 주익 상면에 붙이는 경계층 격벽판(Boundary Layer Fence)의 용도는?
① 저항 감소
② 풍압 중심의 전진
③ 양력의 증가
④ 익단 실속의 방해

> **해설** 경계층 격벽판은 경계층 펜스라고도 하며 큰 받음각일 때 공기흐름이 윙팁 방향으로 흐르는 것을 막고 경계층이 두꺼워지는 것을 막아 실속을 줄이는 효과가 있다.

053 다음 중 비행기의 무게중심을 지나는 기체의 전후를 연결하는 축은?
① 세로축(종축)
② 가로축(횡축)
③ 수직축
④ 평형축

054 다음 중 트림 탭(Trim Tab)에 대한 설명으로 올바른 것은?

① 보조익에 부착한다.
② 조작 상 조종사를 도와준다.
③ 비행기의 안정성을 증가시킨다.
④ ①, ②, ③번 모두 틀렸다.

해설 트림(Trim)은 항공기에 조종력을 가하지 않고 수평비행이 가능한 상태를 말한다.

055 다음 중 비행장치에 작용하는 4가지 힘은?

① 양력, 중력, 추력, 항력
② 양력, 중력, 동력, 추력
③ 양력, 중력, 동력, 마찰
④ 양력, 마찰, 추력, 항력

해설 비행장치에 작용하는 4가지 힘은 양력, 중력, 추력, 항력이다.

056 다음 중 항공기 구조물 내부에 전달되는 힘인 내력에 포함되지 않는 것은?

① 인장력
② 압축력
③ 무게
④ 전단력

해설 항공기 내부 구조물에 전달되는 힘은 인장력, 압축력, 전단력, 굽힘 모멘트, 비틀림 등이 있다.

057 다음 항공기에 작용하는 4가지 요소를 설명한 것 중 올바르지 않은 것은?

① 양력(lift)이란 공기의 흐름이 기체표면을 따라 흐를 때 위로 작용하는 힘을 말한다.
② 항력(drag)이란 풍판(airfoil)이 상대풍과 반대방향으로 작용하는 항공 역학적인 힘을 말하며 항공기 전방이동 방향의 반대방향으로 작용하는 힘을 말한다.
③ 추력(thrust)이란 프로펠러 또는 터보제트엔진 등에 의하여 생성되는 항공 역학적인 힘을 말한다.
④ 중력(Weight)이란 항공기의 무게를 말하며 항공기가 부양할 수 있는 힘을 제공한다.

해설 중력은 항공기의 전체 무게가 지구의 중심으로 향하는 힘을 말한다.

049 ④ 050 ③ 051 ② 052 ④ 053 ① 054 ② 055 ① 056 ③ 057 ④

058 다음 중 4행정 왕복엔진에서 총 배기량에 대한 설명으로 올바른 것은?

① 크랭크축이 1회전하는 동안 한 개의 피스톤이 배기한 총 용적
② 크랭크축이 2회전하는 동안 한 개의 피스톤이 배기한 총 용적
③ 크랭크축이 1회전하는 동안 전체 피스톤이 배기한 총 용적
④ 크랭크축이 2회전하는 동안 전체 피스톤이 배기한 총 용적

해설 배기량(displacement)은 왕복 피스톤식 내연기관에서 피스톤이 1행정하는 동안에 소비되는 가스의 부피를 말한다.

059 다음 중 4행정 기관에서 크랭크축(crank shaft)이 4회전 하는 동안에 일어나는 폭발 횟수는?

① 2번 ② 4번
③ 6번 ④ 8번

해설 4행정기관은 크랭크축이 2회전할 때마다 1회의 폭발이 발생한다.

060 다음 중 엔진의 배기가스의 색이 백색이라면 어떤 상태인가?

① 소음기의 막힘 ② 노즐의 막힘
③ 분사시기의 늦음 ④ 오일이 연소실에 올라감

해설 배기가스의 색이 백색일 경우에는 엔진오일이 너무 많거나 실린더가 마모돼 엔진오일이 실린더와 피스톤링 사이를 통해 연소실로 올라가 연소되고 있는 것이다.

061 다음 중 실린더 내(연소실)에 카본이 끼는 원인으로 올바른 것은?

① 희박한 연소 ② 완전연소
③ 오일이 연소실에서 타고 있다. ④ 피스톤 간격(간극)이 작다.

해설 연료가 불완전 연소해 끈적거리는 그을림 상태로 실린더 벽에 부착돼 있는 것을 말한다.

062 다음 중 엔진오일의 역할에 포함되지 않는 것은?

① 점화 ② 윤활
③ 냉각 ④ 기밀유지

해설 엔진오일의 역할에는 윤활, 냉각, 마모완충, 기밀유지, 부식방지, 엔진세척, 압력분산 등이 있다.

063 다음 중 윤활유의 기능에 포함되지 않는 것은?

① 냉각작용   ② 세정작용
③ 방빙작용   ④ 밀봉작용

> 해설) 윤활유는 마찰면과 분리되도록 기능을 하며 마찰열을 흡수하는 냉각작용, 충격을 분산하는 응력분산작용, 유막을 형성해 수분의 침투를 막는 방청작용, 폭발가스가 누출되는 것을 방지하는 밀봉작용 등을 담당한다. 하지만 얼음이 얼지 않도록 하는 방빙(防氷) 작용과는 관계가 없다.

064 다음 항공기의 연료 여과기에 대한 설명 중 가장 올바른 것은?

① 연료 탱크 안에 고여 있는 물이나 침전물을 빼내는 역할을 한다.
② 외부 공기를 기화된 연료와 혼합해 실린더 입구로 공급한다.
③ 연료를 엔진으로 보내는 역할을 한다.
④ 연료가 엔진에 도달하기 전에 연료의 습기나 이물질을 제거한다.

> 해설) 연료 여과기는 금속이나 폴리아미드 그물망 형태의 스크린 필터, 종이여과기 등을 사용하며 아주 작은 불순물까지 여과할 수 있어야 한다.

065 다음 중 계기의 색 표지에서 황색(yellow arc)이 나타내는 의미는?

① 위험지역   ② 최저 운용한계
③ 최대 운용한계   ④ 경계, 경고 범위

> 해설) 황색은 경계 및 경고범위를 의미한다.

066 다음 중 계기 표지판에서 녹색이 나타내는 의미는?

① 최소, 최대 운전범위 또는 운용한계   ② 계속 운전 범위 또는 순항 범위
③ 경고 및 경계 범위   ④ 플랩 작동속도 범위

> 해설) 계기판은 조종사가 내용을 원활하게 식별할 수 있도록 무광택의 검은색을 칠한다.

058 ④ 059 ① 060 ④ 061 ① 062 ① 063 ③ 064 ④ 065 ④ 066 ②

067 다음 중 항법의 종류에 대한 설명으로 올바르지 않은 것은?

① 지문항법은 하천, 도로, 철도, 산 등의 지형을 확인하면서 비행하는 방법이다.
② 추측항법은 이미 알고 있는 지점을 기준으로 방향과 속도를 계산해 찾아가는 방법이다.
③ 천문항법은 태양, 별자리 등을 기준으로 위치를 결정하며 현재도 광범위하게 사용된다.
④ 위성항법은 위성의 전파신호를 사용하며 미국의 GPS가 가장 많이 사용된다.

[해설] 천문항법은 위성항법이 나오면서 현재는 거의 사용하지 않는다.

068 다음 중 정압을 이용하는 계기에 포함되지 않는 것은?

① 속도계   ② 고도계   ③ 선회계   ④ 승강계

[해설] 비행기 계기 중 정압계기는 속도계, 고도계, 승강계가 있다.

069 다음 중 정압만을 필요로 하는 계기는?

① 고도계   ② 속도계   ③ 선회계   ④ 자이로 계기

[해설] 항공기는 정압과 동압이 있는데 2개의 압력이 속도와 고도를 나타낸다.

070 다음 중 정압공(static port)에 결빙이 생겼을 경우 정상적으로 작동하지 않는 계기는?

① 고도계   ② 속도계   ③ 승강계   ④ 모두 작동하지 못한다.

[해설] 정압공(static port)은 비행기 동체 앞부분의 좌우 측면에 돌출되지 않게 뚫린 구멍을 말하며 구멍이 파이프로 연결돼 대기 속도계와 고도계에 연결된다. 결빙(icing)이 생기면 계기는 정상적으로 작동하지 않는다.

071 다음 중 피토관(pitot tube)이 측정하는 것은?

① 정압(static pressure)   ② 동압(dynamic pressure)
③ 전압(total pressure)   ④ 온도(temperature)

[해설] 유속 측정장치의 하나로 유체 흐름의 총압과 정압의 차이를 측정해 유속을 측정한다. 1728년 프랑스 H.피토가 발명했다.

072 다음 중 피토 정압 계통에 의해서 작동되는 계기에 포함되지 않는 것은?

① 속도계(ASI)　② 고도계(ALT)　③ 승강계(VSI)　④ 자세계(AI)

> **해설**　자세계(Attitude Indicator)는 항공기의 자세를 지시해 주는 자이로성 비행계기이다.

073 다음 중 피토압(Pitot pressure)에 대한 설명으로 올바른 것은?

① 고도계(altimeter)는 피토 압력(pitot pressure)에 작동된다.
② 속도계는 피토와 정압에 의하여 작동된다.
③ 수직속도계는 피토 압력에 의하여 작동된다.
④ 고도계는 정압과 동압에 의하여 작동된다.

> **해설**　피토관(Pitot tube)은 유체의 흐름으로 유속을 측정한다.

074 다음 중 단순 피토(pitot)관이 측정하는 것은?

① 정압(static pressure)　　② 동압(dynamic pressure)
③ 전압(total pressure)　　④ 온도(temperature)

075 다음 중 속도계가 작동하는 원리는?

① 고도에 따르는 기압차를 이용　　② 전압(total pressure)에 정압의 차를 이용
③ 전압(total pressure)만을 이용　　④ 동압과 정압의 차를 이용

> **해설**　항공기가 빠른 속력으로 공기 중을 이동할 때 항공기에 부딪치는 공기의 압력이 속력에 따라 달라진다는 원리를 이용한 것이 속도계이다.

076 피토(pitot)관을 이용한 속도계의 원리를 설명한 것이다. 다음 중 속도를 계산하는 방식으로 올바른 것은?

① 속도 = (정압+동압) − 정압　　② 속도 = (동압−정압) − 정압
③ 속도 = 전압 − 동압　　　　　　④ 속도 = (동압+정압) − 전압

> **해설**　속도계는 동압을 지시하며 전압은 동압+정압을 말한다.

077 다음 속도계에 대한 설명 중 올바른 것은?

① 고도에 따르는 기압차를 이용한 것이다. ② 전압과 정압의 차를 이용한 것이다.
③ 동압과 정압의 차를 이용한 것이다. ④ 전압만을 이용한 것이다.

> **해설** 비행기의 대기 속도계는 동압(dynamic pressure)과 정압(static pressure)이 합쳐진 전체 압력(total pressure)과 정압의 차이를 이용해 측정한다.

078 동력비행장치가 100km/h의 속도로 10km/h의 바람을 거슬러 직선 비행하고 있다. 다음 중 이 동력비행장치의 대지속도는 얼마인가?

① 90km/h
② 110km/h
③ 100km/h
④ 해면 상공에서는 100km/h

079 다음 중 직접 프로펠러를 회전시키는 기관이 2500RPM으로 회전한다면 프로펠러의 회전수는?

① 2500회전
② 5000 회전
③ 6000회전
④ 3000회전

080 다음 중 항공기의 대기속도(airspeed)에 대한 설명으로 올바른 것은?

① 항공기가 지상 위를 이동하는 실제속도
② 항공기와 주변공기의 상대적 속도
③ 항공기가 이동한 지상의 거리와 일치
④ 항공기 주변의 풍압에 영향을 받지 않은 속도

> **해설** 대기속도(airspeed)는 항공기와 주변공기의 상대적 속도로 지상의 이동거리와는 관계가 없다. 항공기가 지상 위를 이동하는 속도는 대지속도(ground speed)라고 한다.

081 다음 중 진고도(True Altitude)에 대한 설명으로 올바른 것은?

① 모든 오차를 수정한 해면으로부터의 실제높이
② 지표면으로부터의 고도
③ 표준기준면으로부터의 고도
④ 고도계가 지시하는 고도

> **해설** 절대고도는 지표면으로부터 고도를 말한다.

082 다음 중 절대고도(Absolute altitude)에 대한 설명으로 올바른 것은?

① 고도계가 지시하는 고도
② 지표면으로부터의 고도
③ 표준기준면에서의 고도
④ 계기오차를 보정한 고도

해설 절대고도는 지표면으로부터 항공기까지의 실제 높이이기 때문에 절대고도는 지표면에 따라 달라진다.

083 다음 중 기압고도(Pressure altitude)에 대한 설명으로 올바른 것은?

① 고도계가 지시하는 고도
② 표준대기압에 맞춘 상태에서 고도계가 지시하는 고도
③ 진고도와 절대고도를 합한 고도
④ 비표준기압을 보정한 고도

해설 표준대기압은 29.92 "Hg이다.

084 다음 중 고도계를 수정하지 않고 온도가 낮은 지역을 비행할 때 실제고도는?

① 낮게 지시한다.
② 높게 지시한다.
③ 변화가 없다.
④ 온도와 무관하다.

해설 해수면의 높이는 기압에 따라 달라지고 기압이 높으면 해수면이 낮아진다.

085 다음 중 기압고도(Pressure altitude)에 대한 설명으로 올바른 것은?

① 항공기와 지표면의 실측 높이이며 'AGL' 단위를 사용한다.
② 고도계 수정치를 표준 대기압(29.92" Hg)에 맞춘 상태에서 고도계가 지시하는 고도이다.
③ 기압고도에서 비표준온도와 기압을 수정해서 얻은 고도이다.
④ 고도계를 해당 지역이나 인근 공항의 고도계 수정치 값에 수정했을 때 고도계가 지시하는 고도이다.

해설 ①은 절대고도, ③은 밀도고도, ④는 지시고도에 대한 설명이다.

077 ② 078 ① 079 ① 080 ② 081 ① 082 ② 083 ② 084 ① 085 ②

086 다음 중 진고도(True altitude)에 대한 설명으로 올바른 것은?

① 항공기와 지표면의 실측 높이이며 'AGL' 단위를 사용한다.
② 고도계 수정치를 표준 대기압(29.92" Hg)에 맞춘 상태에서 고도계가 지시하는 고도
③ 평균 해면고도로부터 항공기까지 실제 높이
④ 고도계를 해당지역이나 인근 공항의 고도계 수정치 값에 수정 했을 때 고도계가 지시하는 고도이다.

해설 ①은 절대고도, ②는 기압고도, ④는 지시고도에 대한 설명이다.

087 다음 중 해면고도로부터 항공기까지의 고도는?

① 진 고도   ② 밀도고도   ③ 지시고도   ④ 절대고도

해설 항공도에 그려진 공항표고, 각종 장애물의 높이 등은 모두 진고도로 표시된다.

088 다음 중 기압 고도계를 장비한 비행기가 일정한 계기 고도를 유지하면서 기압이 낮은 곳에서 높은 곳으로 비행할 때 기압 고도계 지침의 상태는?

① 실제고도보다 높게 지시한다.
② 실제고도와 일치한다.
③ 실제고도보다 낮게 지시한다.
④ 실제고도보다 높게 지시한 후에 서서히 일치한다.

해설 저기압에서 고기압으로 비행했을 때 지시고도는 진고도보다 낮게 지시한다.

089 다음 중 해발 150m의 비행장 상공에 있는 비행기의 진고도가 500m라면 이 비행기의 절대고도는?

① 650m   ② 350m   ③ 500m   ④ 150m

해설 진고도는 평균해수면에서 항공기까지의 높이이고 절대고도는 지표면으로부터 항공기까지의 실제 높이이다.

090 다음 중 항공기로부터 그 비행 당시의 지면까지의 거리를 나타내는 고도는?

① 진고도   ② 압력고도   ③ 객실고도   ④ 절대고도

해설 절대고도는 비행기에 있는 송선안테나로부터 지상을 향해 전파를 발사하고 되돌아오는 전파의 지연시간을 측정해 계산한다.

091 다음 중 항공기의 상승 또는 하강의 속도를 측정하는 계기는?

① 승강계　　② 속도계　　③ 자세계　　④ 선회계

해설　승강계는 항공기의 상승, 하강 속도를 측정하는 계기로서 기체가 상승할 때 수직방향의 속도를 알려준다.

092 다음 중 자이로를 이용한 계기에 포함되지 않는 것은?

① 선회경사계　　② 방향지시계　　③ 비행자세계　　④ 비행 속도계

해설　자이로를 이용한 계기는 선회계, 경사계, 수평지시계가 있다.

093 다음 중 속도계에 적색(Red line)으로 표시되어 있으며 비행 중 결코 초과해서는 안 되는 속도는?

① Vfe　　② Vso　　③ Vne　　④ Vno

해설　Vne는 제한속도(velocity not to exceed)를 말한다.

094 다음 중 속도계의 작동 원리에 대한 설명으로 올바른 것은?

① 동압과 정압의 압력차를 측정하는 일종의 동압계
② 공기밀도를 측정하는 밀도계
③ 대기압을 측정하는 압력계
④ 고도를 측정하는 고도계

해설　밀도계, 압력계, 고도계는 속도계와는 다른 계기이다.

095 다음 중 고도계의 작동원리에 대한 설명으로 올바른 것은?

① 대기압을 측정한다.　　② 대기속도를 측정한다.
③ 온도를 측정한다.　　④ 비행자세에 따라 다르다.

해설　고도계는 대기압을 측정해 항공기의 높이를 측정하는 계기이다. 고도는 개념상 절대고도와 상대고도가 있다.

086 ③　087 ①　088 ②　089 ②　090 ④　091 ①　092 ④　093 ③　094 ①　095 ①

096 다음 중 항공기의 방향 안정성을 위한 장치는?

① 수직 안정판　　　　　　② 수평 안정판
③ 주날개의 상반각　　　　④ 주날개의 받음각(AOA)

> **해설** 수직 안정판은 항공기의 수직 꼬리 날개의 한 부분. 비행기의 뒤에 고정되어 동체가 좌우로 흔들리지 않고 안정되게 진행하도록 도와주는 역할을 한다.

097 다음 중 비행기의 방향타(Rudder)의 사용목적은?

① 요(yawing)조종　　　　② 과도한 기울임의 조종
③ 선회 시 경사를 주기위해　④ 선회 시 하강을 막기 위해

> **해설** 방향타는 항공기의 안정판(stablizer) 중에서 수직안정판(vertical stabilizer)에 붙어있는 장치를 말한다. 항공기의 yaw(왼쪽 오른쪽으로 움직이는 운동)운동을 콘트롤한다.

098 다음 중 비행기의 승강타(Elevator)의 사용목적은?

① 요(yawing) 조종　　　　② 피치(pitch) 조종
③ 비행기 상승을 위해　　　④ 비행기 하강을 위해

> **해설** 승강타는 항공기의 안정판(stablizer) 중에서 수평안정판(horizontal stablizer)에 붙어있는 장치를 말한다. 항공기의 pitch(위 아래 움직이는 운동)운동을 콘트롤한다.

099 다음 중 항공기가 이착륙할 때 짧은 활주거리를 저속으로 안전하게 비행하게 하는 고양력 장치는?

① 보조익(aileron)　　　　② 승강타(elevator)
③ 방향타(rudder)　　　　④ 플랩(flap)

> **해설** 플랩(flap)은 항공기가 활강각을 조절할 수 있도록 날개 뒤쪽에 달린 고양력 장치(high lift device)이다.

100 다음 중 항공기 주익에 장착된 플랩(Flap)의 효과는?

① 주익의 양력증가로 비행속도의 변화 없이 급경사 착륙 진입 가능
② 양력의 증가로 고속비행 가능
③ 실속(stall)의 방지
④ 기체의 좌우 쏠림 방지

> **해설** 플랩은 고양력 장치라고 하는데 고양력 장치는 날개면적이 커질수록 고속비행이 불리한 것을 상쇄하기 위해 고안됐다.

101 다음 중 비행기 조종간을 앞으로 밀면 나타나는 현상은?

① 비행기 기수는 상승하고 속도는 감소한다.
② 비행기 기수는 낮아지고 속도는 증가한다.
③ 비행기가 우측으로 선회한다.
④ 비행기가 좌측으로 선회한다.

102 다음 중 활주로 택싱(taxing)시 강한 전방측풍을 받으면 보조익(aileron)의 조작은?

① 풍향 쪽의 보조익을 up하도록 조작한다.
② 풍향 쪽의 보조익을 down하도록 조작한다.
③ 중립을 유지하도록 조작한다.
④ 풍향 반대쪽의 보조익을 up하도록 조작한다.

> 해설 보조익(Aileron) 은 비행기의 방향을 전환하는데 활용되는 패널로 날개의 좌우측 후면에 부착돼 있다.

103 다음 헬리콥터의 종류 중 로터가 같은 축에 2개 붙어 있어 토크 상쇄용 꼬리 로터가 필요하지 않은 것은?

① 단일 로터 헬리콥터　　② 양측 로터 헬리콥터
③ 동축 로터 헬리콥터　　④ 앞위 로터 헬리콥터

> 해설 동축 로터 헬리콥터는 토크 상쇄용 꼬리 로터가 필요하지 않아 전체 크기는 로터 직경에 의해 결정된다. 함정 위와 같은 좁은 공간에서 운용하기에 적합하다.

104 다음 중 헬리콥터의 조종계에 포함되지 않는 것은?

① 콜렉티브(collective)　　② 자이로(gyro)
③ 싸이클릭(cyclick)　　④ 안티토크(antitorque)

> 해설 자이로는 헬리콥터의 수평을 잡아주는 기기이다.

096 ①　097 ①　098 ②　099 ④　100 ①　101 ②　102 ①　103 ③　104 ②

105 다음 중 헬리콥터의 상승/하강을 위한 양력을 제어하는 조종계는?

① 콜렉티브(collective) ② 자이로(gyro)
③ 싸이클릭(cyclick) ④ 안티토크(antitorque)

해설 콜렉티브 피치컨트롤을 위로 잡아당기면 양력이 증가하고 아래로 내리면 양력이 줄어드는 원리다.

106 다음 중 헬리콥터의 전·후, 좌·우 균형을 제어하는 기기는?

① 콜렉티브(collective) ② 자이로(gyro)
③ 싸이클릭(cyclick) ④ 안티토크(antitorque)

해설 자이로는 헬리콥터의 균형을 제어한다.

107 다음 중 헬리콥터의 기수 방향을 제어하는 조종계는 무엇인가?

① 콜렉티브(collective) ② 자이로(gyro)
③ 싸이클릭(cyclick) ④ 안티토크(antitorque)

해설 안티토크 페달은 기수방향을 결정할 때 사용된다.

108 다음 중 헬리콥터의 엔진 출력을 제어하는 조종계는 무엇인가?

① 콜렉티브(collective) ② 스로틀(throttle)
③ 싸이클릭(cyclick) ④ 안티토큐(antitorque)

해설 콜렉티브 피치컨트롤에 스토틀(throttle control)이 있는데 스로틀이 출력과 관계가 있다. 스로틀을 안쪽으로 돌리면 회전속도가 감소하고 바깥쪽으로 돌리면 회전속도가 증가한다.

109 다음 지문에서 설명하는 헬기의 구성 부품의 명칭은 어느 것인가?

"서보(servo) 모터에 연결되어 있는 부품으로서 헬기가 움직이는 방향을 결정하는 부품이다. 고정판과 회전판 2개의 형태로 구성돼 있다"

① 자이로(Gyro) ② 메인로터(Main Rotor)
③ 센터 허브(Center Hub) ④ 스와시 플레이트(Swash Plate)

해설 스와시 플레이트(Swash Plate)는 회전하고 있는 메인로터 블레이드에 사이클릭 컨트롤을 위한 중요한 장치이다.

110 다음 중 헬리콥터의 비행특성에 포함되지 않는 것은?

① 수직이착륙
② 제자리비행
③ 엔진 고장 시 오토로테이션이 가능
④ 고정익기에 비해 상대적 고속

> **해설** 고정익 항공기는 음속을 돌파해 마하의 속도로 날 수 있지만 헬리콥터는 속도를 높이는데 한계가 있다.

111 다음 헬리콥터의 조정장치 중 피칭(pitching) 및 롤링(rolling) 운동을 제어하는 것은?

① 스로틀(throttle)
② 콜렉티브(collective)
③ 안티토크(antitorque)
④ 싸이클릭(cyclick)

> **해설** 싸이클릭은 메인 로터의 회전판 운동을 담당하며 로터의 블레이드가 회전위치에 따라 주기적으로 피치각을 변화시킨다.

112 헬리콥터(단일로터 헬리콥터)의 특성상 메인 로터 블레이드의 회전에 의해 기체는 반대 방향으로 회전하려는 토크가 발생한다. 다음 중 이 토크를 상쇄하는 것은?

① 메인로터
② 테일로터
③ 메인미션
④ 테일미션

> **해설** 헬리콥터 메인 로터가 회전하게 되면 동체는 이와 반대방향으로 회전하려는 힘이 작용하는데 이를 막아주는 것이 테일로터이다.

113 헬리콥터가 지면 가까이에서 호버링할 때 공기의 하향 흐름이 지면에 부딪히게 되고 헬리콥터와 지면 사이의 공기를 압축해 공기압력을 높이게 되어 호버링 위치에 헬리콥터를 유지시키는데 도움을 주는 쿠션 역할을 한다. 다음 중 이러한 효과를 무엇이라 하는가?

① 상승효과
② 지면효과
③ 전이양력
④ 양력불균형

> **해설** 지면효과는 항공기, 헬리콥터 등 항공기가 지면 가까이에 있음으로써 받는 영향을 말한다.

105 ① 106 ② 107 ④ 108 ② 109 ④ 110 ④ 111 ④ 112 ② 113 ②

114 다음 중 우회전을 하는 단일 회전익 계통의 헬리콥터는 호버링(hovering) 시 기체가 편류하려는 방향은?

① 우측　　　　　　　　　　② 좌측
③ 전방　　　　　　　　　　④ 후방

[해설] 헬리콥터 동체가 돌아가는 현상을 막기 위해 장착된 꼬리날개가 발생시키는 힘에 의해 동체가 왼쪽으로 밀리는 현상이 발생한다. 이를 전이성향이라고 한다.

115 다음 중 드론을 구성하고 있는 부문에 포함되지 않는 것은?

① 배터리　　　　　　　　　② 모터
③ 전자속도제어기(ESC)　　 ④ 주로터 블레이드

[해설] 주로터 블레이드(main rotor blade)는 헬리콥터 동체 위에 장착된 날개를 말한다. 꼬리 부문에도 테일 로터 블레이드(tail rotor blade)가 있다. 하지만 드론은 로터 블레이드를 구분하지 않는다.

116 다음 중 배터리로 운행하는 무인항공기의 기체를 구성하고 있는 부문에 포함되지 않는 것은?

① 로터와 프로펠러　　　　　② 조종기와 안테나
③ 모터와 전자속도제어기(ESC)　④ 비행제어기(flight controller)

[해설] 조종기는 무인항공기의 비행체를 조종하는 장비로 별도라고 볼 수 있다.

117 다음 중 드론의 프로펠러 재질로 사용하기에 적합하지 않는 것은?

① 나무 재질　　　　　　　　② 금속 재질
③ 플라스틱 재질　　　　　　④ 카본 재질

[해설] 드론의 프로펠러를 금속 재질로 제작할 경우에 무게가 무거워질 뿐만 아니라 안전사고의 위험성이 높아 잘 사용하지 않는다.

118 다음 중 드론의 프로펠러 재질에 대한 설명으로 올바르지 않은 것은?

① 금속은 가볍고 튼튼해 가장 많이 사용된다.
② 플라스틱은 부드럽고 휘어져 저가 드론의 프로펠러에 활용된다.
③ 나무는 가볍고 튼튼해 많이 활용됐지만 카본소재 등에 밀리고 있다.
④ 유리섬유 플라스틱은 일반 플라스틱에 비해서 무겁다.

[해설] 금속재질은 무겁고 안전사고 발생 시 상해의 위험이 높아 거의 사용하지 않는다.

119 다음 중 농업용 무인멀티콥터의 기체 중량을 계산할 때 포함되지 않는 것은?

① 기체
② 배터리
③ 로터
④ 농약통

> **해설** 농업용 무인멀티콥터의 기체 중량은 기체, 배터리, 로터 등을 포함하지만 농약통은 탑재물로 분류한다. 페이로드라고 말하는 탑재물의 무게는 이륙중량을 계산할 때 감안한다.

120 다음 중 무인멀티콥터에 사용되는 엔진으로 가장 부적합한 것은?

① 왕복엔진
② 로터리엔진
③ 터보팬 엔진
④ 가솔린 엔진

> **해설** 터보팬엔진(turbofan engine)은 현재 대부분의 제트기 엔진에 사용되는 방식이다.

121 다음 중 드론에 사용되는 엔진으로 가장 적합한 것은?

① 로터리엔진
② 터보제트엔진
③ 브러시리스 전기모터
④ 왕복엔진

> **해설** 로터리 엔진은 회전운동으로 출력을 얻는 엔진을 말하며 흡배기 밸브가 없다. 반면에 왕복엔진은 피스톤의 왕복운동을 통해 출력을 얻는다.

122 다음 중 드론의 배터리를 관리하는 방법에 대한 설명으로 올바르지 않은 것은?

① 전원이 켜진 상태에서 배터리를 탈착해도 무방하다.
② 장비별로 지정된 정품 배터리를 사용하는 것이 좋다.
③ 비행 시 완충된 배터리를 사용하도록 한다.
④ 저전압 경고가 점등되면 재빨리 착륙시키도록 한다.

> **해설** 전원을 끈 후에 배터리를 탈착하는 것이 원칙이다.

114 ② 115 ④ 116 ② 117 ② 118 ① 119 ④ 120 ③ 121 ③ 122 ①

123 다음 중 드론의 조종기를 장시간 사용하지 않을 경우에 관리하는 요령으로 올바르지 <u>않은</u> 것은?

① 조종기에서 배터리를 분리해서 보관한다.
② 배터리를 분리할 경우에는 보관온도는 중요하지 않다.
③ 직사광선이 없는 서늘한 장소에 보관한다.
④ 파손 등을 예방하기 위해 전용 케이스에 보관한다.

> [해설] 조종기에서 배터리를 분리해도 배터리와 조종기를 같이 보관하기 때문에 고온이나 저온이 아닌 실온에서 보관하는 것이 좋다.

124 다음 무인멀티콥터 비행 중 조종기 배터리경고음이 울렸을 때 취해야 할 행동으로 올바른 것은?

① 기체와 관계없으므로 비행을 계속한다.
② 경고음이 꺼질 때까지 기다린다.
③ 기체를 안전지대로 착륙시키고 엔진을 정지시킨다.
④ 재빨리 송신기의 배터리를 예비 배터리로 교체한다.

125 다음 중 드론을 운용할 때 배터리가 가장 많이 소모되는 조작은?

① 조종기 조작　　　　② 드론의 이륙
③ 드론의 비행　　　　④ 드론의 착륙

> [해설] 항공기와 마찬가지로 드론도 이륙할 때 배터리를 가장 많이 소모하게 된다.

126 다음 리튬 폴리머 배터리를 보관할 때 주의할 사항으로 올바르지 <u>않은</u> 것은?

① 적합한 보관 장소는 습도가 높지 않은 곳이어야 한다.
② 배터리를 낙하, 충격, 쑤심 또는 인위적으로 합선시켜서는 안 된다.
③ 손상된 배터리 등은 전력 수준이 50%이하인 상태에서 수리해야 한다.
④ 화로나 전열기 등 열원 주변에 보관 시 거리를 충분히 이격해야 한다.

> [해설] 화로나 전열기 주변은 화재의 위험이 있으므로 보관해서는 안 된다.

127 다음 중 드론의 배터리를 보관하는 방법에 대한 설명으로 올바르지 않은 것은?

① 장시간 사용하지 않을 경우에는 60~70% 정도 방전한 상태로 보관한다.
② 여름에는 직사광선을 피하고 실온에서 보관한다.
③ 언제든지 바로 사용할 수 있도록 완충해 보관한다.
④ 비행체에서 분리해 보관백에 넣어 보관한다.

> **해설** 배터리를 바로 사용하지 않을 경우에는 100% 충전해 보관해서는 안 된다. 완전 충전된 상태로 보관할 경우에 배터리 용량이 일부 손실되면서 배터리 사용시간이 짧아질 수 있기 때문이다.

128 다음 중 리튬폴리머 배터리에 대한 설명으로 올바르지 않은 것은?

① 리튬이온 배터리에 비해 얇고 폭발위험이 적다.
② 메모리효과가 없어 완전방전이 되지 않아도 충전해도 된다.
③ 만충전압은 4.2V, 최대방전은 3.2V로 관리하는 것이 좋다.
④ 셀(cell)당 전압이 다르더라도 하나의 셀만 정상이면 사용해도 무방하다.

> **해설** 여러 개의 셀(cell) 중에서 1개의 셀 전압은 정상이지만 다른 셀의 전압이 비정상이면 재충전을 시도해 정상으로 맞춰야 한다. 재충전을 시도해도 만충전압이 4.2V가 되지 않으면 교체한다.

129 다음 중 배터리를 떼어낼 때 첫 번째 순서로 올바른 것은?

① 아무거나 무방하다.　　② 동시에 떼어낸다.
③ +극을 먼저 떼어낸다.　　④ -극을 먼저 떼어낸다.

> **해설** 배터리는 (-)극을 먼저 떼어내야 한다.

130 다음 리튬폴리머 배터리 취급하는 방법에 대한 설명으로 올바르지 않은 것은?

① 배터리가 부풀거나 손상되면 수리해 사용한다.
② 습기가 많은 장소에 보관하지 않는다.
③ 장비별로 지정된 정품 배터리를 사용해야 한다.
④ 배터리는 -10도~40도 온도 범위에서 사용한다.

> **해설** 리튬폴리머 배터리가 부풀거나 누유가 발생하면 화재의 위험이 있으므로 폐기해야 한다.

123 ② 　124 ③ 　125 ② 　126 ④ 　127 ③ 　128 ④ 　129 ④ 　130 ①

131 다음 중 현재 잘 사용하지 않는 배터리는?

① Li-Po ② Li-Ch
③ Ni-MH ④ Ni-Cd

(해설) Li-Po는 리튬 폴리머, Ni-MH는 니켈수소, Ni-Cd는 니켈카드뮴 전지를 말한다.

132 다음 리튬 폴리머 배터리 보관 시 주의사항으로 올바르지 않은 것은?

① 더운 날씨에 차량에 배터리를 보관하지 않아야 한다.
② 배터리를 낙하, 충격, 파손 또는 인위적으로 합선 시키지 않아야 한다.
③ 손상된 배터리나 전력 수준이 50% 이상인 상태에서 배송하지 않아야 한다.
④ 추운 겨울에는 얼지 않도록 전열기 주변에서 보관한다.

(해설) 리튬 폴리머 배터리를 보관하는 적정온도는 22~28도이다.

133 다음 중 무인멀티콥터에 탑재될 배터리로 적절하지 않은 것은?

① NI-CH ② NiMH ③ Li-ion ④ NiCd

(해설) Li-ion은 리튬 이온 전지를 말한다. NiMH는 니켈수소, Nicd는 니켈카드뮴을 말한다.

134 다음 중 드론의 배터리로 가장 적절하지 않은 것은?

① 니켈카드뮴 ② 리튬폴리머
③ 납축전지 ④ 니켈수소

(해설) 납축전지는 주로 자동차에 많이 사용하며 경제적이지만 무게가 많이 나가는 단점이 있다.

135 다음 중 무인멀티콥터 자세를 잡기 위해 로터의 속도를 조종하는 장치는?

① 전자변속기 ② GPS ③ 자이로센서 ④ 가속도센서

(해설) 전자변속기는 ESC(electronic speed controller)로 불리며 모터의 속도를 제어한다.

136 다음 중 무인멀티콥터 Mode 2의 수직하강에 대한 설명으로 올바른 것은?

① 왼쪽 조정간을 내린다.   ② 왼쪽 조정간을 올린다.
③ 오른쪽 조정간을 내린다.   ④ 오른쪽 조정간을 올린다.

137 다음 중 무인헬리콥터에서 주로터와 함께 회전면의 균형과 안정성을 높여 주는 것은?

① 스테빌라이저(안정바)   ② 꼬리로터
③ 드라이브 샤프트   ④ 짐벌

> 해설 드라이브 샤프트는 동력을 전달하는 장치이며 짐벌은 드론에 장착한 카메라의 수평을 잡아준다.

138 다음 중 무인멀티콥터의 전원을 켠 후 조종기의 전원을 넣고 조종기 콘트롤러를 조작하는 과정은?2

① 리셋   ② 바인딩
③ 대기모드   ④ 캘리브레이션

> 해설 캘리브레이션(Calibaration)이란 드론과 조종기 기준을 다시 설정하는 과정이다. ①번과 ③번은 관련이 없는 내용이다.

139 다음 중 항공기 기체 구조물 내부에 영향을 미치는 내력에 대한 설명으로 올바르지 <u>않은</u> 것은?

① 인장력을 서로 잡아당기거나 밀어내는 힘을 말한다.
② 압축력은 서로 찍어 누르는 힘을 말한다.
③ 전단력은 앞으로 끌어당기는 힘을 말한다.
④ 굽힘 모멘트는 구부러지는 힘을 말한다.

> 해설 전단력(shear force)은 밀려서 끊기는 힘을 말한다.

140 다음 항공기의 구조형식 중 목재나 철판으로 구조를 만들고 천이나 얇은 금속판 외피를 씌우는 구조는?

① 트러스 구조   ② 응력외피 구조
③ 샌드위치 구조   ④ 모노코크 구조

> 해설 트러스 구조는 무게를 최소화해야 하는 초경량 항공기, 소형기에 많이 활용된다.

131 ② 132 ④ 133 ① 134 ③ 135 ① 136 ① 137 ① 138 ② 139 ③ 140 ①

141 다음 항공기의 구조형식 중 샌드위치 구조의 종류에 포함되지 않는 것은?

① 거품형 구조
② 발사형 구조
③ 허니컴 구조
④ 파도형 구조

> 해설 샌드위치 구조는 다양한 건축자재에 활용되고 있으며 거품형, 발사형, 허니컴, 파돔형 등이 있다.

142 다음 항공기 기체의 복합재료 중 군용기에 많이 사용되고 있는 것은?

① 유리섬유계 복합재(GFRP)
② 탄소섬유계 복합재(CFRP)
③ 아라미드섬유계 복합재(AFRP)
④ 보론섬유계 복합재(RBFRP)

> 해설 다양한 복합재료가 개발되고 있지만 가격, 성능, 무게 등을 고려해 탄소섬유계 복합재가 가장 많이 활용되고 있다.

143 다음 중 항공기의 연료가 갖춰야 할 조건에 포함되지 않는 것은?

① 기화성이 좋아야 한다.
② 발열량이 커야 한다.
③ 제폭성이 작아야 한다.
④ 부식성이 적어야 한다.

> 해설 제폭성(antiknocking value)은 실린더 내부의 노킹을 방지하는 것을 말하며 제폭성이 크게 하기 위해서는 옥탄가가 높은 연료를 사용해야 한다.

144 다음 중 항공기의 가스터빈기관에 포함되지 않는 것은?

① 터보제트
② 터보프롭
③ 터보팬
④ 터보크랭크

> 해설 가스터빈기관은 터보제트, 터보팬, 터보프롭, 터보축기관 등이 있다. 터보축기관은 터보샤프트기관이라고도 한다.

145 다음 중 항공기의 계기에 표시된 색상에 대한 설명으로 올바르지 않은 것은?

① 적색은 최대 운전 범위를 나타낸다.
② 황색은 경고 범위를 나타낸다.
③ 청색은 계속 운전 범위를 나타낸다.
④ 백색은 안전운항 범위를 나타낸다.

> 해설 백색은 속도계에만 있으며 플랩작동의 속도범위를 나타낸다.

146 다음 드론에 사용되는 브러시리스 모터에 대한 설명 중 올바르지 않은 것은?

① 모터의 수명에 영향을 미치는 브러시가 없는 모터이다.
② 브러시드 모터에 비해 수명이 길며 반영구적이다.
③ 3상 전류를 사용하기 때문에 전자속도제어기(ESC)가 필요하다.
④ 브러시드 모터에 비해 저가이기 때문에 많이 활용된다.

> **해설** 브러시드(brushed) 모터에 비해 고가이지만 수명이 길고 높은 출력이 가능해 많이 활용된다.

147 다음 중 드론에 장착된 위성항법시스템(GPS)에 대한 설명으로 올바른 것은?

① 위성항법시스템(GPS)는 오차가 거의 발생하지 않아 위치파악에 유리하다.
② 드론은 위성항법시스템(GPS)을 활용해 자동 호버링이 가능하다.
③ 높은 건물, 나무, 장애물 등이 있어도 수신에는 문제가 없다.
④ 고성능 위성항법시스템(GPS)을 활용할 경우 1개의 위성만 수신해도 충분하다.

> **해설** 위성항법시스템(GPS)은 인공위성을 활용해 위치를 파악하는 것으로 최소한 3개 이상의 위성신호를 수신해야 위치를 계산할 수 있다. 대부분 정밀도를 높이기 위해 6~7개의 위성신호를 받을 수 있는 위치가 좋다. 위성신호는 1~2Ghz 대역으로 건물, 산, 나무 등의 장애물이 있을 경우 수신 장애가 발생한다.

148 다음 중 항공기나 드론의 위치를 확인하는데 사용되는 장치는?

① 지자기 센서(Magnetometer)   ② 가속도 센서(Accelerometer)
③ 자이로 센서(Gyroscope)   ④ 위성항법장치(GSP)

> **해설** 지자기 센서는 진행방향, 가속도 센서는 속도, 자이로 센서는 수평 등을 판단하는데 활용되는 장치이다.

149 다음 중 전동식 무인항공기에 탑재하는 센서에 포함되지 않는 것은?

① 가속도 센서(Accelerometer)   ② 기압센서(Barometer)
③ 유량 센서(flow sensor)   ④ 지자기 센서(Magnetometer)

> **해설** 유량 센서(flow sensor)는 항공기의 휘발유 등 연료량을 측정하는데 사용한다. 따라서 휘발유를 사용하는 내연기관이 아니라 배터리로 운행되는 드론에는 필요가 없다.

141 ④ 142 ② 143 ③ 144 ④ 145 ④ 146 ④ 147 ② 148 ④ 149 ③

150 다음 중 드론에 탑재된 센서장치와 측정하는 데이터의 연결이 올바르지 않은 것은?

① 짐벌 – 카메라의 균형
② 지자기센서 – 비행 고도
③ 자이로센서 – 비행 자세
④ 가속도 센서 – 속도

> **해설** 지자기 센서(Magnetometer)는 비행기의 방향, 기압센서(Barometer)는 비행기의 고도를 각각 측정한다.

151 다음 중 관성측정장치(IMU)로 측정할 수 있는 비행 데이터에 포함되는 것은?

① 비행자세와 각속도
② 비행기의 균형
③ 비행기의 방향
④ 비행기의 고도

> **해설** 관성측정장치(IMU)는 자이로스코프와 가속도계가 통합된 센서이다. 자이로스코프는 비행자세와 각속도, 가속도계는 전방향 가속도를 측정한다. 비행기의 방향은 자자기센서, 비행기의 고도는 기압센서가 담당한다.

152 다음 중 브러쉬드(brushed) 모터와 브러시리스(brushless) 모터에 대한 설명으로 올바른 것은?

① 브러쉬드 모터는 영구적으로 사용할 수 없다.
② 브러쉬드 모터는 전자속도제어기(ESC)가 필요하다.
③ 브러시리스 모터는 수명이 짧지만 저렴한 편이다.
④ 브러시리스 모터는 전력손실이 많고 열이 발생한다.

> **해설** 브러쉬드 모터는 수명이 짧지만 저렴해 많이 사용하고, 브러시리스 모터는 수명이 길고 큰 출력이 가능하다는 장점이 있다. 브러시리스 모터는 속도를 제어하기 위해 전자속도제어기(ESC)가 필요하다.

153 다음 드론의 비행 중에 일부 모터가 정지했을 경우에 대처법 중 올바른 것은?

① 모터가 정상적으로 작동할 때까지 기다린다.
② 숙련된 조종기술을 활용해 비행을 유지한다.
③ 신속하게 하강해 안전지역에 착륙한다.
④ 최초 이륙지점으로 이동시켜 착륙을 시도한다.

> **해설** 모터가 정지하면 추락할 수 있으므로 가능한 빨리 안전지대에 착륙하도록 한다. 이륙지점으로 돌아올 수도 없으며 추락을 감수하면서까지 이륙지점으로 돌아와서도 안 된다. 아무리 경험이 풍부하고 조종기술이 뛰어나더라도 모터가 정지하면 안전하게 착륙시키는 것이 우선이다.

154 다음 드론에 사용되는 전자속도제어기(ESC)에 대한 설명 중 올바르지 않은 것은?

① 전기모터의 속도를 변화시키기 위해 만들어진 전자회로이다.
② 비행제어시스템의 명령값에 따라 전압과 전류를 제어한다.
③ 브러시리스 모터의 방향과 속도를 제어한다.
④ 브러시 모터의 속도를 제어하기 위해 반드시 필요하다.

> **해설** 전자속도제어기(ESC)는 브러시리스 모터의 속도를 제어하기 위한 장치로 진행방향으로 가속시킬 수도 있으며, 반대로 회전시켜 브레이크 역할도 수행하도록 한다.

155 다음 멀티콥터형 드론의 블레이드(blade)에 대한 설명으로 올바르지 않은 것은?

① 블레이드는 로터를 구성하는 날개를 말한다.
② 블레이드의 피치각이 클수록 비행속도는 느려진다.
③ 기체의 크기와 로터의 직경은 비례한다.
④ 모터의 출력과 로터의 크기가 균형을 이뤄야 한다.

> **해설** 블레이드의 피치각이 클수록 비행속도는 빨라진다.

156 다음 멀티콥터형 드론의 메인 블레이드(blade)의 밸런스를 측정하는 방법에 대한 설명으로 올바르지 않은 것은?

① 메인 블레이드 각각의 크기가 같은지 측정한다.
② 메인 블레이드 각각의 무게가 같은지 측정한다.
③ 메인 블레이드 각각의 무게중심이 같은지 측정한다.
④ 양쪽 블레이드의 앞전이 일치하는지 측정한다.

> **해설** 메인 블레이드 각각의 크기가 같은지 측정하는 것은 아니다.

157 다음 중 블레이드 피치(blade pitch)에 대한 설명으로 올바른 것은?

① 블레이드의 직경을 말한다.
② 블레이드 피치각과 비행속도는 관련이 없다.
③ 블레이드 피치각이 작을수록 비행속도는 빨라진다.
④ 블레이드의 피치각이 클수록 비행속도는 빨라진다.

> **해설** 블레이드 피치(blade pitch)는 블레이드의 피치각을 말하며 피치각이 클수록 비행속도는 빨라진다.

150 ② 151 ① 152 ① 153 ③ 154 ④ 155 ② 156 ① 157 ④

158 다음 중 항공기의 구성요소에 포함되지 않는 것은?
① 날개
② 동체
③ 프로펠러
④ 착륙장치

> 해설 항공기의 구성요소는 날개, 동체, 꼬리날개, 착륙장치, 엔진 등 5개이다.

159 다음 중 항공기의 꼬리날개 구성요소에 포함되지 않는 것은?
① 방향타
② 승강타
③ 안정판
④ 보조익

> 해설 꼬리날개는 방향타, 승강타, 수직안정판, 수평안정판, 트림 탭 등으로 구성돼 있다.

160 다음 중 항공기 엔진에 수분이 함유된 연료가 공급되면 배기가스의 색깔은?
① 백색
② 청색
③ 흑색
④ 무색

> 해설 연료에 수분이 함유될 경우에는 백색, 실린더에 오일이 누유되면 청색의 배기가스가 배출된다.

161 다음 중 비행 중인 항공기로부터 항공기 바로 밑의 지표까지의 고도는?
① 절대고도
② 지시고도
③ 진고도
④ 기압고도

> 해설 절대고도는 해면에서 항공기, 산악의 경우에는 산악 표면으로부터 항공기까지의 수직거리를 말한다.

162 다음 중 항공기의 비행거리와 관계없이 풍압으로 측정되는 속도는?
① 지시속도
② 수정속도
③ 대기속도
④ 대지속도

> 해설 대기속도는 주변 공기와 상대적 속도로 대지속도와는 달리 지상의 비행거리와는 관계없다.

163 다음 무인멀티콥터의 센서 장치 중 기체의 수평을 유지해주는 것은?

① GPS
② 자이로센서
③ 지자기센서
④ 가속도센서

해설 자이로센서는 지표면을 중심으로 기울기, 각속도 등을 측정하며 기체의 수평을 유지해 기울어지는 것을 막아준다.

164 다음 중 무인멀티콥터의 전진과 후진을 결정하는 장치는?

① 스로틀
② 러더
③ 엘리베이터
④ 에일러론

해설 스로틀은 상승과 하강, 러더는 좌우회전, 엘리베이터는 전진과 후진, 에일러온은 좌우 이동을 결정한다.

165 다음 중 무인멀티콥터에 사용하는 2차 전지에 포함되지 않는 것은?

① 니켈카드뮴전지
② 니켈수소전지
③ 리튬이온전지
④ 알카라인전지

해설 알카라인전지는 수은전지, 망간전지 등과 같이 1차 전지에 포함된다.

166 다음 중 리튬폴리머 배터리의 특징에 대한 설명으로 올바르지 않은 것은?

① 리튬이온 배터리에 비해 얇고 폭발 위험이 적다.
② 메모리효과가 없어 완전방전이 되지 않아도 충전해 사용할 수 있다.
③ 과전압 보호회로가 있어 과방전이 발생하지 않는다.
④ 배부름 현상이 발생한 배터리를 사용하지 않아야 한다.

해설 리튬 폴리머 배터리는 과전압, 과전류, 과방전 등 보호회로가 없으므로 과방전에 주의해야 한다.

167 다음 중 리튬이온 배터리의 특징에 대한 설명으로 올바르지 않은 것은?

① 니켈카드뮴 배터리 등에 비해 높은 에너지 밀도를 갖고 있다.
② 장기간 사용하지 않을 경우 급속도로 방전된다.
③ 저온이나 고온상태에서 충전효율이 떨어진다.
④ 하나의 셀이 고장나면 체인반응을 일으켜 전체 배터리팩을 사용할 수 없다.

해설 리튬이온 배터리는 장기간 사용하지 않아도 손실되는 충전양이 적은 편이다.

168 다음 중 브러시리스 모터에 대한 설명으로 올바르지 않은 것은?

① 1970년대 개발됐으며 반영구적으로 사용할 수 있다.
② 동일 무게의 엔진보다 높은 출력이 가능하다.
③ 전력손실이 발생하지 않으며 속도와 출력이 우수하다.
④ 구조가 단순해 전자속도제어기가 필요 없다.

해설 브러시리스 모터는 전자속도제어기(ESC)가 필요하다.

169 다음 중 무인멀티콥터의 블레이드에 대한 설명으로 올바르지 않은 것은?

① 블레이드는 로터를 구성하는 날개를 말한다.
② 피치각이 작을수록 비행속도가 빨라진다.
③ 익면적이 좁으면 바람의 저항에도 잘 견딘다.
④ 모터에 비해 피치각이 너무 넓으면 탈조현상이 나타난다.

해설 블레이드의 피치각이 클수록 기체의 비행속도가 빨라진다.

170 다음 프로펠러 블레이드에 작용하는 힘 중 가장 큰 힘은?

① 구심력　　　　　　　　② 인장력
③ 비틀림력　　　　　　　④ 원심력

168 ④　169 ②　170 ④

MEMO

드론 무인멀티콥터 조종자 자격증 필기

CHAPTER

02

항공역학

- **STEP 1** 항공 이론
- **STEP 2** 멀티콥터의 비행원리

CHAPTER 02 항공역학

STEP 1 항공 이론

1 항공기의 비행원리

(1) 비행원리

비행기의 날개가 양력을 발생함으로써 동체를 공중에 떠오르게 하는 역할을 수행함.

(2) 조종성

조종성은 항공기의 평형상태를 변화시키거나 평형상태를 맞출 수 있는 능력과 가속운동과 같은 불평형 상태를 만들어 낼 수 있는 능력을 말함.

① 피치(pitch)조종을 위해 엘리베이터(elevator)를 설치
  ㉠ 꼬리날개 부분에서 수평으로 펼쳐진 날개 부문의 방향판을 엘리베이터라고 함.
  ㉡ 수평꼬리날개의 끝이나 수평꼬리날개 전체의 각도를 변화
  ㉢ 비행기가 이륙 직후 일정고도에 이르기 위해 상승하는데 이때 기수를 쳐들게 하는 역할을 엘리베이터가 수행
  ㉣ 엘리베이터 변위에 따라 수평꼬리날개의 양력이 바뀌므로 무게중심에 대한 모멘트를 변화시켜 회전운동이 발생
② 요(yaw)조종을 위해 러더(rudder)를 설치
  ㉠ 러더는 '수직방향판'으로 항공기 후면의 수직꼬리 날개에 장착됨.
  ㉡ 항공기의 선회 조종 시 좌우 회전을 결정
  ㉢ 공중에서 방향선회는 주로 에일러론(aileron), 이착륙 시 활주로 등 저속에서는 러더가 담당
  ㉣ 러더는 조종석의 페달로 작동
③ 롤(roll)조종을 위해 에일러론(aileron)을 설치
  ㉠ 비행기의 양 날개 뒤쪽에 붙어 있는 방향판을 에일러론이라고 함.
  ㉡ 에일러론을 날개 좌우에 하나씩 서로 반대방향으로 작동시킴으로써 롤링 모멘트를 만듦.

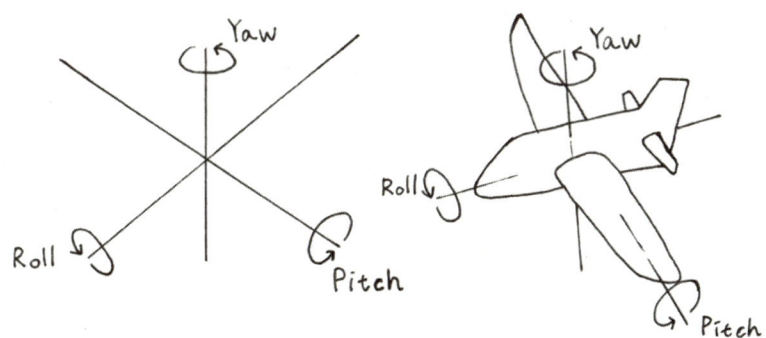

항공기의 조종 |

(3) 에어포일(airfoil)

비행기의 날개를 수직으로 자른 단면을 에어포일, 날개단면이라고 한다. 에어포일은 유선형으로 되어 있어 공기 중에서 운동하면서 날개에 양력, 항력 등을 발생시킨다. 에어포일은 다음과 같이 구성돼 있음.

① 윗면(upper surface)　　　　　　② 아래면(lower surface)
③ 앞전(leading edge)　　　　　　　④ 뒷전(trailing edge)
⑤ 시위(chord)선은 앞전과 뒷전을 연결한 선
⑥ 시위길이(chord length)는 앞전에서 뒷전까지의 거리
⑦ 평균 캠버선 : 날개의 이등분선
⑧ 캠버(chamber) : 시위선과 평균 캠버선까지의 거리, 에어포일의 휘어진 정도를 의미

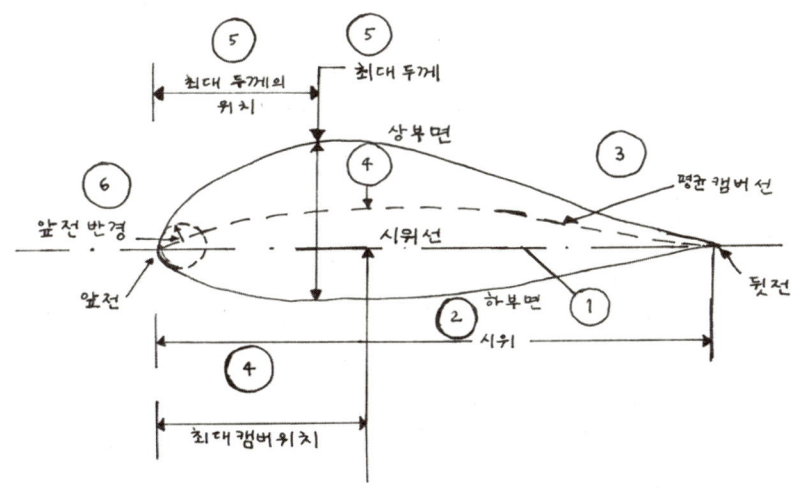

날개와 에어포일 |

(4) 에어포일의 받음각(angle of attack)

비행방향의 반대 방향인 공기흐름의 속도방향과 에어포일의 시위선이 만드는 각을 말한다. 양력, 항력 및 피칭 모멘트에 가장 큰 영향을 주는 인자임.

① '영각', '앙각', '공격각'이라고도 하며 날개의 시위선(익현선)을 기준으로 비행자세에 따라 변하는

각도
② 받음각이 커지면 양력도 커지지만 일정 수준을 넘어서면 양력은 감소
③ 후퇴각(sweepback angle)은 뒤젖힘각, 날개의 시작에서부터 끝부분까지 젖혀진 각도
④ 양력의 크기는 받음각, 비행속도, 날개 모양 등에 따라 달라짐.

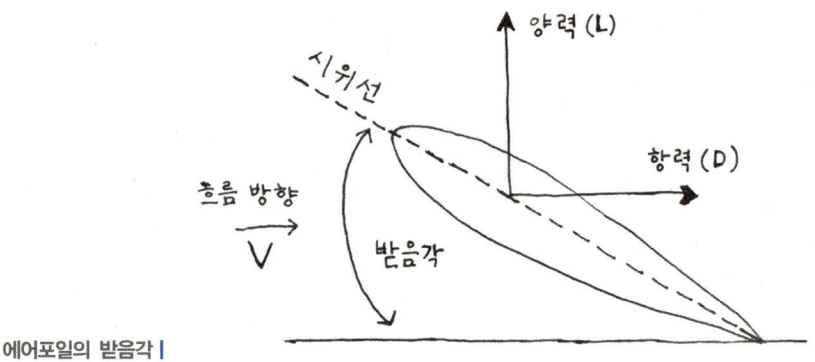

에어포일의 받음각

(5) 에어포일의 중심
① 압력중심(Center of Pressure) : 에어포일 표면에 작용하는 분포된 압력의 힘으로 한 점에 집중적으로 작용한다고 가정할 때 이 힘의 작용점
② 공력중심(Aerodynamic Center) : 에오포일의 피칭 모멘트의 값이 받음각이 변하더라도 그 점에 관한 모멘트의 값이 거의 변하지 않는 가상의 점(=공기력의 중심)
③ 무게중심(Center of Gravity) : 중력에 의한 알짜 토크가 '0'인 점

(6) 취부각(incident angle)
① 취부각(incident angle)은 '붙임각', 비행기 제작 시 동체의 기준선에서 날개를 조립한 각도
② 종축과 에어포일(airfoil)의 시위선(chord line)이 이루는 각
③ 정확한 취부각은 항력의 특성과 세로 안전성을 좋게 함.

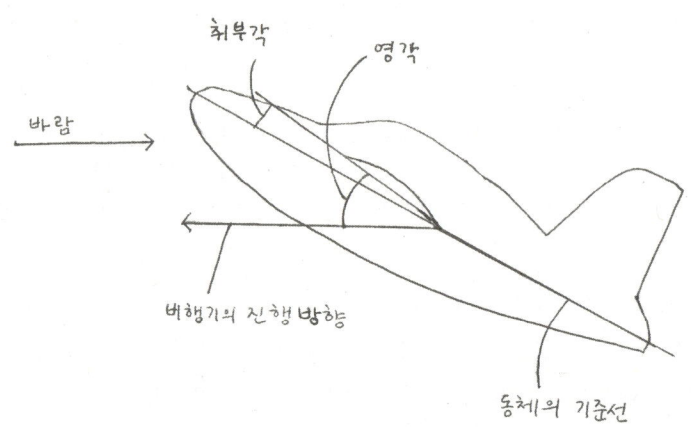

받음각(영각)과 취부각

(7) 상대풍(relative wind)

상대풍은 날개골의 이동방향에 정반대로 작용하는 바람으로 자연풍과 구분된다. 상대풍은 날개골의 비행경로와 평행하지만 방향은 반대이다. 상대풍은 공기역학적으로 양력을 발생하는 받음각의 크기를 결정하는 요소임.

① 날개의 방향에 따라 상대풍의 방향도 바뀜.
② 날개가 평행하게 이동할 경우에 상대풍은 이동방향의 반대방향으로 작용
③ 날개가 아래로 이동할 경우 상대풍은 위, 날개가 위로 이동할 경우 상대풍은 아래로 작용

(8) 항공기의 안정성

① 가로안정성(lateral stability)
항공기의 세로축을 중심으로 한 좌우안정으로 롤(roll)안정성이라고 한다. 항공기 날개는 양력을 발생할 뿐만 아니라 난류와 같은 외부 힘에 의해 발생한 수평 불안상태를 자체적으로 안정을 회복할 수 있도록 고안돼 있으며 주날개가 이러한 역할을 수행함.

② 세로안정성(longitudinal stability)
항공기 가로축을 중심으로 한 상하운동에 대한 안정으로 피치(pitch)안정성이라고도 한다. 항공기 후방의 수평안정판에 의해 안정을 이루며 수평꼬리날개가 이러한 역할을 수행함.

③ 방향안정성(directional stability)
항공기의 수직축을 중심으로 한 좌우안정으로 요(yaw)안정성이라고도 한다. 항공기의 수직안정판은 항공기의 방향안정성을 유지하기 위해 고안됐으며 수직꼬리날개가 이러한 역할을 수행함.

> **기타 안정성(Stability)**
> 1. 정적안전성(static stability) : 항공기가 평형상태에서 외란이 가해졌을 때 다시 중심을 다시 돌아오려는 힘
> 2. 동적안정성(dynamic stability) : 항공기가 평형상태에서 외란이 가해졌을 때 진동(oscillation)이 발생해 진폭이 감쇠가 되면서 안정되는 힘

(9) 항공기의 3가지 축

① 가로축(lateral axis)
  ㉠ 항공기의 양 날개 끝을 연결한 선
  ㉡ 항공기의 기수가 위, 아래로 움직이는데 이 움직임을 피칭(pitching)이라고 함.
  ㉢ 항공기의 자세가 높아지고 낮아지는 운동
② 세로축(longitudinal axis)
  ㉠ 항공기의 앞(nose) 부분에서 꼬리(tail) 부문을 연결한 선
  ㉡ 항공기의 왼쪽, 오른쪽으로 구르는 듯한 움직임을 롤링(rolling)이라고 함.
③ 수직축(vertical axis)
  ㉠ 항공기의 중심 부문을 아래에서 위로 통과하는 선
  ㉡ 항공기가 좌우로 회전하는 움직임을 요잉(yawing)이라고 함.

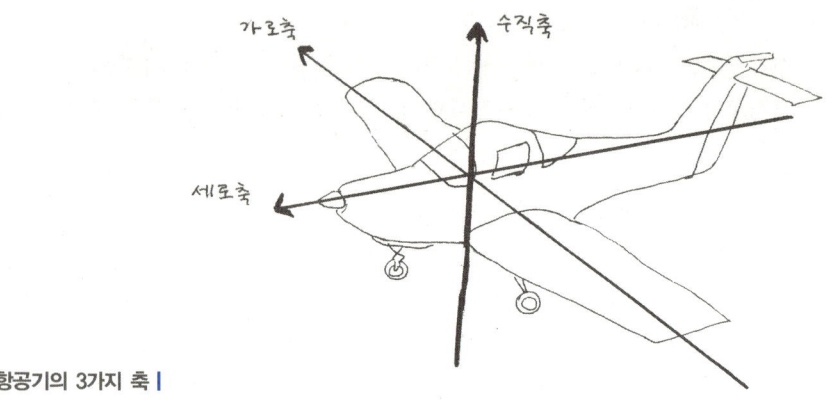

항공기의 3가지 축

2 중량배분(Weight and Balance)

(1) 항공기의 무게
① MEW(Manufacture's Empty Weight)은 항공기 순수중량
② BEW(Basic Empty Weight)은 MEW + 엔진오일 - 사용하지 않는 연료(unusable fuel)
③ SOW(Standard Operation Weight)은 BEW + 직원 + 음식 + Fly Away Kit
④ ZFW(Zero Fuel Weight)은 SOW + Payload(승객 + 화물)
⑤ TIW(Taxi Weight)은 ZFW + 전체 연료(Total Fuel)
⑥ TOW(Take off Weight)은 TIW - Taxi Fuel
⑦ LDW(Landing Weight)은 TOW - Burn off fuel

(2) 무게중심(CG, Center of Gravity)
① 항공기가 균형을 이루는 지점
② CG Limit는 특정 무게를 기준으로 제작사가 정한 가장 앞쪽과 가장 뒤쪽의 범위
③ Datum은 항공기의 중심계산을 위한 기준선으로 제조사에서 설정
④ Arm은 기준선에서 측정한 수평거리로 인치(inch) 단위로 표시
⑤ Moment은 수평면 상에 있는 무게가 기준선(datum)으로부터 측정한 일정거리(arm)에서 받는 무게

(3) 무게중심(CG, Center of Gravity)의 영향
① 무게중심이 뒤로 치우칠 경우
  ㉠ 러더(rudder)에 작용하는 힘이 감소해 항력이 감소하고 연료소모가 줄어듦.
  ㉡ 항공기가 상승 시 pitch up되어 실속 가능성
② 무게중심이 앞으로 치우칠 경우
  ㉠ 항공기가 이륙할 때 항력이 증가해 연료소모가 증가
  ㉡ 항공기가 착륙할 때 테일(tail)이 접지하기 어려움.

ⓒ 실속(Stall) 및 스핀(Spin) 상황에서 회복력이 좋아짐.

(4) 무게중심(CG, Center of Gravity)을 구하는 공식
① Moment = Weight(pound) × Arm(inch)
② Weight(pound) = Moment ÷ Arm(inch)
③ Arm(CG) = Total Moment ÷ Total Weight

(5) 공력중심((Aerodynamic Center)
① 정의 : 공기력(풍압)이 작용해 날개를 돌리는 모멘트가 발생해도 그 모멘트의 값이 일정한 점
② 대부분의 에어포일(airfoil)에서 공력 중심은 에오포일 시위의 앞전에서 25%점에 위치함.
③ 무게중심과 공력중심의 상관관계
    ㉠ 무게중심이 공력중심보다 앞에 있으면 항공기 머리가 앞으로 내려가 승강타 올리면서 비행
    ㉡ 무게중심이 공력중심보다 뒤에 있으면 항공기 머리가 위로 올라가 승강타 내리면서 비행
    ㉢ 무게중심이 공력중심보다 약간 앞에 있으면 공기저항이 작아 연료도 절감

3 공기력의 발생원리

(1) 양력과 양력계수(lift coefficient)
① 양력은 유체의 밀도에 비례
② 양력계수는 어떤 특정 에어포일(airfoil)에 관련되는 양력을 정해주는 계수
③ 양력계수는 날개에 작용하는 힘에 의해 부양하는 정도를 수치화한 것.
④ 양력계수에 영향을 주는 요소
    ㉠ 챔버(chamber)가 크면 클수록 양력계수는 높아짐.
    ㉡ 날개의 두께가 두꺼워질수록 양력계수는 높아짐.
    ㉢ 앞전(leading edge) 반경이 클수록 양력계수는 높아짐.
    ㉣ 양력을 증가시키기 위해 속도(V), 날개면적(S)를 증가시키고, 고양력장치 사용
⑤ 최대양력계수는 양력이 최대일 때의 받음각(AOA)에서 발생하며 비행 상태와 무관하게 최대 선회율과 최대 'G'를 얻을 수 있음.
⑥ 최대양력계수가 작을 때 실속속도가 커짐.

(2) 베르누이 이론(Bernoulli's Theory)
베르누이((Bernoulli)는 '이상 유체의 정상 흐름에서 유체의 에너지 총량은 항상 일정하다'고 정의했는데 이를 베르누이 이론이라고 말한다. 유관 내 공기가 흐르고 있을 때 공기가 갖고 있는 기계적 에너지는 운동에너지, 위치에너지, 압력에너지로 구성돼 있는데 3가지 기계적 에너지는 보존된다는 원리임.
① 기계적 에너지
    ㉠ 운동에너지(kinetic energy) : v − 유체가 흐르는 속도

ⓒ 위치에너지(potential energy) : h – 높이
　　　ⓒ 압력에너지(pressure energy) : P – 일에너지
　　　ⓔ p : 밀도

$$P + \rho gh + 1/2\rho v^2 = 일정$$

　② 정압, 동압, 전압 등
　　　㉠ 정압(Static Pressure)은 공기가 흐르는 방향에 대한 측면에 대한 압력
　　　㉡ 동압(Dynamic Pressure)은 공기가 흐르는 방향에 대한 정면에 대한 압력
　　　㉢ 전압(Pt)은 정압(P)과 동압(q)의 합으로 항상 일정함.
　　　㉣ 유체의 속력이 증가하면 동압은 증가하지만 정압은 감소
　③ 베르누이 이론이 성립하기 위한 조건
　　　㉠ 유동성　　　　　　　　　　㉡ 비압축성
　　　㉢ 무점성　　　　　　　　　　㉣ 무마찰

> **레이놀즈수(Reynold's number)**
> 1. **정의** : 유체의 흐름형태, 관 내의 흐름상태가 층류인지 난류인지를 판정하는 수.
> 2. **특징**
>   ① 레이놀즈수가 2000 이하일 경우에 관 내의 흐름은 층류
>   ② 레이놀즈수가 2000 이상일 때는 관 내의 흐름이 난류
>   ③ 용융금속은 대체로 밀도가 크고 점성계수가 작으므로 난류가 되기 쉬움
>   ④ 레이놀즈수는 유로를 흐르는 유체의 마찰계수를 결정하는 수치로 중요함.

(3) 항공기에 작용하는 4가지 힘
　① 추력(Thrust)은 항공기를 앞으로 나아가게 하는 힘
　② 항력(Drag)은 공기흐름의 속도방향과 같은 방향으로 작용하는 힘
　　　㉠ 유해항력(parasite drag)은 항공기 기체 표면에 공기의 마찰력이 발생해 생기는 항력
　　　㉡ 유도항력(induced drag)은 날개를 통과하는 공기의 흐름이 날개의 끝단에서 발생하는 와류계 항력으로 큰 무게, 높은 고도, 낮은 속도, 좁은 날개 면적, 비효율적 날개서례 등으로 발생
　　　㉢ 조파항력(wave drag)은 항공기가 초음속으로 비행할 때 충격파와 팽창하가 생기며 앞쪽은 고압, 뒤쪽은 저압이 되면서 생기는 항력

> **유해항력(parasite drag)의 정의와 종류**
> 1. **정의** : 항공기 기체 표면의 마찰력에 따라 발생하는 항력
> 2. **종류**
>   ① 형상항력(form drag) : 항공기 구조, 크기, 모양에 의해 발생
>   ② 마찰항력(friction drag) : 항공기 표면 거칠기에 따라 변하는 항력으로 표면광택, 평판마무리, 리벳
>   ③ 간섭항력(interference drag) : 형상항력 + 마찰항력이 조화되어 발생

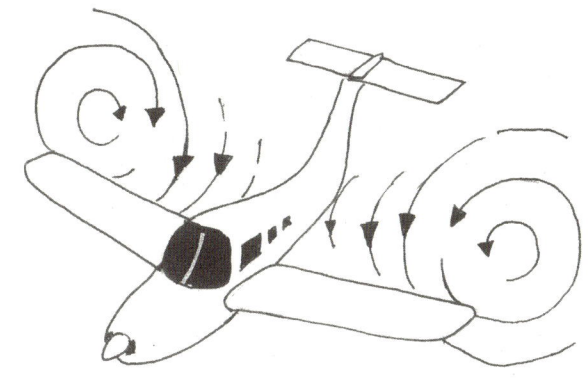

| 항공기의 날개에 발생하는 유도항력 |

③ 중력(Weight)은 항공기 전체 무게, 항공기의 위치나 자세와 관계없이 지구의 중심으로 향함.
④ 양력(Lift)은 공기흐름의 속도방향에 수직한 방향으로 작용하는 힘
    ㉠ 양력은 비행속도의 제곱에 비례
    ㉡ 양력은 날개의 면적이 넓을수록 증가
    ㉢ 경항공기는 두꺼운 날개로 양력 확보하지만 전투기는 얇은 날개로 고속비행해 양력 발생

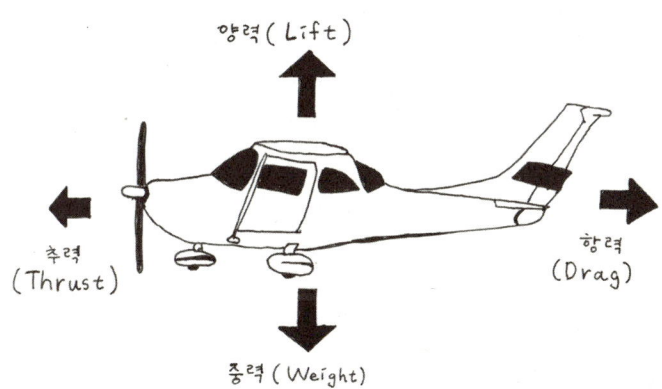

| 항공기에 작용하는 4가지 힘 |

(4) 고양력장치(high lift device)

비행속도에 따라 서로 상충되는 특성을 만족시키기 위해 이착륙할 때와 같이 필요할 때에만 양력을 크게 하는 공기역학적인 특수한 장치를 날개에 설치하는 것을 고양력장치라고 한다. 고양력장치의 종류는 아래와 같음.

① 플랩(flap)
    최대 양력계수를 얻기 위해서는 날개만으로 부족하므로 날개의 앞전이나 뒷전에 움직일 수 있는 작은 날개 모양의 장치를 장착해 필요할 때 사용하는데 이를 플랩이라고 함.
    ㉠ 평면 플랩(plain flap)   ㉡ 스플리트 플랩(split flap)
    ㉢ 잽 플랩(zap flap)   ㉣ 슬로트 플랩(slotted flap)
    ㉤ 플라워 플랩(flower flap)
② 경계층제어(boundary layer control)
③ 동력형 고양력장치(powered high-lift device)

(5) 공기의 속도
① 표준대기에서 공기의 속도는 340.43m/sec
② 물체의 이동속도가 음속보다 큰 경우를 마하(Mach) 1.0이라고 함.
③ 속도영역의 분류
　㉠ 아음속(subsonic speed)은 마하 0.8 이하
　㉡ 천음속(transonic speed)은 마하 0.8~1.2
　㉢ 초음속(supersonic speed)은 마하 1.2~5.0
　㉣ 극초음속(hypersonic speed)은 마하 5.0 이상

(6) 비행기의 실속(Stall)과 스핀(Spin)
① 실속은 양력이 부족해 비행이 불가능해지는 현상
② 비행기의 받음각이 증가하면 날개 윗면을 흐르는 공기흐름이 조기에 분리되고 더 이상 양력이 발생하지 못하는 임계받음각에 도달해 실속이 발생
　㉠ 임계받음각 : 비행기 설계에 따라 약 16~20도
　㉡ 무게, 하중계수, 비행속도 또는 밀도고와 무관하게 발생
③ 스핀 : 비행기의 자동회전과 수직 강하가 조합된 비행
　㉠ 조종간을 밀어 받음각을 감소시켜 급강하로 들어가야 스핀 회복 가능
　㉡ 낮은 고도에서 스핀현상이 발생하면 지면과 충돌 위험이 높아짐.
　㉢ 신속히 선회각을 회복해 회전을 멈추게 해야 함.
　㉣ 회복 후 반대방향으로 스핀이 발생하지 않도록 조종해야 함.
　㉤ 무게중심(CG)이 전방에 위치할 때 쉽게 회복, 후방에 위치하면 회복이 어려움.

(7) 기류박리(airflow separation)
① 바람이 불어오는 표면을 따라 흐르지 않고 표면으로부터 공기가 떨어져 나가는 현상
② 양력은 감소하고 항력은 증가시켜 비행을 유지하지 못하게 하는 현상
③ 항공기 에어포일에 기류박리가 일찍 발생하면 실속(stall) 상태에 빠짐.

(8) 벡터(vector)와 스칼라(scalar)
① 벡터(vector) : 크기와 방향을 갖는 물리량
　㉠ 속도　　　　　　　　㉡ 가속도
　㉢ 중량　　　　　　　　㉣ 양력
　㉤ 항력
② 스칼라(scalar) : 크기만을 갖는 물리량
　㉠ 온도　　　　　　　　㉡ 압력
　㉢ 질량　　　　　　　　㉣ 길이
　㉤ 밀도　　　　　　　　㉥ 면적
　㉦ 부피

(9) 뉴턴의 운동법칙

① 1법칙 관성의 법칙 : 외부의 힘이 가해지지 않으면 물체는 계속 그 상태로 운동
　　㉠ 관성은 관성질량에 비례
　　㉡ 자세계인 자이로스코프로 비행기의 자세 확인
② 2법칙 가속도의 법칙 : 힘이 가해졌을 때 물체가 얻는 가속도는 가해지는 힘에 비례하고 물체의 질량에 반비례
③ 3법칙 작용·반작용의 법칙 : A물체가 B물체에 힘을 가하면 B물체도 A물체에 힘을 가함.
　　㉠ 제트엔진에서 고온고압가스를 압축 후 후방으로 분사한 반작용으로 추력 획득
　　㉡ 총을 쏘면 총이 뒤로 밀리는 현상

4 항공기의 비행에 관련된 용어

(1) 비행의 종류

① 등속수평비행
　등속수평비행은 일정한 고도와 속도로 비행하는 것을 말한다. 이 때 항공기에 작용하는 추력, 항력, 중력, 양력 등이 평행을 이루게 된다. 항공기가 일정한 속도를 유지하며 공중을 날기 위해서는 항력을 이겨내는 추력이 필요함.
② 상승비행
　상승비행은 비행기가 상승하는 것을 말하며 상승할 때 필요한 추력은 항력뿐만 아니라 상승각에 따른 중력도 극복해야 한다. 최대상승률, 상승각, 상승한도 등이 있음.
③ 활공비행
　활공비행은 활주로에 착륙하거나 불시착하기 위해 고도를 낮추지만 동력기관을 작동하지 않고 비행하는 상태를 말한다. 무동력 하강비행, 활공(gliding)이라고 함.
④ 선회비행
　선회비행은 고도를 일정하게 유지하고 수평으로 비행하는 것을 말하며 비행속도의 변화가 없다. 일정한 선회반경을 유지하기 위해서는 원심력과 구심력이 서로 평형을 이뤄야 한다. 고도를 유지하기 위해서는 구심력과 중력의 합과 같은 양의 양력이 필요함.

역편요(adverse yaw) 현상과 대응방법

1. 현상
　① 비행기가 선회시 보조익(aileron)을 조작해 경사하게 되면 선회방향과 반대방향으로 요(yaw)하는 것
　② 비행기 오른쪽으로 경사해 선회하는 경우 비행기의 기수가 왼쪽으로 요(yaw)하려는 운동
　③ 비행기가 보조익(aileron)을 조작하지 않더라고 어떤 원인에 의해 롤링(rolling) 운동을 시작하며 올라간 날개의 방향으로 요(yaw)하는 특성
2. 대응방법 : 러더(rudder)를 이용해 조절

⑤ 실속비행

실속(stall)은 '속도를 잃는다'는 의미로 실속비행은 비행 중에 받음각을 증가시키면 날개 윗면에 흐름의 떨어짐이 발생해 양력이 급격히 감소해 일어난다. 실속에서 회복해 수평 비행으로 돌아올 때까지 고도가 크게 떨어지므로 낮은 고도에서 실속이 발생하면 매우 위험하다. 실속이 일어나는 이유는 다음 2가지임.
㉠ 속도의 감소
㉡ 받음각의 초과
㉢ 고도가 높아질수록 공기밀도가 줄어 항공기 날개를 떠받쳐 주는 공기압이 줄어 항공기가 하강하는 실속속도가 커짐.

> **실속(stall)을 회복하기 위한 방법**
> 1. 기수가 지상으로 향하도록 앞으로 민다.
> 2. 경우에 따라 플랩(flap)을 내린다.
> 3. 필요하다면 파워(power)를 증가시켜 추력을 높인다.

(2) 활주거리

① 이륙활주거리는 비행기가 이륙 후 안전고도(터브프롭은 50ft, 제트기는 35ft) 상공을 지날 때까지의 수평거리로 이륙거리라고도 함.
② 착륙활주거리는 비행기가 고도 150m 지점에서 정지하는 지점까지 필요한 수평거리로 착륙거리라고도 함.

(3) 활공각과 활공비

① 활공각은 항공기가 착륙하기 위해 활공을 하는데 비행경로와 수평면이 이루는 각을 말함.
② 활공비(glide ratio)는 항공기가 전진하는 거리와 강하하는 고도의 비율을 말함.

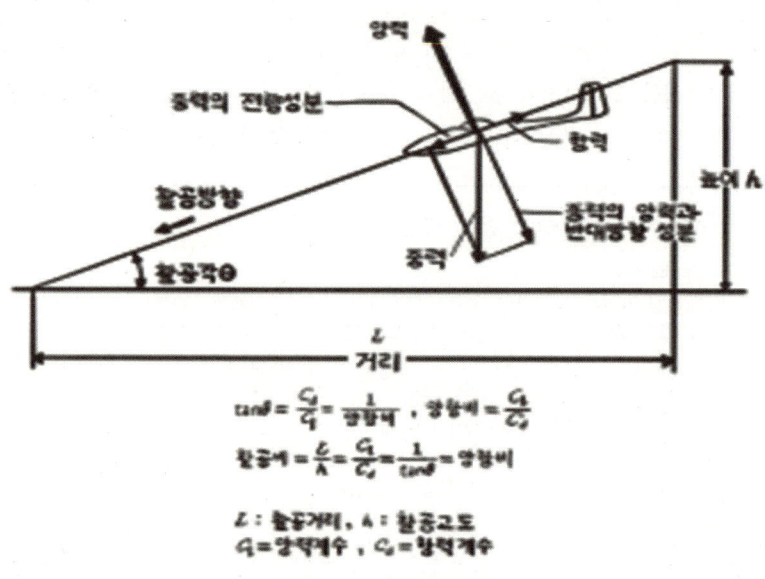

활공각과 활공거리

(4) 항공기에 요구되는 이용마력과 필요마력
① 정격마력(rated horsepower)은 시간의 제한 없이 계속 작동 가능한 최대동력
② 순환마력(cruising horsepower)은 경제마력이라고도 하며 비 연료 소모율이 가장 낮은 상태에서 기관출력
③ 이용마력(power availability)은 추진력으로 이용될 수 있는 기관의 동력
④ 필요마력(required horsepower)은 항공기가 속도를 유지하며 상승, 순항, 하강 등을 할 때 필요한 동력
⑤ 여유마력(excess horsepower)은 항공기가 일정 비행속도를 유지하는데 요구되는 필요마력이 항공기에 장착된 기관에서 발생하는 이용마력의 차이

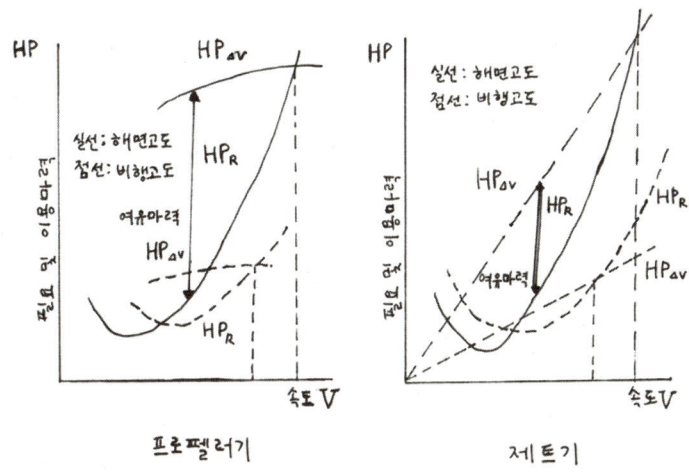

| 이용마력과 필요마력의 비교 |

(5) 항공기의 지면효과(Ground Effect)
① 지표면 근처에서 비행 중인 항공기에 대해 지표면의 간섭으로 인한 현상
② 지면효과로 날개의 와류가 감소하면 유도 받음각(AOA)과 유도항력(Induced Drag)이 감소
③ 유도항력이 감소하면 필수 추력도 감소시켜 이륙에 유리
④ 날개가 지면으로 더 가까이 접근할수록 지면효과는 증대
⑤ 이륙 직전 부양하는 순간이나 착륙 직전 접지 시에 인지
⑥ 지면효과를 벗어난 항공기의 특징
  ㉠ 안전성이 감소되며 순간적인 기수 상승현상이 발생하므로 유의
  ㉡ 유도항력이 증가하므로 플로팅(floating)을 방지하기 위해 추력 증가가 필요
  ㉢ 지시속도(Indicated Airspeed)가 증가
  ㉣ 동일한 양력계수를 유지하기 위해 받음각 증가

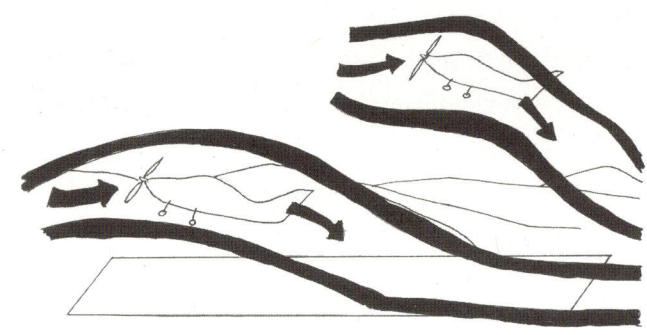

항공기의 지면효과 |

5 항공기의 날개 등

(1) 전진익과 후퇴익의 비교
① 전진익
1936년경 전진익을 채용하자는 아이디어가 있었지만 항공기가 고속기동 시 날개의 비틀림이 강해져 비행 도중에 추락할 가능성이 있어서 채용되지 못함.
㉠ 날개에 가해지는 힘이 날개 전체에 골고루 분산되기 때문에 양력이 증가
㉡ 후퇴익에 비해 최저 비행속도가 낮음.
㉢ 후퇴익에 비해 이착륙 거리가 짧음.
② 후퇴익
공기 흐름이 날개 끝으로 몰려 공기저항이 작아져 고속비행에는 적합하지만 받음각이 커질 경우 충격파가 발생해 실속(stall)의 위험이 높음.
㉠ 충격파 발생 지연으로 임계 마하수(Mcr)가 높고 가로 안정성이 높음.
㉡ 받음각이 높아지면 실속 발생
㉢ 양력계수가 적어 착륙속도를 크게 해야 함.
㉣ 날개 구조면에서 강도가 약함

(2) 프로펠러의 종류
① 고정피치프로펠러(fixed pitch propeller)
날개가 허브에 고정되어 피치각이 바뀌지 않는 프로펠러
② 가변피치프로펠러(controllable pitch propeller)
프로펠러 날개의 피치를 자유롭게 변화시켜 원하는 위치에 기계적으로 고정할 수 있는 프로펠러

(3) 프로펠러(propeller)의 작동원리와 구분
① 엔진에서 만들어진 힘을 받아 비행기가 앞으로 나아갈 수 있는 추력(thrust)을 발생
② 구성은 허브(hub)라고 불리는 중심축과 2개 이상의 날개

③ 프로펠러의 깃은 끝으로 갈수록 회전속도가 빨라지기 때문에 적게 휘어짐.
④ 피치(valid pitch)의 종류
  ㉠ 기하학적 피치(geometrical pitch)는 프로펠러가 1회전 할 때 앞으로 전진할 수 있는 이론적 거리
  ㉡ 유효 피치(valid pitch)는 프로펠러가 1회전 할 때 비행기가 공기 중에서 실제로 이동한 거리
⑤ 프로펠러의 직경(diameter)은 프로펠러의 지름으로 익단속도(blade tip speed)를 결정
⑥ 피치(pitch)로 구분
  ㉠ 가변피치 프로펠러(Controllable pitch propeller)
  ㉡ 고정피치 프로펠러(Fixed pitch propeller)
⑦ 날개의 수로 구분
  ㉠ 2엽식
  ㉡ 3엽식
  ㉢ 4엽식
⑧ 재질로 구분
  ㉠ 금속재 : 알루미늄, 스테인레스강 등
  ㉡ 복합소재
  ㉢ 목재 : 나무(wood)로 제작

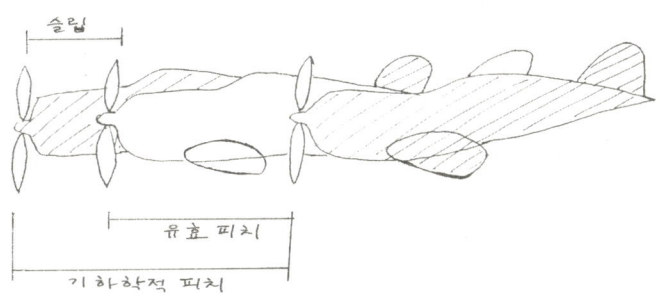

기하학적 피치와 유효피치 |

(4) 종횡비(Aspect ratio)

① 날개의 가로길이(span)와 세로길이(cord)의 비율
② 종횡비가 커지면 익단와류의 영향이 줄어 유도항력이 작아짐.
③ 종횡비가 클수록 활공성능이 좋아짐.
④ 종횡비가 커지면 양력과 항력의 비율인 양항비(Lift vs Drag ratio)도 커짐.

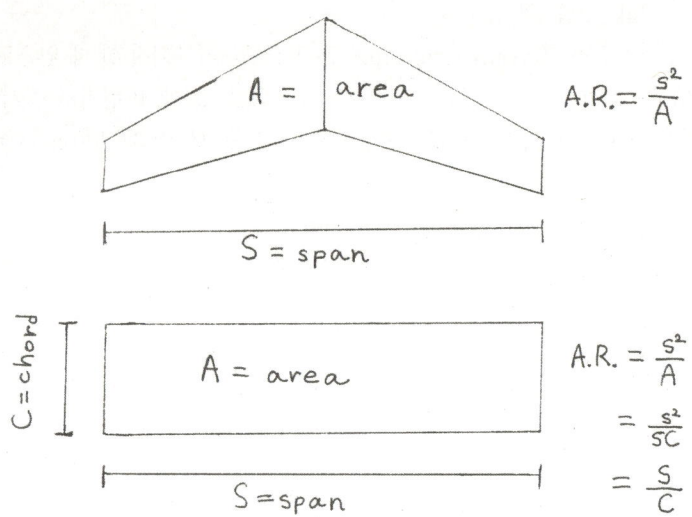

종횡비 |

(5) 나선효과(corkscrew effect)

① 프로펠러가 회전할 때 발생하는 나선후류(slipstream)가 나선형으로 동체를 감싸면서 회전
② 나선후류(slipstream)의 힘이 강할수록 좌선회 모멘트도 커짐.
③ 전방속도가 증가하면 나선후류(slipstream)는 길게 늘어지거나 효과가 감소
④ 나선후류(slipstream)는 날개에 부딪힌 후류 때문에 세로축 주변에 오른쪽 롤링모멘트(rolling moment)를 발생

프로펠러 후류의 나선효과 |

STEP 2 멀티콥터의 비행원리

1 헬리콥터의 비행

(1) 헬리콥터의 비행원리
① 로터 블레이드(rotor blade)의 회전을 통해 양력을 발생시켜 비행
② 항공기는 전진 속도 자체가 날개에 상대풍을 가져 오지만 헬리콥터는 동체가 정지해 있어도 회전날개를 회전시킴으로써 날개에 상대풍을 가져와 양력을 얻음.
③ 고정익 항공기와 달리 이륙을 위해 활주로가 필요하지 않으며 수직으로 이착륙이 가능

(2) 헬리콥터의 비행특징
① 호버링(Hovering)
② 수직 이착륙
③ 측방, 후진비행
④ 자동 활공

2 헬리콥터의 4가지 종류

(1) 단일 로터 헬리콥터(single rotor helicopter)
로터가 1개로 현재 사용되고 있는 헬리콥터 중에서 가장 널리 쓰이는 형태이다. 로터가 하나이기 때문에 조종이나 동력 전달이 비교적 간단하다는 장점이 있다. 하지만 양력이나 추력의 발생에 전혀 기여하지 못하는 꼬리로터는 동력만 소모하는 단점이 있음.

(2) 동축 로터 헬리콥터(coaxial rotor helicopter)
같은 축에 붙어 있는 2개의 로터를 서로 반대 방향으로 회전시킴으로서 토크를 상쇄한다. 2개의 로터는 직경이나 회전 속도에서 서로 차이가 있어도 무방하지만 같은 토크를 흡수할 수 있도록 설계돼야 한다. 동축 로터 헬리콥터는 토크 상쇄용 꼬리 로터가 필요하지 않아 전체 형상의 크기는 로터 직경에 의해 결정된다. 함정 위와 같이 좁은 장소에서 운용하기 적절함.

(3) 양측 로터 헬리콥터(side-by-side rotor helicopter)
로터를 좌우 양쪽에 각각 서로 반대 방향으로 회전하도록 설치해 토크를 상쇄시킨다. 외형적으로 동축 로터 헬리콥터와 비슷하지만 구동축이 동축 로터에 비해 간단하다.
순항효율이 좋다는 이점이 있지만 동력 전달계통과 조종계통이 복잡해 무게가 커진다는 단점이 있음.

(4) 앞뒤 로터 헬리콥터(tandem rotor helicopter)

로터를 앞과 뒤에 하나씩 두고 서로 반대방향으로 회전시킴으로서 토크를 상쇄시킨다.
무게 중심의 이동범위가 크기 때문에 평형을 유지하기 쉽고 큰 중량을 운반하는데 적합하다. 전진비행에서 양력을 발생시키는 효율이 저하된다는 단점이 있음.

3 헬리콥터의 비행원리

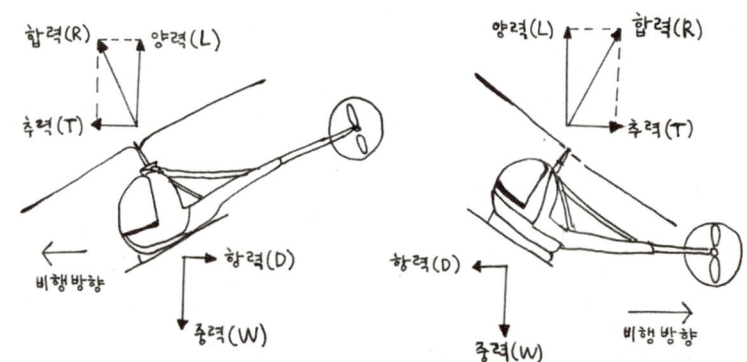

전진과 후진비행의 원리 l

(1) 제자리비행(hovering)의 원리

헬리콥터가 전후, 좌우 방향으로 이동이 거의 없는 상태로 고도를 유지하면서 공중에 떠 있는 상태인 정지비행을 호버링이라고 함.

① 바람이 없는 상태에서 호버링을 하면 로터의 회전면, 날개 끝 경로면은 수평지면과 평행하게 됨.
② 호버링을 하는 동안 양력과 추력, 항력과 중력은 동일방향으로 작용해 양력과 추력의 합은 중력과 항력의 합과 같음.
③ 호버링 중 우회전을 하려면 기체는 좌측으로 편류하게 됨.

(2) 전진과 후진비행의 원리

헬리콥터는 로터의 회전면을 앞뒤 좌우로 기울여 전진, 후진 비행 등을 수행한다. 로터 회전면을 앞으로 기울이면 전진, 반대로 로터의 회전면을 뒤로 기울이면 후진을 한다. 양력과 중력의 크기가 같고 추력이 항력보다 크면 로터 회전면이 기운 방향으로 나아가게 됨.

(3) 횡진비행의 원리

헬리콥터가 앞, 뒤가 아니라 옆으로 비행하는 것을 횡진비행이라고 한다. 헬리콥터의 로터 회전면을 좌우로 기울였을 때, 양력과 중력의 크기가 같고 추력이 항력보다 크다면 로터 회전면이 기운 방향으로 수평 횡진 비행을 할 수 있다. 고정익 항공기는 전진비행만 가능함.

(4) 전이비행의 원리

전이비행은 헬리콥터가 지면에서 수직으로 약간 상승해 제자리 비행한 상태로부터 전진비행으로 전이하는 과도기적 상태를 말한다. 이 상태는 가속력에 의해 시간에 따라 속도가 변하고 있기 때문에 평형상태로 볼 수 없다. 초기 비행은 전진하면서 약간 하강하는 방향이 되며 고도는 변하지 않은 채 전진방향으로 가속이 일어나 속도는 증가하면서 전진비행으로 전이할 수 있게 됨.

(5) 자동회전의 원리

자동회전(autorotation)은 로터축에 토크가 작용하지 않은 상태에서도 일정한 회전수를 유지하게 되는 것을 말한다. 헬리콥터가 자동회전하고 있는 상태는 고정익 항공기가 동력 없이 활공하는 상태와 동일하다. 헬리콥터가 비행 중 갑자기 엔진이 정지하는 경우 초기에 로터는 회전수가 감소하기 시작하지만 일정한 고도만큼 하강하면 더 이상 회전수가 감소하지 않는다. 결과적으로 헬리콥터는 일정한 하강율을 확보해 안전하게 착륙하게 됨.

(6) 수직이착륙

제자리비행이 가능하기 때문에 동체 길이정도의 공간만 있어도 이착륙이 가능하다. 수평 전진비행에 비해서는 더 많은 동력이 필요하지만 활주로가 없는 산간, 함상 등에서 운용하기 편리하다. 고정익 항공기는 활주로가 없이는 이착륙이 불가능함.

4 헬리콥터의 비행장치

(1) 헬리콥터의 3가지 조정장치
① 싸이클릭 피치조종(cyclic pitch control)
메인로터의 회전판의 운동을 담당하며 싸이클릭 피치컨트롤을 움직이면 로터의 블레이드가 회전위치에 따라 주기적으로 피치각을 변화시켜 조종하는데 회전판을 움직이게 하는 원리
② 콜렉티브 피치조종(collective pitch control)
메인로터의 블레이드 피치각을 조정하는데 위로 잡아 당기면 피치각이 커지면서 양력이 증가하고 아래로 내리면 피치각이 작아지면서 양력이 줄어든다. 피치각에 따라 받음각이 변하기 때문에 양력이 변함.
③ 반토크 페달(anti-torque pedal)
기수방향을 결정할 때 사용하며 테일로터의 피치각을 조절해 추력을 발생시킨다. 추력의 변화를 통해 기수방향을 결정할 수 있으며 토크를 억제하기 위해 사용함.

(2) 헬리콥터의 로터(Rotor)
① 메인로터(main rotor)
㉠ 회전축을 중심으로 양력을 발생시켜 상승과 하강을 결정
㉡ 로터 블레이드(rotor blade)는 회전익 항공기의 회전날개, '로터 깃'이라고도 함.

ⓒ 메인로터 블레이드(blade)는 보통 2~8장 사이가 많음.
　　　ⓔ 메인로터 블레이드(blade)는 보통 4장이 대부분이지만 미국의 CH-53E는 7장, 러시아의 Mi-26은 8장으로 가장 많음.
　　　ⓜ 조종은 로터의 깃각(blade angle)을 변화시켜 상대적인 양력의 차이를 만들어 전후좌우 자세조정을 실현
　② 보조로터(auxiliary rotor)
　　　㉠ 메인로터에서 발생한 토크를 상쇄하기 위해 단일 로터 헬리콥터의 후미에 장착된 소형 로터
　　　㉡ 테일 로터가 회전하면 양력이 발생하고 반작용은 방향을 제어
　　　㉢ 회전이 약하면 오른쪽으로 선회, 회전이 강하면 왼쪽으로 선회

(3) 헬리콥터의 로터(Rotor) 운동
　① 양력불균형은 전진 블레이드와 후진 블레이드의 양력 차이에 의해 발생
　② 제자리비행(hovering) 시 기류현상
　　　㉠ 유도기류는 로터의 움직임에 의해 변화된 하강기류
　　　㉡ 원형와류(vortex ring)는 하강기류와 상승기류의 속도가 일치하는 지점에서 발생
　　　㉢ 블레이드(blade) 끝단의 와류와 함께 역기류가 증가해 헬리콥터가 추락 위험
　　　㉣ 제자리비행을 하다가 빠르게 하강할 때 발생하므로 하강속도를 늦추는 것이 중요함.
　③ 지면효과는 지면근처에 근접해 운용 시 로터 하강풍이 지면과의 충돌로 발생한 양력
　　　㉠ 지면에 착륙하는 과정에서 착륙이 어려운 현상 발생
　　　㉡ 날개폭 직경의 2분의 1이 되는 고도에서는 약 7%의 로터 추진력 증가 효과
　　　㉢ 날개폭 직경의 6분이 1이 되는 고도에서는 로터의 추진력이 20% 증가
　　　㉣ 지면효과 증대 : 로터 직경의 1배 미만 고도, 무풍, 장애물 없는 평평한 지형
　　　㉤ 지면효과 감소 : 로터 직경의 1배 이상 고도, 바람, 수풀과 나무 등의 상공
　④ 지면효과를 받으면 나타나는 현상
　　　㉠ 유도기류의 속도 감소
　　　㉡ 유도항력의 감소
　　　㉢ 받음각(영각)의 증가
　　　㉣ 수직양력의 증가

5 기타 관련 이론

(1) 트림의 효과

트림(trim)은 항공기에 작용하는 모멘트의 힘이 상쇄돼 각운동을 하지 않는 상태를 말한다. 평형(equilibrium)의 필요조건이 된다. 조종간을 고정한 채로 평형을 이루는 상태를 트림이 됐다고 한다. 헬리콥터가 바람이 없는 공기 중에 호버링 하면서 평형상태, 즉 트림상태를 유지하려면 각 방향의 힘과 모멘트의 합이 '0'이 돼야 함.

(2) 편류현상

편류현상은 헬리콥터 전체가 꼬리 회전날개의 추력방향으로 편류(drift)되려는 현상을 말한다. 이러한 편류 성향은 주회전 날개의 구동축을 꼬리 회전 날개 추력의 반대방향으로 약간 기울이는 방법을 통해 보정함.

(3) 지면효과(ground effect)

헬리콥터도 고정익 항공기와 마찬가지로 이착륙 지면과 거리가 가까워지면 양력이 더 커지는 현상이 일어나는데 이를 지면효과라고 부른다. 지면과 가깝다는 뜻은 로터면이 낮은 고도에 있어 로터의 후류가 지면에 의해 영향을 받게 되는 것을 의미함.

(4) 코리오리스효과(coriolis effect)

코리오리스효과는 각 운동량보존의 법칙이라고 하는데 회전하는 물체의 질량 중심이 회전축에 가까워지면 회전하는 물체의 회전속도가 빨라지고, 회전하는 물체의 질량 중심이 회천축에서 멀어지면 회전하는 물체의 회전속도가 느려지는 것을 말함.

(5) 헬리콥터의 안티 토그(anti-torque) 시스템

① 회전체에 매달려 있는 물체는 회전하는 반대방향으로 회전하는 힘이 토크
② 동체 상부에 달려 있는 주로터의 회전방향 반대로 동체가 돌아가려는 힘이 발생
③ 단일 로터 헬리콥터의 경우에 꼬리로터가 반토크(anti-torque) 로터 역할을 수행
④ 동축 로터 헬리콥터는 2개의 로터를 반대 방향으로 회전시켜 토크 상쇄
⑤ 양측 로터 헬리콥터는 로터를 좌우 양쪽에 서로 반대방향으로 회전시켜 토크 상쇄
⑥ 앞뒤 로터 헬리콥터는 앞뒤의 로터를 반대방향으로 회전시켜 토크 상쇄
⑦ 뉴턴의 작용과 반작용 법칙에 의해 설명이 가능

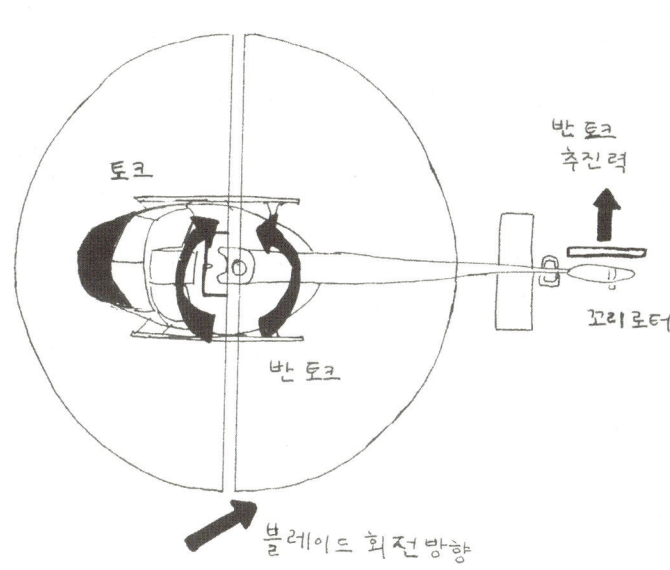

토크와 반토크

6 멀티콥터의 비행원리

(1) 멀티콥터에 작용하는 4가지 힘

① 추력(lift) : 멀티콥터가 앞으로 나아가는 힘을 말하며 추진력이라고도 함.
② 항력(drag) : 멀티콥터의 속도 방향과 반대방향으로 작용하는 힘을 말하며 저항력이라고도 함.
③ 양력(lift) : 멀티콥터의 대기 중으로 상승하는 힘으로 부양력이라고도 함.
④ 중력(weight) : 멀티콥터가 지구의 중심으로 향하는 힘으로 중량이라고도 함.

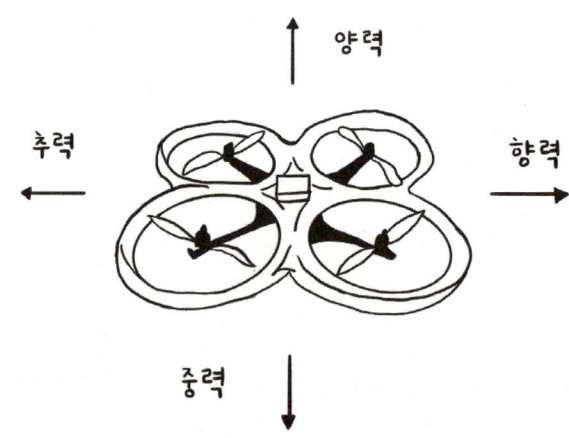

멀티콥터에 작용하는 힘 |

(2) 프로펠러의 작동원리

헬리콥터는 주 회전익과 꼬리 회전익이 기계적으로 결합된 방식이나 멀티콥터의 경우 3개 이상의 로터가 각각 나눠져 작동하기 때문에 다양한 움직임이 가능하다. 쿼드콥터는 로터가 4개인데 마주 보는 로터가 같은 방향으로 작동하면서 상승, 하강, 전진, 후진의 조작이 가능해지며 세부 작동 원리는 아래와 같음.

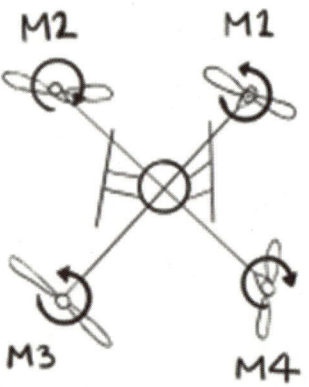

프로펠러의 작동원리 |

① 멀티콥터는 M1, M3는 반시계 방향, M2, M4는 시계방향으로 회전하며 비행을 하게 됨.
② 상승과 하강은 M1~M4의 회전속도에 따라 결정
　　㉠ 고속회전 시 상승
　　㉡ 저속회전 시 하강
③ 전진과 후진은 M3와 M1의 회전속도에 따라 결정
　　㉠ M3와 M4 회전속도를 올리면 진행방향으로 기울어져 전진
　　㉡ M1과 M2 회전속도를 올리면 반대로 후진
④ 좌우로 이동하는 것은 M2와 M4의 회전속도에 따라 결정
　　㉠ M1과 M4의 회전속도를 올리면 기체는 왼쪽으로 기울어져 이동
　　㉡ M2와 M3의 회전속도를 올리면 기체는 오른쪽으로 기울어져 이동

(3) 호버링의 원리

호버링(Hovering)은 공중 정지비행을 말하며 멀티콥터도 헬리콥터와 마찬가지로 공중에 떠서 움직이지 않는 정지비행이 가능하다.

호버링이 단순한 작업이라고 착각하기 쉬운데 멀티콥터가 회전하면서 계속 움직이기 때문에 전후좌우 방향이 틀어지기가 쉽다. 이 경우 천천히 미세하게 조정하면서 기체를 안정시켜 착륙이나 진행방향을 결정하는 것이 좋다.

GPS 호버링은 멀티콥터에 내장된 GPS 센서를 통해 자동으로 호버링하는 것을 말한다. GPS센서가 장착된 고급 멀티콥터만 가능한 기능이다. 구름이 많이 껴 있는 경우에는 사용하지 못할 수도 있음.

(4) 무인멀티콥터의 유도기류

① 로터의 회전면을 따라 위에서 아래로 흐르는 공기의 흐름
② 피치각이 커지면 유도기류도 증가
③ 유도기류로 인한 지면효과(ground effect)를 주의
④ 지면효과가 증가하는 고도에 이르면 무인멀티콥터의 하강이 지연됨.
⑤ 지면효과가 증가하는 요인
　　㉠ 로터 직경 1배 이하의 고도
　　㉡ 바람이 없는 기상상태
　　㉢ 아스팔트나 시멘트 등 딱딱하고 평평한 지면
⑥ 지면효과가 감소하는 요인
　　㉠ 로터 직경 1배 이상의 고도
　　㉡ 바람이 부는 기상상태
　　㉢ 하강기류를 흡수할 수 있는 수면이나 수풀 등이 있는 지면

7 멀티콥터의 조종방법

(1) 멀티콥터의 조종

① 상승 : 날개의 기류에 대한 회전수를 늘려서 양력을 얻는다. 즉 프롭의 회전수를 증가시킴으로서 프롭의 상부와 하부의 공기속도 차를 늘리고 그에 따른 압력의 차를 커지게 해 날개를 위로 밀어 올리는 원리 적용
② 하강 : 날개의 기류에 대한 프롭의 회전수를 낮춰 양력을 줄이면서 하강하도록 함.
③ 좌우이동 : 좌우의 프롭 회전력을 증감해 이동하게 됨.
④ 전진과 후진 : 프롭의 회전수가 고속이면 전진, 저속이면 후진

(2) 조종기 조작

① 스로틀(throttle)
② 에일러론(aileron)
③ 엘리베이터(elevator)
④ 러더(rudder)

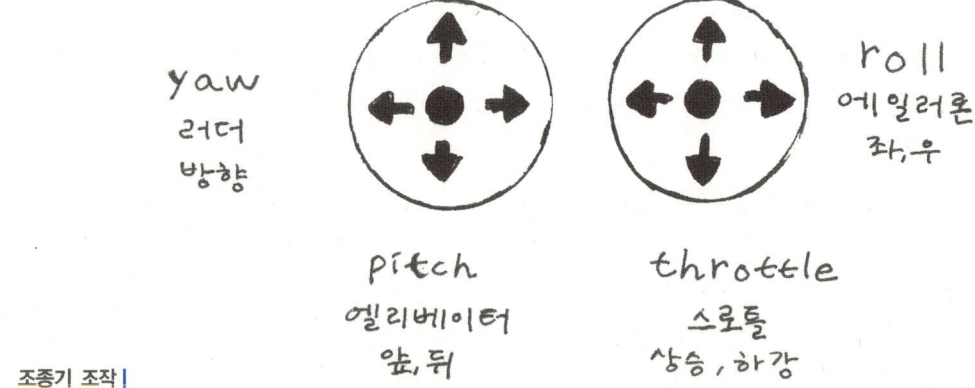

조종기 조작

CHAPTER 02 항공역학 연습문제

001 다음 중 항공기의 실속(stall)이 일어나는 원인에 포함되지 않는 것은?

① 속도가 없어지므로 ② 받음각(AOA)이 너무 커져서
③ 엔진의 출력이 부족해서 ④ 불안정한 대기 때문에

해설 　실속은 항공기의 속도를 잃어 추락하는 현상을 말한다. 대기가 불안하다고 항공기가 실속에 걸리지 않는다.

002 다음 중 헬리콥터를 공기 중에 부양시키는 항공역학적인 힘은?

① 중력 ② 항력
③ 양력 ④ 추력

003 다음 중 앞전(leading edge)과 뒷전(trailing edge)를 연결하는 직선은?

① 캠버(camber) ② 에어포일(airfoil)
③ 시위선(chord line) ④ 받음각(AOA)

해설 　비행기 날개의 앞전과 뒷전을 연결하는 선은 시위선이다.

004 다음 중 상대풍(Relative Wind)에 대한 설명으로 올바른 것은?

① 헬리콥터의 진행방향과 평행하게 항공기 진행 방향과 반대방향으로 흐르는 공기 흐름이다.
② 날개의 와류에 의해 형성되는 공기 흐름을 말한다.
③ 헬리콥터가 진행할 때 날개끝의 압력차에 의해 형성되는 공기 흐름을 말한다.
④ 헬리콥터가 진행할 때 옆으로 흐르게 하는 옆바람을 말한다.

해설 　상대풍은 날개가 공기를 가로질러 앞으로 나아갈 때 상대적으로 공기가 날개에 부딪히는 방향이다.

001 ④　002 ③　003 ③　004 ①

005 다음 중 상대풍(relative airflow)과 시위선(chord line)이 이루는 각은?

① 캠버(camber)　　　　　② 에어포일(airfoil)
③ 시위선(chord line)　　　④ 받음각(AOA)

> 해설　항공기가 이륙할 수 있도록 하는 양력은 비행기의 받음각에 의해서 만들어진다.

006 다음 중 양력(Lift)이 커짐에 따라 커지는 힘은?

① 항력　　　　　② 동력
③ 추력　　　　　④ 중력

> 해설　양력은 항공기가 뜨려는 힘이기 때문에 뒤로 끌어당기는 항력이 커진다.

007 다음 중 양력(lift)에 대한 설명으로 올바르지 <u>않은</u> 것은?

① 양력은 유체의 밀도에 비례해서 커진다.
② 항공기의 날개가 넓을수록 양력은 감소한다.
③ 항공기의 날개가 두꺼울수록 양력은 증가한다.
④ 받음각(AOA)이 너무 커지면 실속이 발생한다.

> 해설　항공기 날개가 두꺼워질수록 양력은 증가한다.

008 동력비행장치로 비행 중 비행속도를 2배로 증가시켰다. 다음 중 다른 조건은 일정하다고 볼 때 양력과 항력에 대한 설명으로 올바른 것은?

① 항력만 2배로 증가한다.
② 양력만 2배로 증가한다.
③ 양력은 2배로 증가하고 항력은 1/2로 감소한다.
④ 양력과 항력 모두 증가한다.

009 다음 중 항공기 날개에 작용하는 양력에 대한 설명으로 올바른 것은?

① 양력은 날개의 시위선 방향의 수직 아래 방향으로 작용한다.
② 양력은 날개의 시위선 방향의 수직 위 방향으로 작용한다.
③ 양력은 날개의 상대풍이 흐르는 방향의 수직 아래 방향으로 작용한다.
④ 양력은 날개의 상대풍이 흐르는 방향의 수직 위 방향으로 작용한다.

010 다음 항공기에 작용하는 힘에 대한 설명 중 올바르지 않은 것은?

① 항력보다 추력이 크면 가속비행 중이다.
② 항력보다 추력이 작으면 감속비행 중이다.
③ 양력보다 헬리콥터 무게가 크면 상승 중이다.
④ 수평 비행 시에는 양력과 비행기 무게가 같다.

> 해설 헬리콥터가 상승하려는 힘인 양력보다 자체 무게가 크면 하강하게 된다.

011 다음 중 양력을 발생시키는 원리를 설명하는 법칙은?

① 에너지보존법칙 ② 만유인력의 법칙
③ 상대성이론 ④ 베르누이 이론

> 해설 베르누이 이론은 '이상 유체의 정상 흐름에서 유체의 에너지 총량은 항상 일정하다'는 것으로 에어포일의 양력 발생을 설명할 수 있다.

012 다음 중 항공기를 공기 중에 부양시키는 항공역학적인 힘은?

① 중력 ② 항력 ③ 양력 ④ 추력

> 해설 양력은 항공기를 공기 중으로 부양시키고 중력은 항공기를 지구 중심으로 끌어당긴다.

013 다음 중 양력계수에 대한 설명으로 올바르지 않은 것은?

① 챔버가 크면 클수록 양력계수는 높아진다.
② 날개의 두께가 두꺼워질수록 양력계수는 높아진다.
③ 앞전 반경이 클수록 양력계수는 높아진다.
④ 날개면적과 양력계수는 관계가 없다.

> 해설 속도가 높아질수록, 날개면적이 넓을수록 양력은 커진다.

005 ④ 006 ① 007 ② 008 ④ 009 ④ 010 ③ 011 ④ 012 ③ 013 ④

014 다음 중 마찰항력을 발생시키는 요인에 포함되지 않는 것은?

① 항공기 크기 ② 표면광택
③ 평판마무리 ④ 리벳

> [해설] 항공기의 크기, 구조, 모양에 의해 발생하는 항력은 형상항력이라고 한다.

015 다음 중 항공기 날개를 통과하는 공기의 흐름이 날개의 끝단에서 발생하는 와류계 항력은?

① 유해항력 ② 마찰항력
③ 유도항력 ④ 간섭항력

> [해설] 마찰항력, 간섭항력은 유해항력의 종류에 포함된다.

016 다음 중 유해항력에 포함되지 않는 것은?

① 형상항력 ② 유도항력
③ 마찰항력 ④ 간섭항력

> [해설] 유해항력은 항공기 기체 표면의 마찰력에 따라 발생하는 항력이며 유도항력과는 차이가 있다.

017 다음 중 항공기의 기체 표면의 마찰력에 의해 발생하는 항력은?

① 수직항력 ② 수평항력
③ 유도항력 ④ 유해항력

> [해설] 유해항력(parasite drag)은 항공기 기체 표면의 마찰력에 의해 발생하는 항력이고 형상항력, 마찰항력, 간섭항력 등이 있다.

018 다음 중 항공기에 작용하는 항력(drag)에 대한 설명으로 올바른 것은?

① 공기속도에 비례를 한다. ② 공기속도의 제곱에 비례를 한다.
③ 공기 속도의 3승에 비례를 한다. ④ 공기속도에 반비례 한다.

> [해설] 움직이는 물체의 공기저항은 속도의 제곱에 비례한다.

019 다음 중 항력(DRAG)에 대한 설명으로 올바르지 않은 것은?

① 유해항력은 항공기 속도가 증가할수록 증가한다.
② 유도항력은 항공기 속도가 증가할수록 증가한다.
③ 전체 항력이 최소일 때의 속도로 비행하면 항공기는 가장 멀리 날아갈 수 있다.
④ 받음각(AOA)이 증가하면 유도항력도 증가한다.

해설 받음각이 커지면 유도항력도 커지는데 유도항력의 크기는 공기속도의 제곱에 반비례한다.

020 다음 중 항공기의 항력과 속도와의 관계에 대한 설명으로 올바르지 않은 것은?

① 항력은 속도제곱에 반비례한다.
② 유해항력은 항공기의 기체 표면에 공기의 마찰력이 발생해 생기는 항력이다. 거의 모든 항력을 포함하고 있어 저속 시 작고, 고속 시 크다.
③ 유해항력은 저속 비행 시에는 작고 고속 비행 시에는 크다.
④ 유도항력은 하강풍인 유도기류에 의해 발생하므로 저속과 제자리 비행 시 가장 크다.

해설 항력은 속도제곱에 비례한다. 즉, 속도가 빨라지면 항력도 커진다.

021 다음 중 받음각(AOA)이 증가해 흐름의 떨어짐 현상이 발생하면 양력과 항력의 변화에 대한 설명으로 올바른 것은?

① 양력과 항력이 모두 증가한다.
② 양력과 항력이 모두 감소한다.
③ 양력은 증가하고 항력은 감소한다.
④ 양력은 감소하고 항력은 증가한다.

022 다음 중 양력에 대한 설명으로 올바르지 않은 것은?

① 양력은 비행기 속도와 비례한다.
② 양력은 비행기 속도의 제곱에 비례한다.
③ 양력은 날개면적에 비례한다.
④ 양력은 공기밀도에 비례한다.

023 다음 중 비행 중 날개에 발생하는 항력으로 공기와의 마찰에 의해 발생하며 점성의 크기와 표면의 매끄러운 정도에 따라 영향을 받는 항력은?

① 유도항력
② 마찰항력
③ 조파항력
④ 압력항력

024 다음 비행 중인 비행기의 항력이 추력보다 클 때 나타나는 현상은?

① 감속 전진운동을 한다.
② 등속도비행을 한다.
③ 그 자리에 정지한다.
④ 가속 전진한다.

> **해설** 항력이 추력보다 크면 항공기가 전진운동을 하는 것을 방해한다.

025 다음 중 초경량동력비행장치에서 발생하지 않는 항력은?

① 마찰항력
② 압력항력
③ 유도항력
④ 조파항력

> **해설** 조파항력은 비행기가 초음속으로 비행할 때 충격파와 팽창파가 생기며 앞쪽은 고압, 뒤쪽은 저압이 발생해 생기는 항력을 말한다.

026 다음 항력 중에서 날개의 가로세로비에 영향을 받는 항력은?

① 유도항력
② 조파항력
③ 마찰항력
④ 압력항력

> **해설** 유도항력은 날개를 통과하는 공기의 흐름이 날개의 끝단에서 발생하는 와류계 항력이다.

027 다음 중 회전익항공기의 블레이드 윗면과 아랫면을 통과하는 공기흐름을 저해하는 와류계 항력은?

① 유해항력
② 간섭항력
③ 유도항력
④ 마찰항력

> **해설** 회전익 항공기, 즉 헬리콥터의 블레이드(blade)의 끝단에서 발생하는 와류로 인한 항력은 유도항력이다. 일반 항공기도 날개의 끝단에서 유도항력이 발생한다.

028 다음 중 마찰항력에 대한 설명으로 올바른 것은?
① 공기와의 마찰에 의하여 발생하며 점성의 크기와 표면의 매끄러운 정도에 따라 영향을 받는다.
② 공기의 점성의 경계층에서 생기는 소용돌이에 영향을 받고 날개의 단면과 받음각 모양에 따라 다르다.
③ 날개 끝 소용돌이에 의해 발생하며 날개의 가로세로비에 따라 변한다.
④ 날개와는 관계없이 동체에서만 발생을 한다.

029 다음 중 저속으로 비행하는 비행체에 흐르는 공기를 비압축성 흐름이라고 가정할 때 흐름의 떨어짐(박리)이 주원인이 되는 항력은?
① 압력항력
② 조파항력
③ 마찰항력
④ 유도항력

030 다음 항력의 종류 중 속도가 증가하면 감소하는 항력은?
① 유도항력
② 형상항력
③ 유해항력
④ 총항력

해설 유도항력은 날개를 통과하는 공기의 흐름이 날개의 끝단에서 발생하는 와류계 항력이다.

031 다음 중 날개골의 받음각이 증가해 흐름의 떨어짐 현상이 발생하면 양력과 항력의 변화는?
① 양력과 항력이 모두 증가한다.
② 양력과 항력이 모두 감소한다.
③ 양력은 증가하고 항력은 감소한다.
④ 양력은 감소하고 항력은 증가한다.

032 다음 항력(DRAG)에 대한 설명 중 올바르지 않은 것은?
① 유해 항력은 항공기 속도가 증가할수록 증가한다.
② 유도 항력은 항공기 속도가 증가할수록 증가한다.
③ 전체 항력이 최소일 때의 속도로 비행하면 항공기는 가장 멀리 날아갈 수 있다.
④ 받음각(AOA)이 증가하면 유도 항력도 증가한다.

해설 유도항력은 항공기 속도가 증가하면 감소한다.

023 ② 024 ① 025 ④ 026 ① 027 ③ 028 ① 029 ③ 030 ① 031 ④ 032 ②

033 다음 중 중량이 일정하고 받음각이 일정할 때 고도를 높게 변화했을 때 항력은?

① 일정하다. ② 감소한다.
③ 증가한다. ④ 증가 후 일정해진다.

034 현재 헬리콥터가 일정고도에서 등속수평비행을 하고 있다. 다음 중 적합한 조건은?

① 양력=항력, 추력=중력 ② 양력=중력, 추력=항력
③ 추력>항력, 양력>중력 ④ 추력=항력, 양력<중력

[해설] 헬리콥터가 일정고도에서 수평으로 비행하려면 양력과 중력, 추력과 항력이 모두 동일하게 작용해야 한다.

035 다음 중 최대속도를 높이는 방법으로 적합하지 않은 것은?

① 제동마력의 증대 ② 프로펠러의 효율 증대
③ 날개면적의 증대 ④ 고도의 증대

[해설] 날개면적이 넓어지면 중력의 힘이 커져 속도를 높이는데 방해가 된다.

036 다음 중 받음각(Angle of Attack)이 커지면 이동하는 풍압 중심은?

① Leading Edge쪽으로 이동한다. ② Trailing Edge쪽으로 이동한다.
③ 이동하지 않는다. ④ 기류의 상태에 따라서 전진 또는 후퇴한다.

[해설] 받음각이 증가하면 풍압중심은 앞전 즉 Leading Edge쪽으로 이동하게 된다. 반대로 받음각이 작을 때는 뒷전, Trailing Edge쪽으로 이동한다.

037 다음 중 일반적으로 난류가 발생하는 상황은?

① 점성이 매우 높은 유체 ② 매우 느린 운동
③ 매우 좁은 모세관에서 ④ ①, ②, ③의 조합

[해설] 모든 유체는 점성을 갖고 있으며 평소 유체끼리 서로 붙어 있다. 유체가 서로 붙어 있기 때문에 층을 이루고 흐르게 된다. 입자끼리 서로 붙어 있기 때문에 확산이 발생하지 않아 난류가 발생한다.

038 다음 비행 중인 비행기 내에 작용하는 기압(G)은?

① 0G
② 1G
③ 0.5G
④ 1.9G

039 다음 중 항공기의 Rolling Moment의 크기 CR에 대한 설명으로 올바르지 <u>않은</u> 것은?

① CR은 받음각에 비례한다.
② CR은 상반각α에 반비례한다.
③ CR은 날개의 평면형과 관계된다.
④ CR은 상반각α에 비례한다.

> [해설] 항공기의 Rolling Moment은 가로축에 대한 항공기의 회전으로 롤링(rolling)과 같은 말이다.

040 다음 중 무인헬리콥터가 경사각이 작게 선회비행 시 미끄러지려는 이유로 올바른 것은?

① 원심력과 구심력이 같을 때
② 원심력이 구심력보다 클 때
③ 원심력이 구심력보다 작을 때
④ 구심력이 원심력보다 클 때

> [해설] skid(외활)은 선회율이 경사각에 비해서 너무 빠르기 때문에 과도한 원심력이 발생하여 밖으로 밀려나면서 선회하는 현상을 말한다. slip(내활)은 선회율이 경사각에 비해서 너무 느리기 때문에 원심력의 부족으로 안쪽으로 미끄러지면서 선회하는 현상이다.

041 다음 중 비행기가 선회비행에서 외활(skid)하는 경우는?

① 선회율이 경사각에 비해서 너무 느리기 때문이다.
② 추력과 항력이 불균형하기 때문이다.
③ 경사각에 대하여 방향타가 너무 크게 작동하였기 때문이다.
④ 경사각에 대하여 방향타가 너무 적게 작동하였기 때문이다.

042 다음 중 최량경제속도에 대한 설명으로 올바른 것은?

① 필요마력이 최소로 되는 비행속도이다.
② 필요마력이 최대로 되는 비행속도이다.
③ 이용마력과 필요마력이 동일하게 되는 비행속도
④ 이용마력이 필요마력 보다 클 때의 속도

> [해설] 경제속도는 연료코스트와 시간코스트를 동시에 고려해 운항 코스트가 가장 낮아지는 최적속도를 말한다.

033 ② 034 ② 035 ③ 036 ① 037 ① 038 ② 039 ② 040 ② 041 ③ 042 ①

043 다음 중 항공기의 상승률을 저해하는 것은?

① 중량이 적을수록
② 프로펠러 효율이 클수록
③ 이용마력이 클수록
④ 필요마력이 클수록

해설 필요마력은 항공기에서 일정 비행속도를 유지하는데 필요한 힘을 말한다.

044 다음 중 공기역학적 중심의 위치가 영향을 미치는 것은?

① 날개뒷면
② 챔버(Camber)
③ 받음각
④ 이상에 정답이 없다.

해설 공기역학(aerodynamics)은 움직이는 물체와 공기가 상호작용할 때의 흐름을 다루는 학문이다. 공기의 유동과 관련되는 성질은 속도, 압력, 온도, 밀도 등이 있다.

045 다음 중 받음각(angle of attack)에 대한 설명으로 올바른 것은?

① 익현선과 동체기준선이 이루는 각
② 익현선과 미익의 익현선이 이루는 각
③ 익현선과 추력선이 이루는 각
④ 익현선과 상대풍의 진행방향과 이루는 각

해설 익현선(翼弦線)은 시위선(code line)을 의미하며 날개의 앞전과 뒷전을 연결하는 직선을 말한다.

046 다음 중 붙임각(취부각)에 대한 설명으로 올바르지 않은 것은?

① Airfoil의 익현선(시위선)과 로터 회전연이 이루는 각
② 취부각(붙임각)에 따라서 양력은 증가만 한다.
③ 블레이드 피치각
④ 유도기류와 항공기 속도가 없는 상태에서는 영각(받음각)과 동일하다.

047 다음 중 이륙활주거리에 대한 설명으로 올바른 것은?

① 15m(50ft)고도에 도달하기까지의 지상수평거리
② 주착륙장치의 바퀴가 지상에서 올라가는 지점까지의 거리
③ CLmax이 될 곳까지의 수평거리
④ CDmin이 될 곳까지의 수평거리

해설 이륙활주거리는 항공기가 이륙하기 위해 필요한 거리를 말한다. 이륙 후 안전고도 상공을 지날 때까지의 수평거리. 안전고도는 터보프롭은 50피트, 제트기는 35피트이다.

048 다음 중 항공기가 비행 중에 충격을 받을 수 있는 부분은?

① 상면   ② 하면   ③ 전면   ④ 후면

해설 항공기가 앞으로 진행하면서 전면이 충격을 받게 된다.

049 다음 중 베르누이의 정리가 성립하는 조건으로 올바른 것은?

① 유체흐름 중간에서 에너지의 공급을 받았을 때
② 유체흐름 중간에서 에너지의 공급을 받지 않았을 때
③ 어떤 경우에서나
④ 비행기 날개에 공기가 부닥쳐 올 때만

해설 베르누이의 정리는 비행기의 양력이 발생하는 원리를 설명한 것이다.

050 다음 중 밀도 P, 속도 V인 공기가 벽에 충돌했을 때 받는 압력의 크기에 대한 설명으로 올바른 것은?

① 속도에 비례한다.
② 속도 자승에 비례한다.
③ 속도에 반비례한다.
④ 속도의 자승에 반비례한다.

051 다음 중 비행에 있어서 비행의 최고속도에 영향을 미치는 요소에 포함되지 않는 것은?

① 날개의 면적
② 추력
③ 레이놀즈수
④ 공기의 밀도

해설 점성력에 대한 관성력의 상대적인 크기 비교 숫자를 레이놀즈 수라고 한다.

043 ④ 044 ④ 045 ④ 046 ② 047 ① 048 ③ 049 ② 050 ② 051 ③

052 다음 중 에어포일(airfoil)에 직각으로 공기의 흐름이 부딪혀 흐를 때 풍판의 뒷면에 생기는 현상은?
① 진공 상태가 이루어진다.　　② 압력 상승이 이루어진다.
③ 난류가 흐른다.　　　　　　④ 와류가 일어난다.

> **해설** 에어포일을 풍판이라고도 하며 풍판 뒷면의 공기가 빠르게 흘러가면서 양력(lift)이 생긴다.

053 다음 중 최대양력계수가 큰 비행기에 나타나는 현상으로 올바른 것은?
① 활공속도가 크고, 착륙속도가 적어진다.　　② 상승속도가 크고, 착륙속도가 커진다.
③ 상승속도가 크고, 착륙속도가 적어진다.　　④ 상승속도는 적고, 착륙속도는 커진다.

> **해설** 최대 양력계수는 양력이 최대일 때의 영각에서 발생하며 비행 상태와 무관하게 최대 선회율과 최대 'G'를 얻을 수 있다.

054 다음 중 날개에 하중이 증가하면 나타나는 실속속도에 대한 설명으로 올바른 것은?
① 실속 속도가 변하지 않는다.　　② 실속 속도가 감소한다.
③ 실속 속도가 증가한다.　　　　④ 실속 속도는 일정하나 추력이 감소한다.

> **해설** 실속은 비행기의 날개 표면을 흐르는 기류의 흐름이 날개 윗면으로부터 박리되어, 그 결과 양력이 감소되고 항력이 증가하여 비행을 유지하지 못하는 현상을 말한다.

055 다음 중 더치롤(Dutch Roll)이 발생하기 위한 조건은?
① Roll and Yaw　　　　　　　② Roll and Stall
③ Roll and Pitch　　　　　　　④ Pitch and Yaw

> **해설** 더치롤 (dutch roll) 비행기의 옆미끄럼안정성이 방향안정성에 비하여 과대할 때 일어나는 가로방향의 주기적인 비감쇠 비행운동을 말한다.

056 다음 중 최대 양항비(lift-to-drag ratio)를 얻을 수 있는 받음각의 크기는?
① 0°　　　　② 4°　　　　③ 14°　　　　④ 17°

> **해설** 양항비(lift-to-drag ratio)는 항공기 또는 글라이더의 날개가 어떤 받음각의 상태에서 발생하고 있는 양력과 항력의 비를 말한다.

057 다음 중 항공기의 선회각과 연관성이 높은 것은?

① 항공기의 크기　　　　② 항공기의 무게
③ 항공기의 속도　　　　④ 항공기의 압력

> [해설] 선회각은 항공기가 착륙하기 위해 선회하는 각도를 말한다.

058 다음 중 에어포일(Airfoil)의 양력과 속도의 관계에 대한 설명으로 올바른 것은?

① 속도의 자승에 비례　　② 속도에 반비례
③ 속도의 자승에 반비례　④ 속도에 비례

059 다음 중 항공기가 양호한 세로안전성을 유지하기 위해 가져야 하는 최소편향은?

① Roll　　② Pitch　　③ Yaw　　④ Stall

> [해설] 피치(Pitch)는 항공기 횡축을 중심으로 움직이는 것을 의미한다.

060 다음 중 비행방향과 수평인 축에 대한 안정은?

① 세로안정　　　　② 가로안정
③ 동적안정　　　　④ 방향안정

> [해설] 가로안전성은 롤(Roll)운동으로 돌풍 등의 교란에 의해 항공기 경사각이 증가했을 때 항공기 경사각을 감소시키는 복원력을 말한다.

061 다음 중 가로축(Lateral Axis)에 대한 항공기의 운동은?

① 방향타에 의해 조종되는 수직축 주위 또는 수직축에 관한 운동이다.
② 승강타에 의해 조종되는 세로축 주위 또는 세로축에 관한 운동이다.
③ 보조익에 의해 조종되는 가로축 주위 또는 가로축에 관한 운동이다.
④ 보조익에 의해 조종되는 세로축 주위 또는 세로축에 관한 운동이다.

052 ③　053 ③　054 ③　055 ①　056 ②　057 ③　058 ①　059 ②　060 ②　061 ②

062 다음 중 항공기의 가로축(Lateral Axis)에 대한 설명으로 올바른 것은?

① 각 날개끝을 지나는 선
② 공기 흐름에 직각으로 압력의 중심을 지나는 선
③ 동체의 세로축으로 무게 중심선을 가로 지르는 날개 끝 사이의 선과 평행한 선
④ 동체 세로축의 무게 중심점을 가로 지르는 가로선

해설 가로축은 항공기 무게 중심을 통과해 한쪽 날개 끝에서 다른 쪽 날개 끝을 연결한 선을 말한다.

063 다음 중 항공기의 수직축(Vertical axis)을 조종하는 것은?

① 방향타
② 승강타
③ 보조익
④ 위 사항 중 2가지 혼합

해설 수직축은 항공기의 중심부근을 위에서 아래로 통과하는 항공기의 요(yaw) 움직임에 관련돼 있다. 수직축은 항공기의 러더(rudder)로 조절할 수 있다.

064 다음 중 항공기의 수직축을 중심으로 진행방향에 대한 좌우 회전운동은?

① 횡요(rolling)
② 종요(pitching)
③ 편요(yawing)
④ side slip

065 다음 프로펠러가 비행 중 한 바퀴 회전해 실제로 전진한 거리는?

① 기하학적 피치
② 유효 피치
③ 프로펠러 슬립(slip)
④ 회전 피치

해설 유효피치는 프로펠러가 1회전을 하는 동안에 비행기가 공기 중에서 실제로 이동한 거리를 말한다.

066 다음 중 비행기의 3축 운동과 조종면과의 관계가 올바르게 연결된 것은?

① 보조날개와 yawing
② 방향타와 pitching
③ 보조날개와 rolling
④ 승강타와 rolling

해설 피치(pitch)는 승강타(elevator), 요(yaw)는 방향타(rudder), 롤(roll)은 에일러론(aileron)과 관계가 있다.

067 다음 중 항공기의 세로안정성(longitudinal stability)과 관계가 있는 운동은?

① 롤링(rolling) ② 요잉(yawing)
③ 피칭(pitching) ④ 양력(lift)

해설 세로안전성은 항공기 가로축을 중심으로 가수 상하운동에 대한 안전성을 말하며 피치(pitch)안정성이라고도 한다.

068 다음 중 비행기의 정적안정(static stability)과 관련이 없는 것은?

① 주익 ② 동체
③ 프로펠라 ④ 미익

해설 정적 안정은 평형상태(trim)로부터 벗어난 뒤 어떤 형태로든 움직여 원래 상태로 되돌아가려는 경향을 말한다.

069 다음 중 비행기의 기체축에서 세로축(종축)을 중심으로 하는 운동과 관련된 것은?

① 보조익과 요잉 ② 보조익과 롤링
③ 방향타와 피칭 ④ 승강타와 요잉

해설 보조익(aileron)은 주날개 후부에 장착돼 있으며 기체의 좌우 안정을 유지하고 항공기의 선회운동을 순조롭게 한다.

070 다음 중 비행기의 가로 안정성과 관련이 없는 것은?

① 날개의 상반각 ② 날개의 후퇴각
③ 수직꼬리날개 ④ 수평꼬리날개

해설 날개의 후퇴각(sweep back)은 빠른 속도로 비행할 때 생기는 충격파를 줄여주면서 옆에서 부는 바람에도 복원성을 더해준다.

071 다음 중 항공기의 가로안정성(lateral stability)과 관계가 있는 운동은?

① 롤링(rolling) ② 요잉(yawing)
③ 피칭(pitching) ④ 양력(lift)

해설 가로안전성은 항공기 세로축을 중심으로 항공기의 좌우안정을 말하며 롤(roll)안정성이라고도 한다.

062 ③ 063 ① 064 ③ 065 ② 066 ③ 067 ③ 068 ③ 069 ② 070 ② 071 ①

072 다음 중 항공기의 방향안정성(directional stability)과 관계가 있는 운동은?

① 롤링(rolling)
② 요잉(yawing)
③ 피칭(pitching)
④ 양력(lift)

> **해설** 방향안전성은 항공기 수직축을 중심으로 항공기의 좌우안정을 말하며 요(yaw)안정성이라고도 한다.

073 다음 중 항공기의 세로안정성에 대한 설명으로 올바르지 않은 것은?

① 무게중심 위치가 공기역학적 중심보다 전방에 위치할수록 안전성이 증가한다.
② 날개가 무게중심 위치보다 높은 위치에 있을 때 안정성이 좋다.
③ 꼬리날개 면적을 크게 하면 안전성이 좋다.
④ 꼬리 날개 효율을 작게 할수록 안정성이 좋다.

074 다음 중 비행기의 가로안정성과 관련이 없는 것은?

① 날개의 상반각
② 날개의 후퇴각
③ 수직꼬리날개
④ 수평꼬리날개

075 다음 중 비행기가 방향타(Rudder)만을 작동해 선회할 경우 기체가 선회한 이유는?

① 프로펠러의 자이로(Gyro) 효과
② 비행기 동체의 설계불량
③ 속도가 저하함으로써 생기는 자연현상
④ 주익과 좌익이 미치는 대기속도의 차이

> **해설** 방향타(rudder)는 비행기의 방향을 바꾸는 기능을 수행한다. 방향타를 좌우로 움직여 비행기의 요(yaw) 동작을 제어할 수 있다.

076 다음 중 항공기 날개가 끝으로 갈수록 워시 아웃(wash out)한 이유로 올바른 것은?

① 날개 접합부 실속을 방지하기 위해
② 자전을 일으키기 쉽게 하여 조종성을 좋게 한다.
③ 익단 실속을 방지하기 위해
④ 익단 실속이 빨리 일어나도록 한다.

077 다음 중 비행기의 3축 운동과 조종면과의 관계가 올바르게 연결된 것은?

① 보조날개와 요잉　　　　② 방향타와 피칭
③ 보조날개와 롤링　　　　④ 승강타와 롤링

078 다음 중 비행기의 기체축에서 세로축을 중심으로 하는 운동과 관계되는 것은?

① 보조익과 요잉　　　　② 보조익과 롤링
③ 방향타와 피칭　　　　④ 승강타와 요잉

079 다음 중 초경량비행장치에 장착된 도살핀이 손상되었을 경우 가장 큰 영향을 받는 것은?

① 방향안정　　　　② 가로안정
③ 세로안정　　　　④ 수직안정

080 다음 중 날개에 윙렛(Winglet)을 설치하는 이유는?

① 유도항력 감소　　　　② 형상항력 감소
③ 마찰항력 감소　　　　④ 간섭항력 감소

081 다음 중 조종간에서 손을 떼어도 항공기가 비행이 되도록 조종되는 속도는?

① 순항속도　　　　② 해면속도
③ 초과금지 속도　　　　④ 착륙속도

> **해설**　순항속도는 항공기가 연속적인 비행을 할 때 취해지는 속도이다.

082 다음 조종면 중에서 기체의 수직안정판이 뒷부분에 부착되어 페달(Pedal)에 의해 작동되며 기체의 요잉(Yawing)운동을 담당하는 것은?

① 방향타(Rudder) 또는 방향키　　　　② 도움날개(Ailerons) 또는 보조익
③ 승강타(Elevator) 또는 승강키　　　　④ 러더 트림(Rudder trim)

072 ②　073 ④　074 ②　075 ④　076 ③　077 ③　078 ②　079 ①　080 ①　081 ①　082 ①

083 다음 중 주날개의 붙임각(취부각)에 대한 설명으로 올바른 것은?

① 날개의 시위선(chord line)과 공기흐름 방향과 이루는 각
② 날개의 중심선(center line)과 공기흐름 방향과 이루는 각
③ 날개의 시위선(chord line)과 기체의 세로축(X)과 이루는 각
④ 날개의 시위선 (chord line)과 기체의 가로축(Y)과 이루는 각

084 다음 중 항공기 날개의 종횡비(Aspect ratio)에 대한 설명으로 올바른 것은?

① 두께와 코드의 비
② 스판(Span)과 코드의 비
③ 상반각과 받음각의 비
④ 스웹백과 가로축의 비

[해설] 날개의 종횡비는 날개 가로길이(span)와 세로길이(chord)의 비율을 말한다.

085 다음 중 항공기의 취부각(Angle of incidence)에 대한 설명으로 올바른 것은?

① 고도 상승 시 조종사가 변경시킨다.
② 날개의 상반(Dihedral)에 영향을 준다.
③ 비행 시 주위 공기의 흐름과 날개의 코드 사이의 각이다.
④ 비행 중에 변경시키지 못한다.

[해설] 취부각은 날개의 코드선과 항공기 동체의 종축과 이루는 예각을 말하며 제작 당시에 결정된다.

086 다음 중 에어포일(airfoil)에 대한 설명으로 올바르지 않은 것은?

① 평균캠버선이란 날개꼴의 이등분선이다.
② 최대캠버란 평균캠버선과 시위선의 두께 중 최대값을 의미한다.
③ 시위선이란 앞전과 뒷전을 연결한 직선이다.
④ 초경량 비행기는 에어포일과는 상관없이 설계된다.

087 다음 중 에어포일(Airfoil)의 양력이 증가하면서 항력에 미치는 영향은?

① 감소한다.
② 영향을 받지 않는다.
③ 같이 증가한다.
④ 양력이 변화하고 있을 때 증가하지만 원래의 값으로 되돌아온다.

[해설] 에어포일을 원칙적으로 가능한 양력을 높이면서도 항력은 줄이도록 설계한다.

088 다음 중 대칭형 에어포일(Airfoil)에 대한 설명으로 올바르지 않은 것은?

① 상부와 하부표면이 대칭을 이루고 있으나 평균 캠버선과 익현선(시위선)은 일치하지 않는다.
② 중력중심 이동이 대체로 일정하게 유지되어 주로 저속항공기에 적합하다.
③ 장점은 제작비용이 저렴하고 제작도 용이하다.
④ 단점은 비대칭형 Airfoil에 비해 양력이 적게 발생하여 실속이 발생할 수 있는 경우가 더 많다.

089 다음 중 익면 하중과 가장 연관성이 높은 것은?

① 상승률의 상승
② 이륙거리 단축
③ 항속거리 연장
④ 최대속도 향상

> **해설** 익면하중은 항공기의 중량을 날개의 면적으로 나눈 값을 말한다. 항공기의 착륙속도, 고공에서 운동성 등을 결정하는 요소가 된다.

090 다음 중 후퇴익에 대한 설명으로 올바르지 않은 것은?

① 후퇴익은 임계마하수를 높일 수 있다.
② 후퇴익은 상승 성능이 좋다.
③ 후퇴익은 방향 안전성이 좋다.
④ 후퇴익은 익단실속을 일으키기 쉽다.

> **해설** 현재 대부분의 항공기는 후퇴익인데 전진익에 비해 단점이 많지만 안정성이 높기 때문에 채용하는 것이다.

091 다음 중 비행기 날개의 종횡비(Aspect Ratio)가 커지면?

① 유도항력이 작아진다.
② 유도항력이 커진다.
③ 유도항력에는 관계가 없다.
④ 양력이 적어진다.

> **해설** 종횡비는 날개의 가로 길이와 세로 길이의 비율을 말하면 종횡비가 커지면 유도항력은 작아진다. 종횡비가 클수록 활공성능은 좋아진다.

092 다음 중 비행기의 날개에 작용하는 압력은?

① 공기의 유속에 비례
② 공기의 유속의 제곱에 비례
③ 공기의 유속의 3승에 비례
④ 공기의 유속에 반비례

083 ③ 084 ② 085 ④ 086 ④ 087 ③ 088 ① 089 ② 090 ② 091 ① 092 ②

093 다음 중 주익을 Twisting하는 이유는?
① Root부에서 실속을 방지하기 위하여
② 자전현상을 일으키기 위하여
③ 제작이 용이하기 때문에
④ 실속이 익단으로부터 발생함을 방지하기 위하여

094 다음 중 받음각이 일정할 때 고도변화에 따른 양력은?
① 증가한다.   ② 변화하지 않는다.
③ 감소한다.   ④ 변화한다.

> **해설** 날개의 받음각이 일정하게 유지하면서 고도를 상승할 때 양력은 감소한다.

095 다음 중 항공기의 수평비행시의 성능을 좌우하는 요소에 포함되지 <u>않는</u> 것은?
① 이륙속도   ② 순항속도
③ 최대속도   ④ 최소속도

> **해설** 수평비행은 항공기가 이륙한 후 높이의 변화 없이 일정한 고도를 유지하면서 하는 비행을 말한다.

096 다음 중 주익의 시위선(code line)과 받음각을 구성하는 것은?
① 챔버   ② 수평선
③ 상대풍   ④ 양력

> **해설** 받음각은 시위선과 상대풍 사이의 각을 말한다.

097 다음 중 상대풍에 대한 설명으로 올바른 것은?
① 항공기의 진행방향과 평행하게 진행방향의 반대방향으로 흐르는 공기 흐름이다.
② 프로펠러 후류에 의해 형성되는 공기 흐름을 말한다.
③ 항공기가 진행할 때 날개끝의 압력차에 의해 형성되는 공기 흐름을 말한다.
④ 항공기가 진행할 때 옆으로 흐르게 하는 옆바람을 말한다.

098 다음 중 항공기 기체의 세로축과 날개의 시위선이 이루는 각도는?
① 상반각
② 처진각
③ 취부각
④ 후퇴각

099 다음 중 받음각(AOA)이 일정할 때 고도의 상승에 따라 양력은?
① 증가한다.
② 일정하다.
③ 감소한다.
④ 감소 후 증가한다.

100 다음 중 주 날개의 시위선과 같이 받음각(AOA)을 형성하는 각은?
① 캠버(camber)
② 수평선
③ 상대풍
④ 양력

해설) 받음각은 시위선과 상대풍이 이루는 각이다.

101 다음 중 항공기의 중량과 받음각(AOA)이 일정할 때 고도를 높게 하면 항력은?
① 일정하다.
② 감소한다.
③ 증가한다.
④ 증가 후 일정해진다.

102 다음 중 받음각(AOA)에 대한 설명으로 올바른 것은?
① 날개의 캠버와 상대풍이 이루는 각
② 상대풍과 기수가 이루는 각
③ 상대풍과 날개의 시위선이 이루는 각
④ 수평면에 대한 비행자세가 이루는 각

해설) 항공기는 받음각의 변화에 따라 상승, 하강할 수 있는 것이다.

103 다음 중 받음각(AOA)에 대한 설명으로 올바르지 않은 것은?

① 받음각(AOA)이 커지면 항공기 속도가 증가하고 받음각(AOA)이 작아지면 속도가 감소한다.
② 상대풍과 에어포일(airfoil)의 시위선(chord·line)이 이루는 각을 말한다.
③ 받음각(AOA)이 커지면 항공기 속도가 감소하고 받음각(AOA)이 작아지면 속도가 증가한다.
④ 일정속도에서 받음각(AOA)이 증가하면 양력도 증가한다.

해설 받음각이 커지면 양력도 증가하게 된다.

104 다음 중 시위선과 받음각(AOA)을 구성하는 것은?

① 수평선
② 풍판(airfoil)의 Pitch각
③ 회전익 항공기의 Rotar
④ 상대풍

해설 받음각은 시위선과 상대풍이 이루는 각을 말한다.

105 다음 중 날개의 받음각(AOA)에 대한 설명으로 올바르지 않은 것은?

① 기체의 중심선과 날개의 시위선이 이루는 각이다.
② 공기흐름의 속도방향과 에어포일의 시위선이 이루는 각이다.
③ 받음각은 양력, 항력 등에 가장 큰 영향력을 준다.
④ 받음각이 커지면 양력과 항력이 증가한다.

해설 받음각은 날개의 시위선과 상대풍이 이루는 각을 말한다.

106 다음 중 받음각(AOA)에 대한 설명으로 올바르지 않은 것은?

① 공기유입방향과 깃의 시위선이 이루는 각이다.
② 일반적으로 받음각이 커지면 양력이 증가한다.
③ 받음각이 일정 각도를 넘어서면 양력은 감소하고 항력은 증가한다.
④ 운항 중 받음각은 변하지 않는다.

해설 운항 중 조정, 무게, 공기흐름 등에 따라 받음각이 변하게 된다. 받음각은 고정된 것이 아니다.

107 다음 중 받음각(AOA)이 변하더라도 모멘트의 계수값이 변하지 않는 점은?

① 공기력 중심
② 압력 중심
③ 반력 중심
④ 중력 중심

> **해설** 공력중심(공기력중심)은 받음각이 변해도 피칭 모멘트의 값이 변하지 않는 에어포일의 기준점이다.

108 다음 중 날개골의 받음각이 증가해 흐름의 떨어짐 현상이 발생하면 양력과 항력의 변화는?

① 양력과 항력이 모두 증가한다.
② 양력과 항력이 모두 감소한다.
③ 양력의 증가하고 항력은 감소한다.
④ 양력은 감소하고 항력은 급격히 증가한다.

> **해설** 일반적으로 항력은 비행기의 전진을 방해하는 힘으로 추진력에 반대로 작용한다.

109 다음 중 받음각(영각)이 커지면 풍압 중심은 일반적으로 어떻게 되는가?

① 앞전 쪽으로 이동한다.
② 뒤전 쪽으로 이동한다.
③ 기류의 상태에 따라 전면이나 뒷전 쪽으로 이동한다.
④ 풍압 중심은 영각에 무관하게 일정한 위치가 된다.

110 항공기 비행방향의 반대 방향인 공기 흐름의 속도방향과 에어포일의 시위선이 만드는 각을 받음각이라고 한다. 다음 중 받음각을 다르게 지칭하는 용어에 포함되지 않는 것은?

① 공격각
② 붙임각
③ 영각
④ 앙각

> **해설** 붙임각은 비행기 제작 시 동체의 기준선에서 날개를 조립한 각도로 취부각이라고도 한다.

111 다음 중 상대풍(Relative Wind)에 대한 설명으로 올바른 것은?

① 항공기의 진행방향과 평행하게 항공기 진행방향과 반대방향으로 흐르는 공기 흐름이다.
② 프로펠러 후류에 의해 형성되는 공기 흐름을 말한다.
③ 항공기가 진행할 때 날개 끝의 압력차에 의해 형성되는 공기 흐름을 말한다.
④ 항공기가 진행할 때 옆으로 흐르게 하는 옆바람을 말한다.

> **해설** 상대풍은 항공기 날개가 공기를 가로질러 앞으로 나아갈 때 상대적으로 공기가 날개에 부딪히는 방향을 말한다.

112 다음 중 항공기의 수평 최고속도 상태에 대한 설명으로 올바르지 않은 것은?

① 필요마력이 커지면 속도가 증가한다.
② 익면하중이 적을수록 속도는 커진다.
③ 항력계수가 적을수록 속도는 커진다.
④ 과급기가 없는 경우는 고도가 증가함에 따라 감속한다.

> **해설** 필요마력은 항공기가 속도를 유지하며 상승, 순항, 하강 등을 할 때에 필요한 마력을 말한다. 필요마력이 커진다는 것은 항공기의 속도가 감속된다는 것을 의미한다.

113 다음 중 항공기가 상승하기 위한 조건으로 올바른 것은?

① 이용마력 = 필요마력
② 이용마력 > 필요마력
③ 이용마력 < 필요마력
④ 이용마력 ≤ 필요마력

> **해설** 이용마력(power available)은 항공기에 장착된 동력장치의 출력 중 추진력으로 비행에 사용될 수 있는 기관의 동력을 말한다. 이용마력이 필요마력보다 많아야 항공기가 상승할 수 있다.

114 다음 중 항공기의 상승률을 저해하는 것은?

① 중량이 적을수록
② 이용마력이 클수록
③ 프로펠러의 효율이 클수록
④ 필요마력이 클수록

> **해설** 항공기의 필요마력이 크다는 것은 항공기가 움직이는데 필요한 힘이 더 커져야 한다는 것을 의미한다.

115 다음 중 동력비행장치의 성능에서 상승력에 대한 설명으로 올바르지 않은 것은?

① 필요마력이 작고 이용마력이 크면 상승력이 좋다.
② 이용마력이 크고 여유마력이 크면 상승력이 좋다.
③ 여유마력이 작고 이용마력이 크면 상승력이 좋다.
④ 필요마력이 작고 여유마력이 크면 상승력이 좋다.

> **해설** 비행속도에서 필요마력과 이용마력의 차를 잉여마력 또는 여유마력 이라 한다. 여유마력이 있으면 현재의 비행 상태에서 더 가속하거나 고도를 더 높일 수 있으므로 최대 비행성능을 구할 수 있다.

116 다음 중 필요마력에 대한 설명으로 올바른 것은?

① 발동기에서 순수하게 프로펠러를 구동하는 마력이다.
② 수평비행을 유지하기 위해 요구되는 마력이다.
③ 발동기가 낼 수 있는 최대의 마력이다.
④ 발동기 회전수가 최대일 때 낼 수 있는 마력이다.

117 다음 중 항공기가 추진력으로 이용할 수 있는 기관의 동력은?

① 정격마력　　　　　　　　② 순환마력
③ 이용마력　　　　　　　　④ 필요마력

> **해설** 정격마력은 시간의 제한 없이 계속 작동 가능한 최대동력, 순환마력은 비연료 소모율이 가장 낮은 상태에서 기관출력, 필요마력은 속도를 유지하며 상승 등을 할 때 필요한 동력을 말한다.

118 다음 중 이륙거리를 짧게 하는 방법으로 올바르지 않은 것은?

① 익면하중을 크게 한다.　　② 양력계수를 크게 한다.
③ 플랩을 사용하여 양력을 증가시킨다.　　④ 발동기의 출력을 크게 한다.

> **해설** 이륙거리는 비행기가 활주로에서 하늘로 탈출하는 거리이다. 그렇다면, 추력을 최대한으로 하고, 비행기 무게를 작게 하고, 양력을 사용해야 할 것이다.

111 ①　112 ①　113 ②　114 ④　115 ③　116 ②　117 ③　118 ①

119 다음 중 활공각에 대한 설명으로 올바른 것은?

① 활공속도가 적으면 활공각도 작다
② 중량이 크면 활공각도 크다.
③ 익면적이 크면 활공각도 크다.
④ 양항비가 크면 활공각은 작아진다.

> [해설] 활공각은 항공기가 착륙을 위해 활공할 때 비행경로와 수평면이 이루는 각을 말한다. 일반적으로 활공각은 양항비에 반비례한다. 양항비가 클수록 활공각은 작아진다.

120 다음 중 비행 중의 비행기가 돌풍을 만나 받음각이 변할 때 원자세로 돌아가려는 복원성과 관련이 있는 것은?

① 수직 미익의 항력
② 수평 미익의 Hinge Moment
③ 수평 미익의 양력
④ 공력중심과 Spar와의 거리

> [해설] 어떤 받을각으로 비행하던 비행기가 돌풍을 만나 받음각이 커지면 수평꼬리날개의 받음각도 증가하므로 수평꼬리날개의 양력이 증가해 기수를 숙이는 모멘트가 작용해 받음각을 본래의 상태로 복원시킨다.

121 다음 중 플랩(Flap)효과에 대한 설명으로 올바른 것은?

① 최대 수평속도를 저하시키고 이륙시의 활공각 증대
② 최대 수평속도를 저하시키고 이륙시의 활공각 감소
③ 최저 수평속도와 활공각 모두 증대
④ 활공각엔 영향이 없다.

> [해설] 플랩은 고양력 장치 중의 하나로 날개의 뒷전에 장착된다.

122 다음 중 비행기가 착륙강하 중 갑자기 플랩(Flap)을 내리면 나타나는 현상은?

① 기수가 좌로 간다.
② 기수가 위로 올라간다.
③ 속도가 갑자기 떨어진다.
④ 속도가 증가한다.

> [해설] 플랩을 내리면 항력이 올라가지만 양력도 급격하게 올라간다.

123 다음 중 레이놀즈수(reynold's number)가 크다는 것의 의미는?

① 압력저항과 마찰저항이 같다.
② 압력저항이 마찰저항보다 크다.
③ 압력저항이 마찰저항 보다 작다.
④ 유해저항과 유도저항은 같다.

> **해설** 레이놀즈수는 유체의 흐름에서 점성에 의한 힘이 층류가 되게 작용하며 관성에 의한 힘은 난류를 일으키는 힘으로 작용한다.

124 다음 중 레이놀즈수에 대한 설명으로 올바른 것은?

① 레이놀즈수가 크다는 것은 점성영향이 크다는 것이다.
② 아임계와 초임계를 구분해주는 척도가 된다.
③ 균속도 유동과 비균속도 유동을 구분해 주는 척도이다.
④ 층류와 난류를 구분하는 척도가 된다.

125 다음 중 음속에 가장 큰 영향을 주는 것은?

① 습도
② 공기밀도
③ 기압
④ 온도

> **해설** 음속을 'speed of sound', 즉 소리의 속도로 온도에 크게 영향을 받는다.

126 다음 중 항공기의 충격파에 대한 설명으로 올바른 것은?

① 공기밀도가 갑자기 커지는 결과이다.
② 공기밀도가 갑자기 적어지는 결과이다.
③ 음속돌파가 이유가 된다.
④ 주익상면의 갑작스런 박리가 원인이다.

> **해설** 항공기의 충격파는 항공기가 음속에 가까워지거나 음속보다 빠를 경우 발생한다.

127 다음 중 초경량 비행장치 무인 멀티콥터의 4가지 힘이 균형을 이룰 때는?

① 전진 중
② 후진 중
③ 정지 중
④ 상승 중

> **해설** 정지 중이라는 것은 공중에서 호버링하는 상태를 말한다.

128 다음 중 무인 멀티콥터의 탑재량에 영향을 미치는 요소에 포함되지 않는 것은?

① 기온
② 고도
③ 장애물
④ 습도

해설   장애물과 탑재량과는 연관성이 없다.

129 다음 중 실속(stall)에 대한 설명으로 올바르지 않은 것은?

① 비행기가 그 고도를 더 이상 유지할 수 없는 상태를 말한다.
② 받음각(AOA)이 실속(stall)각보다 클 때 일어나는 현상이다.
③ 날개에서 공기흐름의 떨어짐 현상이 생겼을 때 일어난다.
④ 양력계수가 급격히 증가하기 때문이다.

해설   실속이란 항공기가 공기의 저항에 부딪쳐 양력을 상실하는 현상이다.

130 다음 중 실속(stall)속도에 대한 설명으로 올바르지 않은 것은?

① 양력계수가 최대일 때 속도가 최소가 되는데 이를 실속(stall)속도라 한다.
② 실속(stall)속도는 익면하중이 클수록 감소한다.
③ 실속(stall)속도가 작을수록 착륙속도는 작아진다.
④ 고양력 장치의 주목적은 최대 양력계수값을 크게 해 이착륙 시 비행기 성능을 향상시킨다.

해설   실속속도는 항공기가 실속상태에 들어갈 때의 속도이다.

131 다음 중 실속(stall)이 발생하는 가장 큰 원인은?

① 속도가 없어지므로
② 받음각(AOA)이 너무 커져서
③ 엔진의 출력이 부족해서
④ 불안정한 대기 때문에

해설   이륙 직후나 착륙 직전과 같은 저고도에서 받음각이 크면 실속이 일어날 가능성이 높다.

132 다음 중 비행기의 실속속도와 고도와의 관계를 올바르게 설명한 것은?

① 고도가 높아지면 실속속도가 커진다.
② 저고도에서는 실속속도가 커진다.
③ 저고도에서는 실속속도가 작다.
④ 고도에 관계없이 일정하다.

해설   고도가 높아질수록 공기밀도가 줄어 항공기 날개를 떠받쳐 주는 공기압이 줄어들게 되므로 항공기가 하강하는 실속속도가 커지게 된다.

133 다음 중 초경량항공기의 실속(stall)을 회복하기 위한 방법은?

① 엔진을 Full Power로 한다.
② 조종간을 앞으로 밀어 기수를 내려준다.
③ 조종간을 뒤로 당겨 기수를 올려준다.
④ 조종간을 중립상태로 하여 수평을 빨리 유지하고 파워를 서서히 증가시킨다.

134 다음 중 실속속도에 대한 설명으로 올바르지 않은 것은?

① 상승할 수 있는 최소의 속도이다.
② 수평비행을 유지할 수 있는 최소의 속도이다.
③ 하중이 증가하면 실제 실속속도는 커진다.
④ 실속속도가 크면 이·착륙 활주거리가 길어진다.

> **해설** 실속은 비행기의 날개 표면을 흐르는 기류의 흐름이 날개 윗면으로부터 박리되어, 그 결과 양력(揚力)이 감소되고 항력(抗力)이 증가하여 비행을 유지하지 못하는 현상을 말한다.

135 다음 중 초경량 항공기의 실속 회복을 위해 우선적으로 해야 하는 유효한 방법은?

① 엔진을 풀파워로 한다.
② 조종간을 앞으로 밀어서 기수를 내려준다.
③ 조종간을 뒤로 당겨 기수를 올려준다.
④ 조종간을 중립 상태로 하여 수평을 빨리 유지하고 파워를 서서히 증가 시킨다.

136 다음 중 실속속도에 대한 설명으로 올바르지 않은 것은?

① 양력 계수가 최대인 상태에서 비행속도가 최소가 되는 속도
② 실속 속도는 익면 하중이 클수록 감소한다.
③ 실속 속도가 작을수록 착륙속도는 작아진다.
④ 고 양력 장치의 최대 양력 계수 값을 크게 하여 이·착륙 시 비행기 성능을 향상시킨다.

> **해설** 실속 속도는 익면 하중이 클수록 커진다.

128 ③ 129 ④ 130 ① 131 ② 132 ① 133 ② 134 ① 135 ② 136 ②

137 다음 중 날개 끝 실속을 방지하는 방법으로 올바르지 <u>않은</u> 것은?

① 날개의 테이퍼비를 최대한 작게 한다.
② 날개 끝으로 갈수록 받음각이 작아지도록 날개에 앞내림을 준다.
③ 날개 끝부분에 두께비, 앞전반지름, 캠버 등이 큰 날개골을 사용한다.
④ 날개 끝부분의 날개 앞전 안쪽에 슬롯을 설치한다.

138 다음 중 실속 속도의 변화와 관계가 없는 인자는 무엇인가?

① 무게
② 하중계수
③ 경사각
④ 고도

> **해설** 실속 속도와 고도는 관계가 없다.

139 다음 중 비행기가 실속하는 순간의 하중배수(load Factor)는?

① 2가 된다.
② 3이 된다.
③ 1을 초과하지 않는다.
④ 1.5이하이다.

> **해설** 하중배수는 항공기 날개에 걸리는 실제 하중의 크기를 기본하중(비행기 중량)으로 나눈 수치를 말한다. 실속한다고 갑자기 하중배수가 커지지는 않는다.

140 다음 중 비행기가 비행 중 실속이 발생하면 나타나는 현상으로 올바르지 <u>않은</u> 것은?

① 버핏 현상
② 승강키 효율 감소
③ 기수내림현상
④ 기수올림현상

141 다음 중 스핀현상에 대한 설명으로 올바르지 <u>않은</u> 것은?

① 자전과 수직강하가 조합된 비행을 말한다.
② 스핀에서 탈출하려면 조종간을 당겨서 비행기를 상승시킨다.
③ 스핀에서 탈출하려면 방향키는 스핀과 반대방향으로 민다.
④ 스핀에서 탈출하려면 승강키는 앞으로 밀어 비행기를 급강하 시킨다.

142 다음 중 역편요(adverse yaw)에 대한 설명으로 올바르지 않은 것은?

① 비행기가 선회하는 경우, 보조익을 조작해서 경사하게 되면 선회 방향과 반대방향으로 yaw 하는 것을 말한다.
② 비행기가 보조익을 조작하지 않더라도 어떤 원인에 의해서 rolling 운동을 시작하며(단, 실속 이하에서) 올라간 날개의 방향으로 yaw 하는 특성을 말한다.
③ 비행기가 선회하는 경우, 옆 미끄럼이 생기면 옆 미끄러진 방향으로 rolling하는 것을 말한다.
④ 비행기가 오른쪽으로 경사해 선회하는 경우 비행기의 기수가 왼쪽으로 yaw 하려는 운동을 말한다.

143 다음 중 비행기를 스핀(spin) 상태로부터 정상으로 회복시키기 가장 어려운 상태는?

① 무게중심(CG)이 너무 전방에 있고 회전이 CG 주위에 있을 때
② 무게중심(CG)이 너무 후방에 있고 회전이 세로축 주위에 있을 때
③ 무게중심(CG)이 너무 후방에 있고 회전이 CG 주위일 때
④ 스핀이 실속이 완전히 발달하기 전에 진입할 때

144 다음 중 항공기의 중심위치를 계산할 때 쓰는 모멘트(moment)는?

① 길이×무게
② 길이/무게
③ 무게/길이
④ 무게×길이/2

145 다음 중 항공기에 반복하중이 작용하더라도 기체구조부분에 영구변형이 일어나지 않는 제한된 설계상의 하중인 한계하중에 안전계수를 곱한 하중은?

① 극한하중
② 파괴하중
③ 피로하중
④ 제한하중

146 다음 중 항공기가 과하중(over load)됐을 때 나타나는 현상에 포함되지 않는 것은?

① 상승각이 작아진다.
② 실속(stall)속도가 작아진다.
③ 활공각이 증가한다.
④ 이륙거리가 증가한다.

> **해설** 실속속도는 항공기의 무게가 커지면 더 커진다.

137 ① 138 ④ 139 ① 140 ④ 141 ② 142 ③ 143 ③ 144 ① 145 ① 146 ②

147 다음 중 항공기의 중량관리(weight & balance)를 고려하는 가장 중요한 이유는?

① 비행시의 효율성 때문에   ② 소음을 줄이기 위해서
③ 안전을 위해서   ④ payload를 늘이기 위해

> **해설** 중량관리(Weight & Balance)란 항공기란 구조상 안전을 유지할 수 있는 중량 한계(Weight Limitation) 및 무게 중심의 허용범위(Center of Gravity Range) 내에서 운항될 수 있도록 승객 및 화물, 수하물, 기타 탑재물을 조정하는 업무를 말한다.

148 다음 중 양력중심(center of lift)이 무게중심(center of gravity)의 뒤에 있는 이유는?

① 꼭 같은 위치에 있을 수 없기 때문에
② 항공기의 전방이 조금 무거운 경향을 주기 위해서
③ 항공기의 후방이 조금 무거운 경향을 주기 위해서
④ 더 좋은 수직안정을 갖게 하기 위하여

149 다음 중 비행기의 무게중심(CG) 위치가 정상 범위에서 앞쪽으로 이동했을 때의 상황으로 올바른 것은?

① 가로안정성이 나빠진다.
② 실속(Stall) 및 스핀(Spin) 상황에서 회복력이 좋아진다.
③ 실속 회복능력은 좋아지고 스핀 회복력은 나빠진다.
④ 실속 회복능력은 나빠지고 스핀 회복력은 좋아진다.

150 다음 중 무게중심(CG)이 후방으로 이동 시 비행기는 어떻게 되는가?

① 안정성과 조종성이 감소된다.
② 안정성이 감소되지만 조종하기 용이하다.
③ 조종성은 다소 감소되나 안정성은 증대된다.
④ 무게중심(CG)이 초과하지 않는 한 안정성과 조종성이 증가한다.

151 다음 중 비행장치의 무게중심은 주로 어느 축을 따라서 계산되는가?

① 가로축   ② 세로축
③ 수직축   ④ 세로축과 수직축

152 다음 중 항공기의 weight & balance를 고려하는 가장 중요한 이유는?

① 비행시의 효율성 때문에 ② 소음을 줄이기 위해서
③ 안전을 위해서 ④ payload를 늘이기 위해

153 다음 중 비행기의 총모멘트가 500kg이고 총 무게가 1000kg일 때 비행기의 중심위치는?

① 5m ② 2m
③ 1m ④ 0.5m

154 다음 중 양력중심이 무게중심의 뒤에 있는 이유로 올바른 것은?

① 꼭 같은 위치에 있을 수 없기 때문에
② 항공기의 전방이 조금 무거운 경향을 주기 위해서
③ 항공기의 후방이 조금 무거운 경향을 주기 위해서
④ 더 좋은 수직 안정을 갖게 하기 위하여

155 다음 중 비행기의 무게중심이 전방에 있을 때 일어나는 현상에 포함되지 <u>않는</u> 것은?

① 실속 속도 증가 ② 순항속도 증가
③ 종적 안정 증가 ④ 실속 회복이 쉽다.

156 다음 중 압력중심에 대한 설명으로 올바르지 <u>않은</u> 것은?

① 날개골 주위에 작용하는 공기력의 합력점을 말한다.
② 받음각이 증가하면 압력중심은 날개 앞전으로 이동한다.
③ 비행기가 급강하 시에는 압력중심은 뒷전 쪽으로 후퇴한다.
④ 압력중심의 이동범위가 크면 비행기의 안정성과 날개의 구조 강도 면에서 좋다.

147 ③ 148 ② 149 ② 150 ① 151 ② 152 ③ 153 ④ 154 ② 155 ② 156 ④

157 다음 중 프로펠러 비행기의 항속거리를 크게 하는 방법으로 올바르지 않은 것은?

① 프로펠러 효율을 크게 한다.
② 연료 소비율을 크게 한다.
③ 양항비가 최대인 받음각(AOA)으로 비행한다.
④ 날개의 가로세로비(aspect ratio)를 크게 한다.

> 해설 날개의 가로세로비는 날개의 폭으로 날개의 길이를 나눈 값으로 일반적인 비율은 8.5미만이고 고속기의 경우에는 3.0~3.5정도이다.

158 다음 중 헬리콥터가 지면 또는 수면에 접근함에 따라 날개끝의 와류가 지면에 부딪혀 항력이 감소해 지면 가까운 고도에서 침하하지 않고 머무는 현상은?

① 대기효과   ② 날개효과   ③ 지면효과   ④ 간섭효과

> 해설 헬리콥터가 지면 가까이에서 제자리 비행할 때 공기의 하향 흐름이 지면에 부딪치게 되고 헬리콥터와 지면 사이의 공기를 압축하여 공기 압력을 높이게 되어 제자리 비행 위치에 헬리콥터를 유지시키는데 도움을 주는 쿠션(cushion) 역할을 하는 것을 말한다.

159 다음 중 지면효과(Ground effect)에 대한 설명으로 올바르지 않은 것은?

① 이륙 시 정상속도보다 낮은 속도로 이륙이 가능하지만 그 효과를 벗어나면 실속(stall)이나 침하가 된다.
② 지면효과(Ground effect)의 고도는 날개길이(span) 이하이다.
③ 내리흐름(Down wash)와 올려흐름(up wash)의 감소로 인해 유도항력이 감소한다.
④ 착륙 시 활주거리가 짧아진다.

> 해설 지면효과로 인해 착륙할 때 지표면 부근에서 비행기가 떠오르는 플로팅(floating)현상이 생겨 활주거리가 오히려 길어진다.

160 다음 중 항공기가 지면효과(ground effect)를 받을 때 나타나는 현상에 대한 설명으로 올바르지 않은 것은?

① 지표면 근처에서 비행 중인 항공기에 대해 지표면의 간섭으로 인한 현상이다.
② 날개의 와류가 발생하면 유도항력이 증가한다.
③ 날개가 지면에 가까이 갈수록 지면효과는 증대된다.
④ 받음각(AOA)가 증가하면서 수직양력도 증가한다.

> 해설 날개의 와류가 발생하면 유도항력이 감소한다.

161 다음 중 지면효과(ground effect)에 대한 설명으로 올바르지 <u>않은</u> 것은?

① 항공기 밑으로 부는 공기가 지면에 부딪혀 공기가 압축된 현상이다.
② 지면효과로 더 적은 동력으로 이륙이 가능하다.
③ 지면효과로 인해 착륙이 어렵거나 착륙거리가 길어진다.
④ 첨단 항공기는 지면효과의 영향을 받지 않고 이착륙이 가능하다.

[해설] 항공기가 첨단이건 구식이든, 크기가 크거나 작거나 관계없이 지면효과의 영향을 받는다.

162 다음 중 항공기의 지면효과(ground effect)에 대한 설명으로 올바르지 <u>않은</u> 것은?

① 날개가 지면으로 더 가까이 접근할수록 지면효과는 증대된다.
② 날개의 와류가 감소해 유도항력도 감소한다.
③ 유도항력이 감소하면 필수추력도 감소시켜 이륙에 유리하다.
④ 대형 항공기는 착륙 시에 지면효과의 영향을 받지 않는다.

[해설] 항공기의 크기에 관계없이 지면효과는 모두 나타나며, 고정익 항공기와 회전익 항공기 모두 해당된다.

163 다음 중 지면효과(ground effect)를 받을 때에 대한 설명으로 올바르지 <u>않은</u> 것은?

① 받음각이 증가한다.　　　② 양력의 크기가 감소한다.
③ 양력의 크기가 증가한다.　④ 중력의 크기가 감소한다.

[해설] 지면효과가 발생하면 항공기가 지면으로부터 상승하기 때문에 양력의 크기가 증가한다.

164 다음 중 지면효과(ground effect)에 대한 설명으로 올바른 것은?

① 지면효과로 항력이 증가해 전진비행이 어렵다.
② 지면효과로 항공기는 더 많은 무게를 지탱할 수 있다.
③ 지면효과는 양력 감소현상을 초래한다.
④ 지면효과는 항공기의 비행성에 항상 불리한 영향을 미친다.

[해설] 지면효과는 항공기가 지면에 가깝게 낮은 고도로 비행하는 경우 양력이 증가하는 현상을 말한다.

157 ④　158 ③　159 ④　160 ②　161 ④　162 ④　163 ②　164 ②

165 다음 중 무인 멀티콥터의 비행에서 지면효과가 증가하는 요인에 포함되지 않는 것은?

① 로터 직경 1배 이하 고도
② 바람이 부는 기상상태
③ 아스팔트 지면 위
④ 높은 지표면 온도

> **해설** 바람이 불지 않는 기상상태에서 지면효과가 증가한다.

166 다음 중 지면효과에 대한 설명으로 올바르지 않은 것은?

① 이륙 시 정상속도 보다 적은 속도로 이륙 가능하나 그 효과를 벗어나면 실속이나 침하가 된다.
② 그라운드 이펙트의 고도는 날개길이의 이하이다.
③ 다운 워시와 업워시의 감소로 인하여 유도항력이 감소한다.
④ 착륙 시 활주거리가 짧아진다.

> **해설** 지면효과(Ground Effect)는 지표면 근처에서 비행 중인 항공기에 지표면의 간섭이 생기는 현상을 말한다. 지면효과로 인해 착륙 시 활주거리는 길어진다.

167 다음 중 프로펠러 항공기의 토크(torque)를 발생시키는 4가지 요소에 포함되지 않는 것은?

① 자이로스코프 운동
② 비대칭 하중
③ 엔진출력
④ 프로펠러 후류에 의한 힘

> **해설** 엔진출력은 토크를 발생시키는 요소와 관련이 없다.

168 다음 중 고정피치 프로펠러(fixed pitch propeller) 설계 시 최대효율 기준은?

① 이륙 시　　② 상승 시　　③ 순항 시　　④ 최대출력 사용 시

169 다음 중 프로펠러 직경을 결정하는 가장 중요한 요소는?

① 엔진속도(engine speed)
② 익단속도(blade tip speed)
③ 프로펠러 무게(propeller weight)
④ 아이들(idle) RPM

> **해설** 프로펠러의 직경을 크게 하면 이륙과 상승 시의 효과가 향상되고, 작게 하면 고속비행 시의 효율이 좋아진다.

170 다음 중 고정피치 프로펠러의 엔진출력 판정방법에 대한 설명으로 올바른 것은?

① 스로틀(throttle)을 밀어서 규정의 RPM이 나오면 된다.
② 상승 시 6500rpm이 나오면 된다.
③ RPM이 순조롭게 상승하고 가속이 양호하면 된다.
④ 흡기 압력계가 장치된 항공기에 한하여 판정할 수 있다.

해설 조종사가 스로틀을 밀어서 엔진 출력을 높인다.

171 다음 중 유체속도에 대한 설명으로 올바른 것은?

① 유체속도가 빠르면 압력은 낮아진다.
② 유체속도는 압력에 비례를 한다.
③ 유체압력은 속도와 비례를 한다.
④ 유체속도는 압력과 무관하다.

해설 베르누이 이론에서 에너지 총량은 일정하므로 속도가 빨라지면 압력은 낮아지게 된다.

172 다음 중 비행성능에 영향을 미치는 요소에 포함되지 않는 것은?

① 비행기 무게
② 비행기의 날개크기
③ 비행 중인 고도
④ 엔진형식

해설 엔진형식은 최대 출력과 관련이 있다.

173 다음 중 에어포일(airfoil)에 대한 설명으로 올바르지 않은 것은?

① 평균 캠버선이란 날개 꼴의 이등분선이다.
② 최대 캠버란 평균 캠버선과 시위선의 두께 중 최대값을 의미한다.
③ 시위선이란 앞전과 뒷전을 연결한 직선이다.
④ 초경량 비행기는 에어포일과는 상관없이 설계된다.

해설 모든 항공기는 에어포일을 고려해 설계해야 한다.

165 ② 166 ④ 167 ① 168 ③ 169 ② 170 ① 171 ① 172 ④ 173 ④

174 다음 중 양력계수가 가장 큰 이음속 에어포일(Airfoil)은?

① 직사각형 ② 정사각형
③ 타원형 ④ 테이퍼형

175 다음 중 비행 중 토크를 발생시키는 요인에 포함되지 않는 것은?

① 회전운동의 세차(gyroscopic precession)
② 역편요(adverse yawing)
③ 나선형 후류(spiraling slipstream)
④ 토크 반작용(torque reaction)

> [해설] 역편요는 비행기가 선회할 때 보조익을 조작해 경사하면 선회방향과 반대방향으로 요(yaw)하는 것을 말한다.

176 다음 중 비행 중 토크현상을 발생시키는 회전운동의 세차(precession)에 대한 설명으로 올바른 것은?

① 회전하고 있는 물체에 외부의 힘을 가했을 대 그 힘이 90°를 지나서 뚜렷해지는 현상
② 프로펠러에 의한 비대칭 하중 때문에 발생하는 힘
③ 프로펠러에 의한 후류로 인해 발생하는 힘
④ 프로펠러가 시계방향으로 회전할 때 동체는 이에 반작용을 일으켜 좌측으로 횡요 또는 경사 지려는 경향

> [해설] 세차운동은 회전하고 있는 물체에 돌림 힘이 작용할 때 회전하는 물체가 흔들리는 현상을 말한다.

177 다음 중 비행 중 토크현상을 발생시키는 나선형 후류에 대한 설명으로 올바른 것은?

① 회전하고 있는 물체에 외부의 힘을 가했을 대 그 힘이 90°를 지나서 뚜렷해지는 현상
② 프로펠러에 의한 비대칭 하중 때문에 발생하는 힘
③ 프로펠러에 의한 후류로 인해 발생하는 힘
④ 프로펠러가 시계방향으로 회전할 때 동체는 이에 반작용을 일으켜 좌측으로 횡요 또는 경사지 려는 경향

> [해설] 후류는 동체 축에 프로펠러가 있으면 프로펠러를 통과한 공기가 동체를 감싸며 나선형으로 뒤로 흐르는데 이를 말한다.

178 다음 비행 중 토크현상을 발생시키는 반토크에 대한 설명으로 올바른 것은?

① 회전하고 있는 물체에 외부의 힘을 가했을 대 그 힘이 90°를 지나서 뚜렷해지는 현상
② 프로펠러에 의한 비대칭 하중 때문에 발생하는 힘
③ 프로펠러에 의한 후류로 인해 발생하는 힘
④ 프로펠러가 시계방향으로 회전할 때 동체는 이에 반작용을 일으켜 좌측으로 횡요 또는 경사 지려는 경향

> **해설** 토크(torque)현상은 프로펠러가 한 방향으로 돌면 반작용으로 기체를 반대쪽으로 돌리려는 힘이 작용하는 것을 말한다.

179 다음 중 비행후류(Wake turbulence)를 피하기 위한 비행에 대한 설명으로 올바르지 않은 것은?

① 대형 항공기가 지나간 항로는 극심한 후류에 조우될 수 있으므로 회피한다.
② 앞 비행기가 착륙한 지점보다 더 나아가서 착륙한다.
③ 앞 비행기가 이륙한 지점보다 더 나아가서 이륙한다.
④ 지상활주(taxing)시는 후류가 발생하지 않는다.

> **해설** 앞 비행기가 이륙한 지점보다 앞으로 나아갈 경우 비행후류에 영향을 받을 수밖에 없다.

180 다음 중 항공기의 프로펠러에 대한 설명으로 올바르지 않은 것은?

① 프로펠러는 엔진의 회전력을 이용해 추진력을 발생시키는 장치
② 프로펠러의 꼬임각은 익근과 익단에 따라 양력의 불균형을 해소하기 위해 차이 발생
③ 회전축에 가까울수록 꼬임각은 크다.
④ 익근의 꼬음각이 익단의 꼬임각보다 작게 한다.

> **해설** 프로펠러의 꼬임각은 익근(root)과 익단(edge)에 따라 차이가 있는데 이는 프로펠러의 길이에 따른 속도차에 의해서 발생한 양력의 불균형을 해소하기 위한 목적이다. 회전축에 가까울수록 꼬임각은 크고 회전축에서 멀어질수록 꼬임각은 작다.

181 다음 중 무인 헬리콥터의 메인로터와 테일로터의 회전비는?

① 1 : 1
② 1 : 3
③ 1 : 5
④ 1 : 7

174 ③ 175 ② 176 ① 177 ③ 178 ④ 179 ③ 180 ④ 181 ③

182 다음 중 회전익 비행장치의 등속수평비행을 하고 있을 때 작용하는 힘은?

① 추력=항력, 양력=중력
② 추력=양력+항력
③ 추력=양력+항력+중력
④ 추력=양력+중력

183 다음 중 헬리콥터가 호버링(hovering) 상태로부터 전진비행으로 바뀌는 과도적인 상태는?

① 상승비행
② 자동회전
③ 전이비행
④ 지면 효과

> **해설** 전이비행은 지면에서 수직으로 약간 상승해 제자리 비행한 상태로부터 전진비행으로 전이하는 과도기적 상태를 말한다.

184 다음 중 움직이고 있는 기체가 뒤에서 밀어주는 구간의 힘의 영향으로 속도가 상승할 때 발생하는 힘은?

① 속도
② 가속도
③ 추진력
④ 원심력

> **해설** 속도는 물체의 빠르기와 방향을 나타내는 벡터량이며 가속도는 속도 벡터가 단위시간 동안 얼마나 변했는지를 나타내는 벡터량이다.

185 다음 중 무인 회전익의 전진비행 시 힘의 형식에 맞는 것은?

① 추력>항력
② 중력<양력
③ 양력>추력
④ 항력<양력

> **해설** 무인 회전익이 앞으로 나아가기 위해서는 추력이 항력보다 커야 한다.

186 다음 중 블레이드(blade)의 종횡비의 비율이 커지면 나타나는 현상에 포함되지 않는 것은?

① 유해항력이 증가한다.
② 활공성능이 좋아진다.
③ 유도항력이 감소한다.
④ 양항비가 작아진다.

> **해설** 양항비는 양력과 항력의 비율을 말하며 종횡비가 커지면 양항비도 커진다.

187 다음 중 헬기의 피치각(potch angle)에 대한 설명으로 올바르지 않은 것은?

① 테일 로터의 피치각은 변화 시킬 수 없다.
② 메인 로터의 피치각은 필요에 따라 변화 시킬 수 있다.
③ 테일 로터의 피치각은 변화 시킬 수 있다.
④ 메인 로터의 피치각은 이륙과 상승 때 다르다.

> **해설** 헬기 블레이드의 전체적인 피치각을 높이는 조작을 컬랙티브 피치 컨트롤이라고 한다.

188 다음 중 토크작용과 관련된 뉴턴의 법칙은?

① 관성의 법칙　　　　　　　② 가속도의 법칙
③ 작용과 반작용의 법칙　　　④ 베르누이 법칙

189 다음 설명과 관련이 있는 용어는?

> "받음각이 변해도 피칭 모멘트의 값이 변하지 않는 에어포일의 기준점"

① 공력중심　　② 에어포일　　③ 시위선　　④ 받음각

> **해설** 공력중심은 항공기의 무게중심과는 다르다.

190 다음 중 관의 직경이 일정하지 않은 관을 통과하는 유체(공기)의 속도, 동압, 정압의 관계를 올바르게 설명한 것은?

① 직경이 작은 부분의 공기흐름은 속도가 빨라지고 동압은 커지고 정압은 작아진다.
② 직경이 넓은 부분의 공기흐름은 속도는 빨라지고 동압은 커지고 정압은 작아진다.
③ 관의 직경과 관계없이 흐름의 속도가 같고 동압과 정압의 변화는 일정하다.
④ 직경이 작은 부분의 공기흐름은 속도가 느려지고 동압은 커지고 정압은 작아진다.

> **해설** 베르누이정리와 벤츄리관 효과로 속도는 동압에 비례하고 정압에 반비례한다. 전체압력 = 동압 + 정압, 속도 = 전체압력 − 정압 = (동압 + 정압) − 정압이다.

182 ①　183 ③　184 ②　185 ①　186 ④　187 ①　188 ③　189 ①　190 ①

191 다음 중 회전익기의 부양과 관련이 없는 것은?

① 와류(Vortex) ② 블레이드 양력
③ 모멘텀(momentum) ④ 꼬리날개

[해설] 회전익기의 꼬리날개는 방향을 결정한다.

192 다음 중 날개에서 양력이 발생하는 원리의 기초가 되는 베르누이 정리에 대한 설명으로 올바르지 않은 것은?

① 전압(Pt)은 동압(O)과 정압(P)의 합과 같다.
② 공기흐름의 속도가 빨라지면 동압이 증가하고 정압이 감소한다.
③ 음속보다 빠른 흐름에서는 동압과 정압이 동시에 증가한다.
④ 동압과 정압의 차이로 비행속도를 측정할 수 있다.

[해설] 베르누이는 '이상 유체의 정상 흐름에서 유체의 에너지 총량은 항상 일정하다'고 정의했다.

193 다음 중 에어포일(airfoil)의 캠버(camber)에 대한 설명으로 올바른 것은?

① 앞전과 뒷전 사이를 말한다.
② 시위선과 평균캠버선 사이의 거리를 말한다.
③ 날개의 아랫면(lower camber)과 윗면(upper camber) 사이를 말한다.
④ 날개 앞전에서 시위선 길이의 25% 지점의 두께를 말한다.

[해설] 캠버는 시위선과 평균캠버선 사이의 거리(두께)을 말한다. 평균 캠버선은 윗면(upper camber)과 아랫면(lower camber)의 중간지점을 잇은 선이다.

194 다음 중 베르누이 정리에 대한 설명으로 올바른 것은?

① 정압은 동압과 같다. ② 동압은 일정하다.
③ 전압이 일정하다. ④ 정압은 일정하다.

[해설] 베르누이 정리는 '전압은 정압과 동압의 합과 같다'는 원리이다.

195 다음 중 베르누이 정리에 대한 설명으로 올바르지 <u>않은</u> 것은?

① 베르누이 정리는 공기의 밀도와 관계있다.
② 유체의 속도가 증가하면 정압이 감소한다.
③ 위치 에너지의 변화에 의한 압력이 동압이다.
④ 정상 흐름에서 정압과 동압의 합은 일정하다.

[해설] 위치 에너지의 변화에 따른 압력이 정압이다.

196 다음 중 블레이드가 공기를 지날 때 표면마찰로 인해 발생하는 마찰성 저항으로 회전익 항공기에서만 발생하며 마찰항력이라고도 하는 항력은?

① 유도항력　　② 유해항력　　③ 형상항력　　④ 마찰항력

[해설] 형상항력은 유해항력의 일종으로 회전익 항공기의 블레이드(blade)가 회전할 때 마찰성 저항으로부터 발생하는 항력을 말한다. 형상항력은 마찰항력과 압력항력을 합한 것을 말한다.

197 다음 중 프로펠러(propeller)에 대한 설명으로 올바르지 <u>않은</u> 것은?

① 회전면과 공기유입방향이 이루는 각을 피치각이라고 한다.
② 피치각을 바꿀 수 있는 것을 가변피치 프로펠러라고 한다.
③ 피치각을 바꿀 수 없는 것을 고정피치 프로펠러라고 한다.
④ 회전면과 시위선이 이루는 각을 받음각이라고 한다.

[해설] 회전면과 시위선이 이루는 각은 깃각(blade angle)이라고 한다. 받음각은 공기유입방향과 깃의 시위선이 이루는 각이다.

198 다음 중 항공기의 프로펠러(propeller)에 대한 설명으로 올바르지 <u>않은</u> 것은?

① 엔진에서 만든 힘을 받아 양력을 발생한다.
② 프로펠러의 깃은 끝으로 갈수록 적게 휘어진다.
③ 가변식 프로펠러와 고정식 프로펠러가 있다.
④ 재질은 복합소재가 주로 많이 사용된다.

[해설] 항공기의 프로펠러(propeller)는 엔진에서 만들어진 힘을 받아 비행기가 앞으로 나아갈 수 있는 추력(thrust)을 발생한다.

191 ④　192 ③　193 ②　194 ③　195 ②　196 ③　197 ④　198 ①

199 다음 중 회전익 항공기의 로터블레이드(rotor blade)에 대한 설명으로 올바르지 않은 것은?

① 로터 블레이드는 회전익 항공기의 회전날개를 말한다.
② 블레이드는 항공기나 선박의 엔진에 붙어 있는 날개를 말한다.
③ 메인로터는 회전축을 중심으로 추력을 발생시켜 상승과 하강을 결정한다.
④ 메인로터 블레이드는 보통 4장이 대부분이다.

> **해설** 메인로터는 회전축을 중심으로 양력을 발생시켜 상승과 하강을 결정한다. 로터의 깃각(blade angle)을 변화시켜 전진과 후진을 할 수 있다.

200 다음 중 베르누이정리에서 정압과 동압의 관계를 설명한 내용으로 올바르지 않은 것은?

① 속도는 동압에 비례하고 정압에 반비례한다.
② 전체 압력은 동압에서 정압을 빼는 것이다.
③ 속도는 전체 압력에서 정압을 빼는 것이다.
④ 유체가 직경이 작은 부분을 통과하면 속도가 빨라진다.

> **해설** 전체 압력은 동압과 정압의 합이다. ④번 직경이 작은 부분(관)을 통과하면 유체의 속도는 빨라지며 이때 동압은 커지고 정압은 작아진다. 정압은 일상생활에서의 대기압으로, 동압은 운동에너지로 각각 이해하면 된다.

201 다음 중 베르누이 정리에서 유체의 속도가 변하는 설명으로 올바른 것은?

① 유체의 속도가 빨라지면 정압이 감소한다.
② 유체의 속도가 빨라지면 정압이 증가한다.
③ 유체의 속도가 빨라지면 동압이 감소한다.
④ 유체의 속도가 빨라지면 전압이 감소한다.

> **해설** 베르누이의 정리에서 유체의 속도가 빠르면(동압이 크면) 정압은 낮아진다.

202 다음 중 양력이 발생하는 원리의 기초가 되는 베르누이 정리에 대한 설명으로 올바르지 않은 것은?

① 전압(Pt)=동압(q)+정압(P)
② 흐름의 속도가 빨라지면 동압이 증가하고 정압이 감소한다.
③ 음속보다 빠른 흐름에서는 동압과 정압이 동시에 증가한다.
④ 전압과 정압의 차이로 비행속도를 측정할 수 있다.

203 다음 중 동압에 관한 설명으로 올바르지 않은 것은?
① 동압은 공기밀도와 비례한다.
② 동압은 공기흐름 속도의 제곱에 비례한다.
③ 동압은 부딪히는 면적에 비례한다.
④ 동압은 정압의 크기에 비례한다.

204 다음 중 비행 중 날개에 작용하는 압력의 방향에 대한 설명으로 올바른 것은?
① 수직 위 방향으로 작용한다.
② 수직 아래 방향으로 작용한다.
③ 전방 아래 방향으로 작용한다.
④ 후방 아래 방향으로 작용한다.

205 다음 중 공기흐름 방향에 관계없이 모든 방향으로 작용하는 압력으로 올바른 것은?
① 정압
② 동압
③ 벤츄리 압력
④ 속도는 동압에서 정압을 합한 것이다.

해설 정압은 유체 속에 잠겨있는 한 지점에서 상, 하, 좌, 우 방향에 관계없이 일정하게 작용한다.

206 다음 중 베르누이(Bernoulli)이론에서 유관 내에 흐르고 있는 공기의 기계적 에너지에 포함되지 않는 것은?
① 운동에너지
② 위치에너지
③ 압력에너지
④ 속도에너지

해설 운동에너지, 위치에너지, 압력에너지로 구성되며 이들 3가지 에너지는 보존된다는 이론이다.

207 다음 중 날개의 공기흐름 중에 압력이 계속 증가하여 날개표면을 따라 흐르지 못해 흐름이 떨어져 나가는 현상은?
① 경계층 분리
② 박리현상
③ 스핀(Spin)
④ 층류의 떨어짐

해설 박리현상은 항공기(날개)가 유체를 가르고 비행하는데 위쪽공기가 날개표면을 따라 정상적으로 흐르지 않고 경계층에서 떨어져나가 양력을 잃는 현상을 말한다.

199 ③ 200 ② 201 ① 202 ③ 203 ④ 204 ① 205 ① 206 ④ 207 ②

208 다음 중 항공기 날개의 형태인 전진익에 대한 설명으로 올바르지 않은 것은?

① 날개에 가해지는 힘이 골고루 분산되기 때문에 양력이 증가한다.
② 후퇴익에 비해 고속기동에 유리해 많이 채용되고 있다.
③ 후퇴익에 비해 최저 비행속도가 낮다.
④ 후퇴익에 비해 이착륙 거리가 짧아 활주로 제약이 적다.

> **해설** 전진익은 항공기가 고속기동 시 날개의 비틀림 현상이 강해져 비행 도중에 추락할 가능성이 높아 채용하지 않는다.

209 다음 중 기류박리에 대한 설명으로 올바르지 않은 것은?

① 항공기 표면으로부터 공기가 떨어져 나가는 현상을 말한다.
② 양력을 증가시켜 비행에 유리하다.
③ 항력을 증가시켜 비행유지를 어렵게 만든다.
④ 에어포일에 기류박리가 발생하면 실속에 빠진다.

> **해설** 기류박리가 발생하면 양력이 감소한다.

210 다음 중 항공기 프로펠러에 대한 설명으로 올바르지 않은 것은?

① 엔진에서 힘을 받아 항공기가 뜰 수 있는 양력을 발생한다.
② 허브라는 중심축과 2개 이상의 날개로 구성돼 있다.
③ 프로펠러의 깃은 끝으로 갈수록 적게 휘어진다.
④ 알루미늄, 목재, 복합소재 등으로 제작한다.

> **해설** 프로펠러는 엔진으로부터 힘을 받아 추력을 발생한다.

211 다음 중 헬리콥터의 비행 특징에 포함되지 않는 것은?

① 호버링　　　　　　　② 수직 이착륙
③ 횡진 비행　　　　　　④ 배면 비행

> **해설** 배면비행은 항공기가 본래의 자세와는 반대로 보통 위쪽을 밑면으로 해서 비행하는 것을 말한다. 뒤집힌 자세로 비행하는 것이 배면비행으로 고정익 항공기만 가능하다.

212 비행기에 고정피치 프로펠러를 장착하고 시운전 중 진동이 느껴졌다. 다음 중 추정되는 원인에 대한 설명으로 올바른 것은?

① 프로펠러 장착 볼트의 조임치가 일정하지 않다.
② 프로펠러의 표면이 거칠다.
③ 엔진 출력에 비해 큰 마찰수에 적당한 프로펠러를 장착했다.
④ 프로펠러의 장착과는 관계없다.

해설 대부분 볼트 조임이 일정치 않고, 프로펠러 프롭 밸런스가 안 맞을 경우에 나타나는 현상이다.

213 다음 중 비행 중 항공기의 날개에 걸리는 응력에 관해서 올바르게 설명한 것은?

① 윗면에는 인장응력이 아랫면에는 압축응력이 생긴다.
② 윗면에는 압축응력이 아랫면에는 인장응력이 생긴다.
③ 윗면과 아래면 모두 다 압축응력이 생긴다.
④ 윗면과 아랫면 모두 다 인장응력이 생긴다.

214 비행기의 이륙 성능과 대기압력의 관계를 설명한 것이다. 다음 중 대기압력의 조건을 동일하다고 가정했을 때 올바른 것은?

① 대기압력이 높아지면 공기밀도 증가, 양력 증가, 이륙거리 증가
② 대기압력이 높아지면 공기밀도 증가, 양력 감소, 이륙거리 증가
③ 대기압력이 높아지면 공기밀도 증가, 양력 증가, 이륙거리 감소
④ 대기압력이 높아지면 공기밀도 증가, 양력 감소, 이륙거리 감소

해설 공기밀도는 압력에 비례하고, 온도와 습도에 반비례한다. 즉, 대기압력이 높아지면 공기밀도는 증가하고, 밀도가 증가하면 양력이 증가하게 되고, 이륙거리는 짧아지게 된다.

215 다음 중 무풍 상태에서 지상에 계류 중인 비행기의 날개에 작용하는 압력을 설명한 것으로 올바른 것은?

① 날개의 아랫부분의 압력보다 윗부분을 누르는 압력이 높다.
② 날개의 윗부분의 압력이 아랫부분을 들어 올리는 압력보다 높다.
③ 날개의 아랫부분의 압력과 윗부분의 압력은 같다.
④ 날개의 형태에 따라 다르다.

208 ② 209 ② 210 ① 211 ④ 212 ① 213 ② 214 ③ 215 ③

216 다음 중 관의 직경이 일정하지 않은 관을 통과하는 유체(공기)의 속도, 동압, 정합의 관계에 대한 설명으로 올바른 것은?

① 직경이 작은 부분의 공기흐름은 속도가 빨라지고 동압은 커지고 정압은 작아진다.
② 직경이 넓은 부분의 공기흐름은 속도가 빨라지고 동압은 커지고 정압은 작아진다.
③ 관의 직경과 관계없이 흐름의 속도가 같고 동압과 정압의 변화는 일정하다.
④ 직경이 작은 부분의 공기흐름은 속도가 느려지고 동압은 커지고 정압은 작아진다.

217 다음 중 공기의 흐름에 대한 설명으로 올바른 것은?

① 공기밀도가 높으면 단위시간당 부딪히는 공기입자수가 많으므로 동압이 크다.
② 공기밀도가 높으면 단위시간당 부딪히는 공기입자수가 많으므로 동압이 작다.
③ 공기밀도가 높으면 단위시간당 부딪히는 공기입자수가 적으므로 동압이 작다.
④ 공기밀도가 높으며 단위시간당 부딪히는 공기입자수가 적으므로 동압이 크다.

218 다음 중 항공기가 활공비행할 때 속도는?

① 활공각과 속도를 동시에 증가시킨다.
② 활공각과 속도를 감소시킨다.
③ 활공각은 증가시키고, 속도에는 아무런 영향이 없다.
④ 속도는 증가되고 활공각에는 아무런 영향이 없다.

> **해설** 활공비행속도는 양력, 항력, 침하속도 등의 영향을 받는다.

219 다음 중 활공비에 대한 설명으로 올바르지 <u>않은</u> 것은?

① 활공거리를 고도로 나눈 값이다.
② 활공비가 좋다는 것은 활공각이 작다는 것이다.
③ 활공비와 양항비가 같다.
④ 엔진(발동기)의 출력을 완속 상태에서 최대비행거리를 말한다.

> **해설** 활공비는 일정한 높이에서 얼마나 멀리 활공할 수 있는가를 나타내는 비율을 말한다. 항공기 활공 시 수직 거리 대비 수평 거리의 비율이다.

220 다음 중 활공각이 90도인 상태로 급강하할 때 강하속도는?

① 한계속도
② 종극속도
③ 극한속도
④ 최고속도

221 다음 활공거리에 대한 설명 중 활공거리가 가장 긴 것은?

① 활공각이 작은 경우
② 양항비(L/D)가 작은 경우
③ 활공비가 작은 경우
④ 양항비가 1인 경우

해설) 활공거리는 항공기가 엔진을 중지한 상태 또는 극히 낮은 속력으로 지면을 향하여 비스듬히 내리는 비행 거리를 말한다. 비행기의 활공각(滑空角)은 양력과 항력의 비로 정해지므로 스포일러를 세워서 양력을 줄이고 그 항력을 크게 하면 활공각, 즉 강하각(降下角)이 증대되므로 착륙진입(着陸進入)할 때 강하각을 가감하는 데 유효하다.

222 다음 중 항공기가 활공 시 가장 멀리 갈 수 있는 조건은?

① 활공각을 최대로 한다.
② 활공각을 최소로 한다.
③ 양항비를 최소로 한다.
④ 가로세로비를 작게 한다.

223 다음 중 비행고도가 500ft에서 활공해 1000ft의 비행거리를 활공했다면 활공비는?

① 1
② 2
③ 3
④ 4

해설) 활공비 = L/h = 1000ft/500ft = 2로 구할 수 있다.

224 다음 중 동력 비행장치에 장착된 프로펠러의 피치를 비행 중 임의로 변경할 수 있을 때의 조치로 올바른 것은?

① 이륙 중에는 순항 때보다 깃각을 비교적 크게 한다.
② 순항 중에는 이륙 때보다 깃각을 비교적 작게 한다.
③ 엔진이 정지했을 경우 깃각을 0도 가깝게 해야 엔진의 손상을 줄일 수 있다.
④ 깃각은 비행속도가 빠르면 크게 느리면 작게 조절하는 것이 좋다.

225 다음 중 받음각이 '0' 일 때에 양력계수가 '0'이 되는 날개골은?
① 캠버가 큰 날개골　　② 대칭형 날개골
③ 캠버가 크고 두꺼운 날개골　　④ 캠버가 작고 두꺼운 날개골

226 다음 중 날개에서 압력중심(Center of pressure)에 대한 설명으로 올바른 것은?
① 날개에서 양력과 항력이 작용하는 점이다.
② 받음각과는 관계가 없다.
③ 수평비행 중 속도가 빨라지면 전방으로 이동한다.
④ 비행자세에 영향을 받지 않는다.

227 다음 중 날개의 끝을 뿌리보다 높게 하는 상반각에 대한 설명으로 올바른 것은?
① 비행 중 항력이 작아진다.　　② 옆 미끄럼을 방지한다.
③ 선회성능이 좋아진다.　　④ 날개 끝 실속을 방지한다.

228 다음 중 날개에서 발생하는 항력에 가장 많은 영향을 주는 것은?
① 공기밀도　　② 날개의 면적
③ 날개 시위의 길이　　④ 공기 흐름의 속도

229 다음 중 날개에 비틀어내림(Wash out)을 적용하는 이유에 대한 설명으로 가장 올바른 것은?
① 날개끝 실속(Wing tip stall)을 방지하고 스핀을 좋게 위해
② 스핀(Spin)을 방지하기 위해
③ 날개끝 실속을 방지하여 곡기비행을 좋게 하기 위해
④ 날개끝에서 먼저 발생하는 실속을 억제하여 뿌리 부분에서 먼저 발행하도록 하기 위해

230 다음 중 여유마력에 대한 설명으로 올바르지 <u>않은</u> 것은?
① 여유마력이 '0'일 때는 상승비행 상태이다.
② 동력비행장치의 상승력은 여유마력에 의해 결정된다.
③ 여유마력=이용마력−필요마력
④ 이용마력이 크고 필요마력이 작을수록 여유마력이 커진다.

231 공기의 밀도는 동력비행장치의 추력에 영향을 준다. 이 공기밀도의 압력과 온도의 변화에 대한 설명이다. 다음 중 올바른 것은?

① 공기밀도는 압력과 온도가 각각 증가할 때 비례하여 커진다.
② 공기밀도는 온도가 증가하면 증가하고 압력이 증가하면 감소한다.
③ 공기밀도는 온도가 증가하면 감소하고 압력이 증가하면 커진다.
④ 공기밀도는 압력과 온도가 각각 증가할 때 반비례하여 감소한다.

232 다음 중 날개의 공력 평균 시위에 대한 설명으로 올바른 것은?

① 날개끝 실속을 방지하기 위해 별도로 설정한 시위이다.
② 받음각이 증가하면 모멘트 값이 변하는 시위이다.
③ 기하학적 평균 시위라고도 한다.
④ 날개의 공기력을 대표하는 날개 시위이다.

233 다음 중 날개의 양력에 대한 설명으로 가장 올바른 것은?

① 날개에 작용하는 공기력으로 공기흐름방향의 수직 윗방향으로 작용하는 힘이다.
② 날개에 작용하는 공기력으로 동체의 세로축방향으로 작용하는 힘이다.
③ 날개에 작용하는 공기력으로 기체의 수평면 방향으로 작용하는 힘이다.
④ 날개에 작용하는 공기력으로 비행장치의 전진력에 대한 저항력이다.

234 엔진의 출력을 일정하게 하고 수평비행 상태를 유지하여 비행하면 연료소비에 따라 무게가 감소한다. 다음 중 이에 대한 변화를 설명한 것으로 올바른 것은?

① 속도는 빨라지고 양력계수는 일정하다.
② 속도는 빨라지고 양력계수는 작아진다.
③ 속도가 늦어지며 양력계수가 커진다.
④ 속도가 늦어지며 양력계수가 작아진다.

235 다음 중 선회비행 중에는 수평직선비행보다 더 많은 양력이 필요한 원인으로 가장 올바른 것은?

① 선회 중 기수가 틀어짐에 따라 추력이 감소하기 때문에
② 선회경사(bank)로 인해서 날개의 투영 면적이 작아지기 때문에
③ 도움날개(Ailerons)의 작동으로 항력이 증가하기 때문에
④ 선회 중 발생하는 원심력과 중력의 합력 때문에

236 다음 중 등속수평비행에서 수평비행과 수직비행의 조건으로 올바른 것은?

① 수평방향 : 양력 = 중력, 수직방향 : 추력 = 항력
② 수평방향 : 추력 = 항력, 수직방향 : 양력 = 중력
③ 수평방향 : 양력 > 중력, 수직방향 : 추력 < 항력
④ 수평방향 : 추력 < 항력, 수직방향 : 양력 > 중력

> **해설** 등속수평비행은 일정한 속도(등속)와 일정한 고도(수평)로 비행하는 것을 말한다. 이때 항공기에 작용하는 추력, 항력, 양력, 중력 등 힘이 평행을 이루게 된다. 수평방향으로는 추력과 항력이, 수직방향으로는 양력과 중력이 동일한 힘으로 유지될 때 가능하다.

237 수평 등속비행 상태에서 연료소비에 따라 날개에 걸리는 하중이 감소하게 된다. 이때 수평 등속비행 상태를 유지해야 한다면 다음 중 어떤 조작을 해야 하는가?

① 출력을 줄이고 기수를 내린다.
② 출력을 줄이고 기수를 들어 올린다.
③ 출력을 증가시키고 기수를 내린다.
④ 출력을 증가시키고 기수를 들어 올린다.

238 다음 중 수평 등속도 비행 중에 속도를 증가시키고 그 상태에서 수평비행을 하기 위해서는 받음각을 어떻게 변화 시켜야 하는가?

① 감소시킨다.
② 증가시킨다.
③ 변화시키지 않는다.
④ 받음각과는 무관하다.

239 다음 중 비행기가 수평비행 중 등속도 비행을 하기 위한 조건은?

① 항력이 양력보다 커야 한다.
② 양력과 항력이 같아야 한다.
③ 항력과 추력이 같아야 한다.
④ 양력과 무게가 같아야 한다.

> **해설** 비행기가 속력이 빨라질수록 항력이 커지고 어느 순간 추력과 항력이 같아지면 비행기는 등속비행이 가능해진다.

240 다음 중 비행기가 상승선회할 때 양력의 수직분력과 중량(무게)과의 관계는?

① 양력의 수직분력 > 중력
② 양력의 수직분력 < 중력
③ 양력의 수직분력 = 중력
④ 양력의 수직분력과 중력은 관계가 없다.

> **해설** 비행기가 상승비행을 하려면 양력의 수직분력은 중력보다 커야 한다. 반면에 하강비행을 할 경우에는 중력이 수직분력보다 작아야 한다.

241 다음 중 선회(Turn)에 대한 설명으로 올바르지 않은 것은?

① 무게가 무겁고 속도가 느릴수록 선회반경이 작아진다.
② 수평비행에서 선회를 할 경우 정상선회를 위해는 기수를 올리거나 발동기의 출력을 높일 필요가 있다.
③ 정상선회에서 선회경사가 클수록 선회반경이 작아진다.
④ 선회 중인 비행장치는 수평직선비행일 때보다 날개에 걸리는 하중이 감소한다.

> **해설** 선회 반경을 최소로 하려면 비행속도 최소, 경사각 최대, 양력계수 최대로 맞춰야 한다.

242 다음 중 수평비행상태에서 날개 윗면과 아랫면의 공기의 흐름에 대한 설명으로 올바른 것은?

① 날개 아랫면보다 윗면의 흐름 속도가 크고 정압이 크다.
② 날개 아랫면보다 윗면의 흐름 속도가 크고 동압이 작다.
③ 날개 아랫면보다 윗면의 흐름 속도가 크고 전압이 크다.
④ 날개 아랫면보다 윗면의 흐름 속도가 크고 정압이 작다.

243 다음 중 날개의 면적은 변함이 없이 같은 조건으로 날개의 가로세로비(Aspect ratio)를 크게 했을 경우에 대한 설명으로 올바르지 않은 것은?

① 유도항력계수가 작아진다.
② 활공거리가 길어진다.
③ 유도항력이 작아지고 활공거리가 길어진다.
④ 유도항력이 커지고 착륙거리가 짧아진다.

244 정상선회를 시도하는 중 조종자의 몸이 선회하고자 하는 방향으로 쏠리는 느낌을 받았을 때의 상황에 대한 설명이다. 다음 중 올바르지 않은 것은?

① 비행장치의 경사각(Bank)이 정상보다 작다.
② 러더(Rudder)의 조작량이 정상보다 작다.
③ 내활(Slip) 상태이므로 스핀(Spin)의 위험이 있다.
④ 경사각을 줄여야 한다.

245 날개에서 흐름의 떨어짐으로 인해 실속을 억제하기 위한 장치로 와류발생기(Vortex generator)를 장치해야 한다. 다음 중 이에 대한 설명으로 올바르지 않은 것은?

① 층류경계층보다 난류경계층에서 흐름의 떨어짐이 잘 일어나지 않기 때문이다.
② 골프공의 저항을 감소하기 위해 작은 홈을 만들어주는 원리와 같다.
③ 날개의 윗면을 거칠게 하여 난류경계층을 만들기도 한다.
④ 경계층 내부의 느린 입자가 외부의 빠른 속도의 유체입자에게 운동에너지를 주기 때문이다.

246 다음 중 수평선회 중에 속도가 증가하였다면 고도를 유지시키기 위한 방법은?

① 받음각과 경사각을 감소시킨다.
② 받음각과 경사각이 증가되어야 한다.
③ 받음각이 증가되거나 경사각이 감소되어야 한다.
④ 받음각이 감소되거나 경사각이 증가되어야 한다.

247 다음 중 총 무게가 12kg인 비행장치가 60도의 경사로 동 고도로 선회할 때 총하중계수는 얼마인가?

① 12kg   ② 24kg
③ 36kg   ④ 48kg

248 다음이 설명하는 용어는?

> 날개골의 임의 지점에 중심을 잡고 받음각의 변화를 주면 기수를 들리고 내리는 피칭모멘트가 발생하는데 이 모멘트의 값이 받음각에 관계없이 일정한 지점을 말한다.

① 압력중심(Center of Pressure)   ② 공력중심(Aerodynamic Center)
③ 무게중심(Center of Gravity)   ④ 평균공력시위(Mean Aerodynamic Chord)

[해설] 압력중심은 에어포일 표면에 작용하는 분포된 압력의 힘으로 한 점에 집중적으로 작용한다고 가정할 때 이 힘의 작용점이다. 날개에 있어서 양력과 항력의 합성력(압력)이 실제로 작용하는 적용점으로서 받음각이 변함에 따라 위치가 변한다.

249 다음 중 비행기의 선회에 영향을 미치는 힘은?
① 추력과 수직양력분력
② 수직양력분력
③ 수평양력분력
④ 추력

250 동력비행장치 기관의 최대회전수가 6000RPM이다. 프로펠러의 깃끝 속도를 제한하기 위해 2:1 비율의 감속기어를 장착했다면 이륙을 위해 최대출력상태에서 프로펠러는 1분 동안에 몇 회전을 하는가?
① 6000회전
② 3000회전
③ 12000회전
④ 5800회전

251 다음 중 항공기 날개에 작용하는 양력에 대한 설명으로 올바른 것은?
① 밀도 자승에 비례
② 날개면적의 제곱에 비례
③ 속도 자승에 비례
④ 양력계수의 제곱에 비례

252 다음 중 비행기가 수평으로 날고 있을 때 하중계수는?
① 0.5
② 1
③ 2
④ 4

253 다음 중 항공기가 과하중(overload)되었을 때 나타나는 현상에 포함되지 않는 것은?
① 상승각이 적어진다.
② 실속(stall)속도가 작아진다.
③ 활공각이 증가한다.
④ 이륙거리가 증가한다.

254 다음 중 유도항력이 최소인 날개꼴은?
① 직사각형날개
② 테이퍼날개
③ 타원날개
④ 뒤젖힘날개

> **해설** 날개가 유선형이 되어야 공기 흐름을 잘 탄다.

255 다음 중 수평 비행 시 상승으로 전환했을 때 영각이 증가하고 양력은 어떻게 되는가?

① 증가한다. ② 감소한다.
③ 증가하다 감소한다. ④ 변화 없다.

256 다음 중 항공기의 일반적인 구조물의 안전계수는?

① 1 ② 1.5
③ 2 ④ 2.5

[해설] 안전계수는 안전율이라고도 하며 재료의 기준강도와 허용응력의 비를 구하는 계수이다.

257 다음 중 비행 중 항력이 추력보다 크면?

① 가속도 운동 ② 감속도 운동
③ 등속도 운동 ④ 정지

[해설] 항력이 추력보다 크면 비행기의 속도가 늦어진다.

258 다음 중 비행기가 상승 선회할 때 양력의 수직분력과 중량(무게)과의 관계는?

① 양력의 수직분력 > 중력 ② 양력의 수직분력 < 중력
③ 양력의 수직분력 = 중력 ④ 양력의 수직분력과 중력은 관계가 없다

259 비행기의 무게가 405kg이다. 이 비행기가 정상선회를 할 때 2배의 하중계수가 작용하고 있다면 이 비행기의 선회 경사각은 얼마인가?

① 70도 ② 60도
③ 45도 ④ 30도

260 다음 중 필요마력이 최소속도가 되는 비행속도는?

① 이륙속도 ② 최대항속거리 속도
③ 최대항속시간 속도 ④ 착륙속도

261 다음 중 착륙거리를 짧게 하는 조건에 포함되지 않는 것은?
① 양력계수를 증가 시킨다. ② 표면 마찰력을 증가 시킨다.
③ 익면하중을 크게 한다. ④ 플랩을 이용한다.

262 다음 중 비행기의 상반각을 주는 주된 목적은?
① 옆미끄럼을 방지 가로안정성을 좋게 한다.
② 익단실속을 방지한다.
③ 유도항력을 적게 한다.
④ 키놀이 모멘트에 대한 안정성을 준다.

263 다음 중 이륙성능을 향상시키는 방법 중에 포함되지 않는 것은?
① 양력을 크게 한다. ② 기체의 항력을 작게 한다.
③ 날개 하중을 크게 한다. ④ 정지 추력을 크게 한다.

264 다음 중 유체속도와 유체압력에 대한 설명으로 올바른 것은?
① 유체속도가 빠르면 압력은 낮아진다. ② 유체속도는 압력에 비례를 한다.
③ 유체압력은 속도와 비례를 한다. ④ 유체속도는 압력과 무관하다.

265 다음 중 완전기체란?
① 포화상태에 있는 포화증기를 말한다. ② 점성과 마찰을 무시한 유체를 말한다.
③ 체적탄성계수가 언제나 일정한 기체이다. ④ 높은 압력에서의 기체를 말한다.

266 다음 중 일정한 압력상태에서 공기의 온도가 하강하면 나타나는 현상으로 올바른 것은?
① 공기밀도가 증가한다. ② 공기밀도가 감소한다.
③ 공기밀도와는 무관하다. ④ 공기 분자량이 감소한다.

255 ① 256 ② 257 ② 258 ① 259 ② 260 ③ 261 ② 262 ① 263 ③ 264 ① 265 ② 266 ①

267 다음 중 주울((joule)이 나타내는 단위는?

① 일(work) ② 질량(mass)
③ 힘(power) ④ 운동량

해설　1주울(1J)은 1뉴턴(1kg의 물체에 1m/s2의 가속도를 생기게 하는 힘)의 저항을 이겨내고 물체를 이동시키는데 필요로 하는 일을 말한다.

268 다음 중 일(Work)에 대한 정의로 올바른 것은?

① 반동력 ② 일정거리에 작용하는 힘
③ 추력 ④ 열을 낼 수 있는 단위

해설　일은 물체를 어떤 힘으로 일정거리 만큼 움직였을 때 그 힘은 일을 했다고 한다.

269 다음 국제표준단위 중 압력(Pressure)의 단위는?

① NM(Newton Meter) ② 몰(Mol)
③ kg/mm² ④ 파스칼(Pascal)

해설　몰(mol)은 원자나 분자를 세는 단위를 말하고 압력의 단위는 파스칼(pa)이다.

270 다음 중 동력(Power)에 대한 설명으로 올바른 것은?

① 일정거리에 작용한 힘의 결과 ② 단위 시간에 이뤄진 일의 양
③ 일할 수 있는 능력 ④ 잠재적인 운동량

해설　역학적으로 정의하면 동력은 기계가 일을 할 때 단위시간에 이뤄지는 일의 양을 나타낸다.

271 다음 중 길이를 나타내는 국제표준 단위는?

① 밀리미터 ② 미터
③ 킬로미터 ④ 입방미터

해설　1m는 북극에서 적도까지 지구 자오선 길이의 1000만분의 1로 프랑스는 1799년 국가표준으로 정했다.

272 다음 중 물체가 일정 용액 속에 잠기면 물체가 용액 속에서 뜨거나 물체의 무게만큼의 용액이 밖으로 흘러나오는 현상은?

① 샬의 법칙
② 아르키메데스의 원리
③ 베르누이의 정리
④ 파스칼의 원리

해설) 아르키메데스의 원리는 어떠한 물체를 유체에 넣었을 때 그 물체가 받게 되는 부력의 크기는 물에 잠긴 물체의 부피에 작용하는 중력과 동일하다는 원리를 말한다.

273 다음 중 벡터와 스칼라량과 관련이 없는 요소는?

① 힘
② 소리
③ 밀도
④ 속도

해설) 벡터는 크기와 방향을 동시에 나타내는 물리량으로 변위, 힘, 속도, 가속도 등이 있다. 스칼라량은 일상생활에서 대부분 크기만을 나타내며 길이, 질량, 시간, 밀도, 온도, 면적 등이 있다.

274 다음 물리량 중 벡터량에 포함되지 않는 것은?

① 속도
② 면적
③ 양력
④ 가속도

해설) 벡터량은 변위, 속도, 가속도, 힘, 충격량, 운동량, 전기장 세기, 자기장 등이다.

275 다음 중 압력에너지(Press energy)는 압력과 무엇을 곱한 합으로 계산되는가?

① 속도
② 온도
③ 체적
④ 밀도

해설) 압력에너지는 압을 지닌 유체가 지니고 있는 에너지를 말한다.

276 다음 중 일정한 압력상태에서 공기온도가 내려가면 나타나는 현상은?

① 공기의 밀도가 증가된다.
② 공기의 밀도가 감소된다.
③ 공기의 질량을 감소시킨다.
④ 공기의 질량을 증가시킨다.

해설) 압력은 공기의 밀도가 연관돼 있는데 공기가 내려가면 밀도가 증가된다.

267 ① 268 ② 269 ④ 270 ② 271 ② 272 ② 273 ② 274 ② 275 ③ 276 ①

277 다음 중 공기의 흐름이 확산형 덕트를 통과하면 나타나는 현상은?

① 압력상승, 속도상승, 온도상승
② 압력상승, 속도강하, 온도상승
③ 압력강하, 속도상승, 온도상승
④ 압력상승, 속도상승, 온도강하

해설) 항공기 흡입구 중에 아음속에는 확산형 덕트를 사용하고 초음속에는 수축-확산 덕트를 사용한다.

278 다음 중 충격파가 발생할 때 급격히 감소되는 것은?

① 압력
② 속도
③ 온도
④ 밀도

해설) 충격파(shock wave)는 유체 속으로 음속보다도 빠른 속도로 전달되는 강력한 압력파를 말한다. 충격파가 통과할 때 압력, 밀도, 속도 등이 급격히 증가한다.

279 다음 중 마하 1의 속도에 대한 설명으로 올바른 것은?

① 음의 속도와 같다.
② 지상에서의 음의 속도와 같다.
③ 음의 최대속도와 같다.
④ 음의 속도보다 느리다.

해설) 마하 1은 보통 1초에 340m 가는 것을 뜻하지만 기온이 섭씨 15도일 때 기준으로 절대 값은 아니다.

280 다음 중 마하 5 이상의 항공기 속도에 대한 설명으로 올바른 것은?

① 초음속
② 극초음속
③ 천음속
④ 아음속

해설) 마하 5.0 이상이면 극초음속이다.

277 ② 278 ③ 279 ② 280 ②

MEMO

드론 무인멀티콥터 조종자 자격증 필기

CHAPTER 03

항공기상학

- **STEP 1** 기상원리
- **STEP 2** 항공기상

CHAPTER 03 항공기상학

STEP 1   기상 원리

1 용어의 정의

(1) 기상학과 항공기상학의 정의
① 기상학
  기상학(Meteorology)은 일반적으로 '대기와 대기 중에서 일어나는 여러 현상을 연구하는 학문'으로 대기과학(atmospheric science)이라고도 말한다. 대기(Atmosphere)는 지구를 둘러싸고 있는 공기층으로 중력에 의해 지구표면에 밀착돼 지구와 더불어 회전함.
② 항공기상학
  항공기상학(aeronautical meteorology)은 항공기 운항, 비행과 관련된 대기 현상에 대한 연구로 응용기상학의 일부분이다. 응용기상학은 기상학의 지식을 다른 학문 영역이나 인간생활에 활용하기 위한 목적으로 응용하는 학문 분야를 말함.
③ 항공기상관측 : 항공기의 안전한 운항에 필요한 기상정보를 관측
④ 위성관측 : 기상위성으로부터 수신된 자료를 활용해 대기 중의 구름상태를 관측

(2) 지구의 공전과 자전 등
① 공전
  ㉠ 지구가 일정한 궤도로 태양의 주위를 도는 것으로 사계절의 원인임.
  ㉡ 지구의 공전속도는 평균 초속 29.783km/s
② 자전
  ㉠ 지구가 지축을 중심으로 회전하는 것으로 낮과 밤의 원인임.
  ㉡ 지구의 자전속도는 적도를 기준으로 초속 약 465.11m/s
  ㉢ 지구를 중심으로 자전축이 오른쪽으로 23.5° 기울어져 있음.
③ 지구의 구성
  ㉠ 지구표면은 물이 70.8%, 육지가 29.2%로 구성돼 있음.
  ㉡ 태평양, 대서양, 인도양, 북극해, 남극해 등 5개의 바다
  ㉢ 아시아, 유럽, 오세아니아, 아프리카, 남아메리카, 북아메리카 등 6개의 대륙
④ 대기의 구성
  ㉠ 지구의 대기는 질소가 78%, 산소가 21%, 기타 기체가 1% 등으로 구성
  ㉡ 산소는 인간의 생존에 필수적이며 내연기관의 연소에도 요구됨.

ⓒ 질소는 식물의 광합성작용에 필요하며 대기 중에 가장 많이 존재하는 원소
⑤ 북극의 종류
　㉠ 진북(眞北, true north) : 지구의 자전축을 지나는 북쪽
　㉡ 자북(磁北, magnetic north) : 나침반의 N극이 가르키는 북쪽
　㉢ 도북(圖北, grid north) : 지도에 나타나는 좌표의 북쪽

(3) 기상현상과 기상의 7대 요소
① 기상현상 : 기상현상은 대기, 지면, 내륙의 하천과 호수, 해양에서 일어나는 현상을 말함.
② 기상요소(meteorological element)
　㉠ 어떤 지역, 어떤 시간의 기상 특성을 표현하는 요소로써 날씨를 구성하는 요소
　㉡ 기온, 기압, 습도, 풍향과 풍속, 구름의 모양과 양, 강수량, 일사량과 일조시간
③ 기상의 7대 요소 : 기온, 기압, 습도, 구름, 강수, 시정, 바람

2 대기권의 구분

(1) 대기권의 구분
① 대류권(Troposphere)
　㉠ 구름의 생성, 비, 눈, 안개 등이 발생하는 지역
　㉡ 지상에서 평균 고도 11km까지를 말하며 고도가 1000m 상승하면 기온은 6.5도씩 떨어짐.
　㉢ 대기권을 구성하는 기체의 약 75%가 대류권에 분포
② 성층권(Stratosphere)
　㉠ 지표에서 10~50km로 오존층이 존재하며 오존층이 자외선을 흡수함.
　㉡ 지상에서 30km 지점까지이며 고도가 상승하면서 기온이 올라감.
　㉢ 성층권의 아래부문은 대기의 상태가 안정적이고 기상현상이 없어 항로로 이용
③ 중간권(Mesophere)
　㉠ 고도가 상승함에 따라 온도가 내려감.
　㉡ 지상에서 50km에서 90km를 말하며 50km는 0도이지만 90km에서는 −80도
　㉢ 대기가 불안정해 대류현상이 나타나지만 기상현상은 나타나지 않음.
④ 열권(Thermosphere)
　㉠ 고도가 상승함에 따라 기온이 올라가며 공기가 희박함.
　㉡ 태양의 자외선에 의해 자유전자의 밀도가 커지는 층을 전리층(ionosphere)이라고 함.
　㉢ 극지방에서는 청백색 또는 황록색의 오로라현상 나타남.
⑤ 극외권(Exosphere)
　㉠ 극외권은 공기 입자가 희박하고 공기가 분자와 원자 형태로 충돌하는 현상이 적음.
　㉡ 열권의 위쪽으로 고도 500km로부터 시작

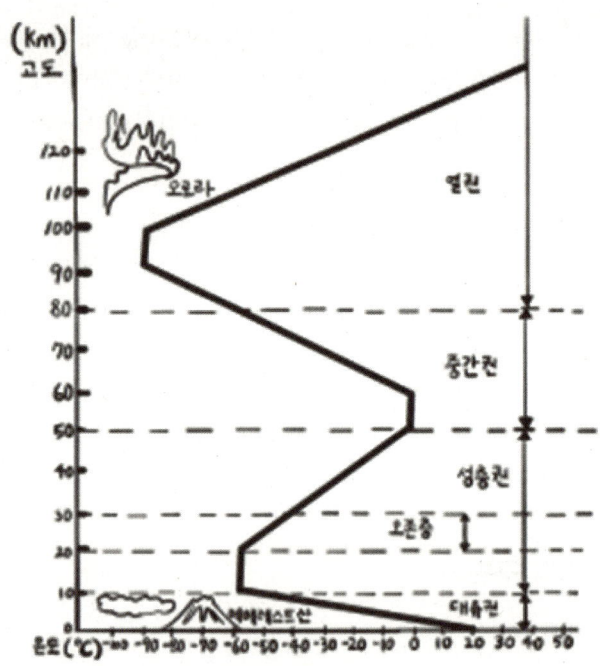

대기권의 분류 |

(2) 대류권계면(Tropopause)

① 정의
대류권계면은 대류권(troposphere)과 성층권(stratosphere) 사이의 전환 지대로 급격한 기온 하락이 나타나는 지역임.

② 대류권계면의 높이
㉠ 적도지방에서는 약 6만5000ft(피트)
㉡ 극지방에서는 2만ft(피트) 또는 그 이상의 다양한 층을 형성
㉢ 겨울보다는 여름에 높게 형성

③ 대류권계면이 조종사에게 중요한 이유
대류권계면은 고고도에서 항공기를 운용하는 조종사에게 적용되며 대류권계면 근처에서 온도와 바람은 항공기 효율, 안락함, 비행안전에 영향을 미친다. 일반적으로 최대 풍속은 대류권계면에 가까운 층에서 발생한다. 이들 강한 바람은 가끔 위험한 난기류인 폭이 좁은 지대의 윈드시어를 발생함.

(3) 공기밀도(Air Density)

① 단위 부피 중에 포함된 공기의 질량을 말하며 1기압 15℃ 일 때 0.001226g/㎤
② 표준 온도와 압력 조건(0℃, 100kPa)에서 건조한 공기의 밀도는 1.2754kg/㎥
③ 같은 온도, 같은 압력에서는 수증기가 포함된 습윤공기의 밀도가 건조공기의 밀도보다 작음.

④ 지표면에서 가장 크며 고도가 상승함에 따라 감소
⑤ 온도가 높아질수록 부피가 팽창하면서 밀도는 낮아짐.

(4) 고도의 정의와 종류
① 정의 : 평균 해수면에서부터 측정한 높이
② 한국에서 해수면의 기준
   ㉠ 인천만의 평균 해수면 높이를 0m로 선정
   ㉡ 인하대학교 구내에 수준 원점의 높이를 26.6871m로 지정
③ 고도의 종류
   ㉠ 기압고도(press altitude) : 고도계 수정치를 29.92 inch Hg에 맞춘 후 지시하는 고도
   ㉡ 지시고도(indicate altitude) : 고도계의 수정치 값을 입력해 얻은 고도계의 지시치
   ㉢ 진고도(true altitude) : 평균 해수면으로부터 항공기까지의 수직 높이(MSL로 표시)
   ㉣ 절대고도(absolute altitude) : 지표면으로부터 항공기까지의 높이(AGL로 표시)
   ㉤ 밀도고도(density altitude) : 기압고도에서 비표준기온을 적용해 얻은 고도

3 바람의 정의와 종류

(1) 바람에 관련된 용어의 정의
① 바람의 정의
   ㉠ 지표면에 대한 공기의 상대운동 중에서 수평방향 성분을 바람이라고 부름.
   ㉡ 태양에너지에 의해 지표면이 가열되면서 발생
② 풍향(wind direction)
   ㉠ 바람이 불어오는 방향을 말하며 풍향은 16방위 또는 36방위를 사용해 나타냄.
   ㉡ 풍향은 북풍은 360°방향(N), 동풍은 90°방향(E), 남풍은 180°방향(S), 서풍은 270°방향(W)으로 진북을 기준으로 시계방향으로 풍향을 나타냄.
   ㉢ 16방위를 사용할 때는 북쪽과 남쪽을 먼저 읽고 남동풍은 'SE', 북서풍은 'NW'로 표시
   ㉣ 풍속이 작고 풍향을 알 수 없는 때는 정온(靜穩)이라고 함.
③ 풍속(wind speed)
   ㉠ 바람이 부는 속도, 크기를 말함.
   ㉡ 풍속의 단위는 m/sec, km/sec, NM/H(kt), SM/H(MPH), km/h 사용
   ㉢ 평균풍속은 10분간의 평균치로 공기가 1초 동안 움직이는 거리 m/s로 표시

(2) 바람에 작용하는 힘
① 기압경도력(pressure gradient force)
   ㉠ 두 지점 사이의 기압차에 의해서는 생기는 힘으로 바람이 부는 근본적인 원인
   ㉡ 기압경도력의 방향은 고기압에서 저기압으로 작용
   ㉢ 등압선이 조밀한 곳일수록 기압경도력이 크므로 바람이 강함.

ⓔ 등압선이 느슨한 곳일수록 기압경도력이 작으므로 바람이 약함.
　② 지표면 마찰력
　　　㉠ 접촉 상태로 운동하고 있는 두 물체 사이의 경계면을 따라 서로 운동을 방해하는 방향으로 작용하는 힘
　　　㉡ 도시의 빌딩, 산맥 등에 의해 가로막혀 있으며 마찰력이 커져 바람이 상대적으로 약하게 붊.
　　　㉢ 지표에 장애물이 없는 평야나 바다에서는 마찰력이 작아서 바람이 강하게 붊.
　　　㉣ 지표면으로부터 고도 1km까지 마찰력이 크게 작용해 바람의 속도와 방향에 영향을 미침.
　　　㉤ 마찰력이 나타나는 대기 경계층에서는 주로 지상풍이 붊.
　　　㉥ 마찰력이 거의 작용하지 않은 자유 대기에서는 상층풍이 붊.
　③ 전향력, 코리올리 힘(Coriolis force)
　　　㉠ 지구의 모양이 타원형이고 지구가 자전하기 때문에 발생하는 힘
　　　㉡ 태풍은 북반구에서는 반시계 방향으로 소용돌이가 생기고 남반구에서는 반대로 생김.
　　　㉢ 전향력은 적도에서는 최소, 극지방에서는 최대
　　　㉣ 태풍이 적도에서 발생하지 않는 이유는 적도에서는 전향력이 0이기 때문임.

(3) 풍속에 따른 바람의 분류
　① 무풍(無風) : 평균 풍속이 1kn(노트) 미만이면 무풍이라고 함.
　② 돌풍(gust)
　　　㉠ 평균 풍속에서 수초 동안 10kn(노트) 이상의 차이가 있는 바람을 돌풍
　　　㉡ 지표면이 불규칙하게 요철을 이루고 있어 바람이 교란돼 발생
　　　㉢ 바람이 일정한 속도로 불지 않고 강약을 반복
　③ 질풍(squall)
　　　㉠ 수분 동안 10kn(노트) 이상의 차이가 있는 바람을 질풍
　　　㉡ 갑자기 15kn(노트) 이상의 속도로 붊.

(4) 바다와 육지의 기온차이에 의해 부는 바람
　① 육풍(Land Breeze) : 밤에는 바다의 온도가 육지에 비해 높아 육지에서 바다로 육풍이 붊.
　② 해풍(Sea Breeze) : 낮에는 육지의 기온이 먼저 상승해 바다에서 육지로 해풍이 불게 됨.

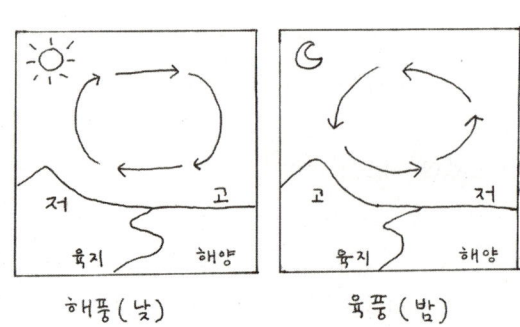

| 해풍과 육풍 |

③ 산곡풍(Mountain and Valley Breeze)
  ㉠ 낮에 산 정상이 계곡보다 가열이 많이 돼 골짜기에서 산 정상으로 발산, 곡풍(골바람)
  ㉡ 밤에 산 정상이 주변보다 기온이 빨리 내려가 정상에서 계곡으로 발산, 산풍(산바람)

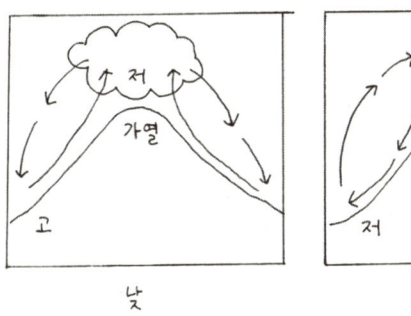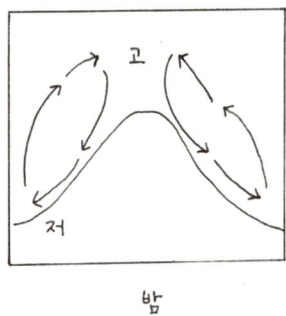

| 산곡풍 |

④ 푄(Foehn)
푄은 공기가 뜨거워지고 건조하면 단열성 압축현상 때문에 대기의 기류가 경사를 따라 내려가는데 이를 말한다. 한국의 동해안 지역에서 나타남.
  ㉠ 습윤한 공기가 산을 넘어 반대쪽으로 불면서 고온 건조한 바람으로 바뀌는 현상
  ㉡ 한국은 초여름 태백산맥을 넘어 영서지방으로 부는 고온 건조한 바람으로 높새바람
  ㉢ 유럽 알프스 산맥을 넘어 스위스로 부는 고온 건조한 바람
  ㉣ 미국의 록키산맥 동사면에서도 푄 현상이 발생

(5) **열대성저기압의 종류**
① 태풍(typhoon)
태풍은 필리핀 근해에서 발생해 동남아시아, 중국, 일본, 한국에 영향을 미치는 바람
② 허리케인(hurricane)
허리케인은 멕시코만에서 발생해 캐러비안 국가, 멕시코, 미국, 캐나다 등에 영향을 미치는 바람
③ 사이클론(cyclone)
사이클론은 인도양에서 발생해 인도, 방글라데시, 미얀마 등에 영향을 미치는 바람
④ 윌리윌리(Willy Willy)
윌리윌리는 태평양 적도 이남에서 발생해 호주, 뉴질랜드에 영향을 미치는 바람

열대성 저기압의 종류 |

(6) 항공기에 부는 바람
　① 정풍(Head Wind)
　　㉠ 항공기의 앞쪽에서 뒤쪽으로 부는 바람으로 맞바람
　　㉡ 이륙과 착륙활주거리를 짧게 함.
　　㉢ 정풍을 안고 이륙하면 상승각이 커지기 때문에 양력발생에 유리함.
　② 배풍(Tail Wind)
　　㉠ 항공기의 뒤쪽에서 앞쪽으로 부는 바람으로 뒷바람
　　㉡ 이륙과 착륙활주거리를 길게 함.
　　㉢ 배풍을 받으면 양력발생이 어려워 이륙 활주거리가 길어짐.
　③ 측풍(Cross Wind)
　　㉠ 항공기의 좌우 옆쪽에서 부는 바람으로 횡풍
　　㉡ 항공기의 운항에 가장 큰 영향을 미치는 바람
　　㉢ 항공기 기체를 바람방향으로 기울여서 극복
　④ 상승기류(Up-Draft) : 지상에서 하늘로 부는 상승풍
　⑤ 하강기류(Down-Draft) : 하늘에서 지상으로 부는 하강풍

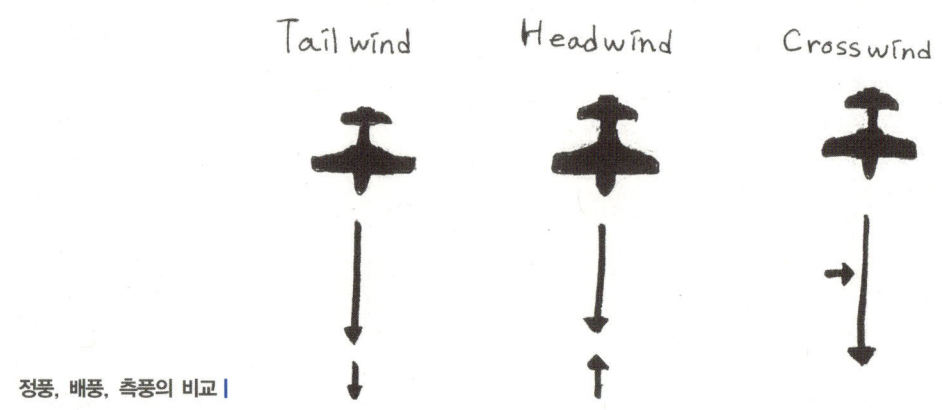

정풍, 배풍, 측풍의 비교 |

(7) 기타 지역별로 부는 바람

① 무역풍(Trade Wind)
무역풍은 적도와 북위 30도 내에서 일정하게 북동풍이나 동풍이 부는 것을 말함.

② 북극 편동풍(Polar Easterlies)
북극 편동풍은 북극과 북위 60도 이내에서 부는 북동풍이나 동풍을 말함.

③ 편서풍(Westerlies)
㉠ 편서풍은 북위 30~60도에서 서풍이 부는 것을 말함.
㉡ 대류권의 하층과 중층 부근 극지방에서부터 아열대 지방 사이에서 붐.
㉢ 좁은 폭을 형성해 아주 강하게 부는 바람을 제트 스트림(Jet stream), 제트기류라고 함.
㉣ 제트기류의 영향으로 한국에서 미국으로 갈 때보다 돌아올 때 시간이 대폭 늘어남.
㉤ 북반구에서는 겨울이 여름보다 강하고 제트기류의 위치가 남쪽으로 이동

④ 몬순(Monsoon), 계절풍
㉠ 겨울철이나 여름철에 대륙성 기후와 해양성 기후의 현격한 온도 차이에서 발생된 바람
㉡ 여름에는 바다에서 대륙으로 불지만 겨울에는 반대로 대륙에서 바다로 붐.
㉢ 한국에서는 겨울에 북서 계절풍, 여름에 남동 계절풍이 붐.
㉣ 일본, 동남아시아, 인도 등에서는 계절풍이 많이 붐.

│ 겨울과 여름에 부는 계절풍 │

(8) 한반도에 영향을 미치는 기단

① 양쯔강기단(cT)
저위도 대륙인 중국 남부 내륙에서 발생해 이동성 고기압과 함께 한반도로 동진해 따뜻하고 건조한 날씨를 형성하며 봄과 가을에 영향 미침.

② 오호츠크해기단(mP)
오호츠크해에 주변의 융설수가 유입되면서 형성된 해양성 한대기단으로 해양의 특성인 많은 습기를 함유하고 비교적 찬 공기를 동반하며 초여름에 영향 미침.

③ 북태평양기단(mT)
북태평양에서 발생한 기단으로 한반도에서 주로 여름에 발달하며 고온다습한 특징을 가진다. 적운과 적란운을 발생하며 여름에 영향 미침.

④ 시베리아기단(cP)
한랭건조한 성질의 대륙성 기단으로 주 발원지가 시베리아, 외몽고지역이다. 늦장마가 끝나는 시기

부터 오호츠크해기단이 영향을 미치는 초여름까지 가장 오랫동안 한반도에 영향을 미치는 기단

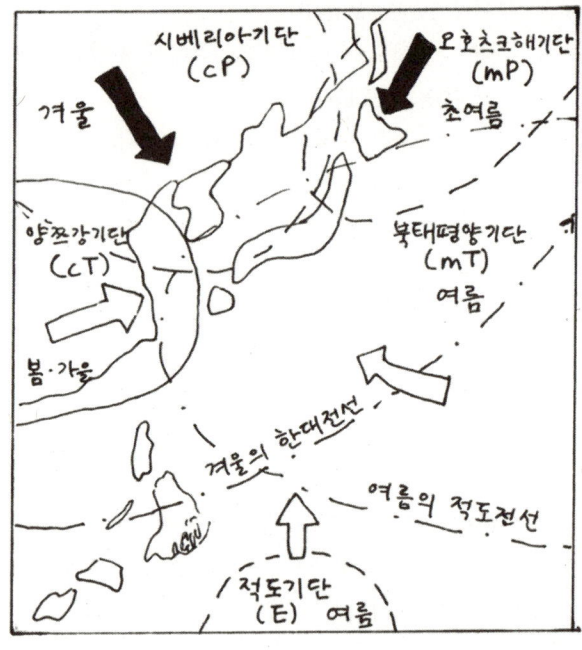

한반도에 영향을 미치는 기단

(9) 전선

찬 기단과 더운 기단은 밀도 차이 때문에 찬 기단은 더운 기단 아래로 들어가도 2개의 기단이 만나는 면을 전선이라고 한다. 경계층이 지면과 만나는 대역을 전선대라고 하며 보통 전선을 형성하는 기단은 기온차로 구분함.

① 온난전선(Warm front)
  ㉠ 온대 저기압의 남동쪽에 있으며 온난한 공기가 한랭한 공기 쪽으로 이동해 가는 전선
  ㉡ 저고도 구름, 두꺼운 구름층
  ㉢ 지속적인 강수현상으로 인한 장시간 시정장애
  ㉣ 전선 하의 지표면에서 갑작스러운 풍향 변화
② 한랭전선(Cold front)
  ㉠ 한랭기단의 찬 공기가 온난기단의 따뜻한 공기 쪽으로 파고들 때 형성되는 전선
  ㉡ 한랭전선 통과 후 강한 바람과 갑작스런 풍향 변화
  ㉢ 한랭전선이 통과 중일 때 저고도 구름, 소나기, 우박, 결빙, 눈, 낙뢰현상
③ 폐색전선(Occluded front)
  ㉠ 저기압에 동반된 한랭전선과 온난전선이 합쳐져 폐색상태가 된 전선
  ㉡ 한국과 대륙 동안에서 겨울철에는 한랭형, 여름철에는 온난형 폐색전선이 형성
  ㉢ 저고도 구름, 두터운 구름층, 지표면 풍향 변화
  ㉣ 소나기로 인한 시정장애 현상과 활주로 수포현상
  ㉤ 구름 속에서 갑작스러운 풍향변화, 결빙, 강풍

④ 정체전선(Stationary front)
  ㉠ 움직이지 않거나 움직여도 매우 느리게 움직이는 전선
  ㉡ 상공의 풍향과 전선이 뻗쳐 있는 방향이 평형을 이루고 있을 때 형성

한랭전선과 온난전선 |

(10) 난기류의 정의와 종류

항공기를 동요시키는 대기의 난류(turbulence)를 말함.

① 청천난기류(CAT)
  청천난기류(CAT)는 고도에 관계없이 발생하지만 특히 제트기류 축 부근에 나타난다. 제트기류는 북위 40°에서 60° 부근에 부는 강한 서풍으로 제트기류 축에서 풍속은 100kn(노트)에 달하기 때문에 조우했을 때 항공기의 고도를 변경하는 것이 가장 좋은 대책임.

② 산악파(山岳波)
  산악파는 바람이 산맥을 넘을 때 생긴다. 산맥에 직각으로 바람이 불면 기류가 산을 넘으려고 상승한다. 대기가 안정되고 건조한 상태이면 상승한 기류는 기온이 낮아져 주위보다 밀도가 커지므로 산꼭대기를 넘으면 하강기류가 된다.
  산악파는 규모가 크고 험준한 산맥에 잘 생기며 바람이 아래층에서 위층으로 수직에 가까운 각도로 불 경우 산맥의 영향이 가장 심하게 된다. 산꼭대기의 풍속이 20노트(약 10m/sec) 이하면 산악파가 발생하지 않음.

③ 대류운 난기류
  대류운 난기류는 발달한 적란운 또는 번개구름에서 생긴다. 번개구름 속에는 난기류 외에도 결빙, 우박, 전자파에 의한 계기장애 등의 위험이 있으며 발달한 번개구름이 있으며 구름에서 10~20km 떨어져 비행하는 것이 좋음.

④ 후류(wake turbulence)에 의한 난기류
  후류에 의한 난기류는 날개 끝, 꼬리날개, 동체, 추력 등에 의해 생성된다. 대형 항공기가 높은 받음각으로 비행할 때 날개 끝에서 발생하는 와류는 뒤따라오는 항공기에게 치명적이 될 수도 있다. 뒤따라오는 항공기는 후류에 의한 영향이 최소가 될 수 있도록 적절한 간격을 유지해야 한다. 항적난기류라고 부르기도 함.

(11) 난기류의 등급과 특징

① 약한(light) 난기류(LGT)
  ㉠ 약간의 불규칙적인 고도와 자세의 변화를 초래하지만 자세 및 고도의 변화 없이 항공기 조종이 가능함.
  ㉡ 대형 항공기에는 영향이 없지만 소형 드론의 비행에는 영향을 미칠 수 있음.
  ㉢ 풍속 25kts 미만의 지상풍이 존재
② 보통(moderate) 난기류(MOD)
  항공기의 고도와 자세의 변화를 초래하지만 항공기 조종이 가능한 상태
③ 심한(severe) 난기류(SVR)
  ㉠ 항공기의 고도와 자세의 급격한 변화를 초래하고 순간적으로 항공기 조종이 불가능한 상태
  ㉡ 좌석벨트를 착용해도 자세유지가 어려울 정도로 심한 상태, 풍속 50kts 이상에서 발생
④ 극심한(extreme) 난기류(XTRM)
  ㉠ 항공기가 급격히 튀어 오르고 조종이 불가능한 상태, 항공기의 구조적 손상을 초래
  ㉡ 풍속 50kts 이상의 산악파에서 발생
⑤ 마이크로버스트(Microburst)
  ㉠ 비교적 단순한 형태의 난기류로 뇌우, 천둥, 번개 등을 동반하지 않고 소규모의 대류운과 관련돼 나타나는 하강기류(down draft)로 하강기류가 지표에 도달한 후 약 5분 내외에 강화
  ㉡ 항공기가 마이크로버스트를 통과할 때 맞바람과 뒷바람의 풍속차가 약 50kts정도나 됨.
  ㉢ 도플러 레이더가 마이크로 버스트를 탐지하고 경보하는데 효과적임.

(12) 윈드시어(wind shear)

① 정의
  ㉠ 바람의 방향이나 세기가 갑자기 바뀌는 현상
  ㉡ 발생 원인은 뇌우, 전선, 복사역전층, 해륙풍, 지형의 영향 등
② 윈드시어가 발생하는 조건
  ㉠ 저고도 기온 역전(low-level temperature inversion) 지역
  ㉡ 전선지역(frontal zone) 또는 뇌우 발생 지역
  ㉢ 제트기류 또는 강한 순환(circulator) 기류가 있는 고고도에서 청천난류(CAT) 지역
③ 저고도 윈드시어(low-level wind shear)
  ㉠ 일출 전과 일출 후 몇 시간이 지난 후 지면의 급격한 기온하락으로 기온역전층이 형성
  ㉡ 고도 2000~4000ft(피트)에서 25kn(노트) 이상이 형성되면서 저고도 윈드시어가 발생
  ㉢ 역전층 아래는 비교적 약한 바람이 형성되지만 상부에는 강한 바람이 형성

4 구름의 정의와 종류

(1) 구름에 관련된 용어의 정의
① 구름 : 구름은 아주 작은 물방울이나 얼음입자가 하늘에 떠 있는 것을 말함.
② 운형과 운고
　㉠ 운형(雲形) : 구름의 겉모양
　㉡ 운고(雲高, cloud heights) : 지표면(AGL)에서 구름층 하단까지의 높이
③ 구름이 만들어지는 조건
　㉠ 풍부한 수증기 : 상승하는 공기덩어리에 충분한 수증기 함유
　㉡ 냉각작용 : 찬 지표면의 냉각이나 단열팽창으로 수증기가 단열냉각
　㉢ 응결핵 : 미세먼지, 화산입자, 소금입자 등이 수증기의 응결표면을 제공
④ 구름이 만들어지는 과정
　㉠ 바람이 수직적으로 이동하면서 공기의 단열팽창과 기온하강으로 구름이 생성
　㉡ 저기압에서는 대기의 상승으로 구름이 생성, 비가 내림.
　㉢ 고기압에서는 대기의 하강으로 구름이 소산, 맑은 날씨

(2) 운형에 따른 분류
① 난운(亂雲, nimbus) : 가장 낮은 구름을 말하며 고도 500~1000m 사이에 형성돼 비를 내림.
② 층운(層雲, stratus) : 구름 밑면이 일정하며 고도 2000m 미만에서 발생하는 회색구름
③ 적운(積雲, cumulus) : 뭉게구름
④ 권운(卷雲, cirrus)
　권운은 백색 새깃(feather-like)과 같은 구름으로 얇게 형성되는 권층운 구름이다. 새털구름을 말하며 가느다란 얼음결정(ice crystals)으로 형성됨.

(3) 형성고도에 따른 분류

	고도	종류	약어	한글 명칭	특성
상층운	6000m 이상	권운(Cirrus)	Ci	털구름, 새털구름	빙정
		권적운(Cirrocumulus)	Cc	털쌘구름, 조개구름	빙정
		권층운(Cirrostratus)	Cs	털층구름	빙정
중층운	2000m 이상	고적운(Altocumulus)	Ac	양떼구름, 높쌘구름	빙정
		고층운(Altostratus)	As	높층구름,	이슬비
		난층운(Nimbostratus)	Ns	비층구름	비
하층운	2000m 이하	층적운(Stratocumulus)	Sc	층쌘구름	가랑비, 싸락눈
		층운(Stratus)	St	층구름	
적운계 구름	600~6000m	적운(Cumulus)	Cu	뭉게구름	물방울
	1만2000m까지	적란운(Cumulonimbus)	Cb	쌘비구름	비

구름의 종류 I

(4) 운량(Amount of clouds)에 따른 분류

① CLR(Clear) : 1만2000ft 이하 구름 없음
② FEW(Few) : 1/8 ~ 2/8, 구름 조금
③ SCT(Scattered) : 3/8 ~ 4/8, 절반 구름
④ BKN(Broken) : 5/8 ~ 7/8, 구름 많음
⑤ OVR(Overcast) : 8/8, 구름이 하늘을 가림

(5) 차폐(obscured)와 실링(ceiling)

① 차폐(obscured) : 안개, 먼지, 연기, 강우 등으로 우시정이 7마일 이하로 하늘이 가려질 때
② 실링(ceiling) : 운량이 최소 5/8 이상 덮인 하늘의 가장 낮은 구름의 높이

5 안개의 정의와 종류

(1) 안개가 형성되는 요인
① 이슬점(dew point)까지 냉각된 공기
② 공기에 다량의 수증기 함유
③ 공기 중에 응결핵 다수
④ 바람이 약하고 대기의 기온이 역전

(2) 안개에 관련된 용어의 정의
① 안개(Fog)
  ㉠ 대기 중의 수증기가 응결해서 커지면서 지표면에 접해 있거나 가까이에 있는 현상
  ㉡ 시정이 1km 미만인 경우
② 육무와 해무
  ㉠ 육무 : 육지에서 발생하는 안개
  ㉡ 해무 : 해상에서 발생하는 안개
③ 연무(mist), 옅은 안개,
  ㉠ 시정이 1km 이상 10km 이내로 옅은 수증기가 떠 있는 현상
  ㉡ 기온/이슬점 분포(spread)가 2.4℃이상일 때
④ 박무(haze), 실안개
  ㉠ 안개 입자보다 작은 물방울이 무수히 떠 있어 시정이 나쁜 상태
  ㉡ 기온/이슬점 분포(spread)가 2.3℃이하일 때

(3) 냉각에 따른 분류
① 복사안개(radiation fog)
  ㉠ 맑고 바람이 없는 야간에 지면이 주변 공기를 이슬점까지 냉각시키면서 발생
  ㉡ 방사안개, 지면안개, 땅안개(ground fog)라고 부름.
② 이류안개(advection fog)
  ㉠ 온난 다습한 공기가 차가운 지표면으로 이류해 발생
  ㉡ 겨울철에 주로 형성되며 주야간을 구분하지 않고 광범위한 지역에서 발생
  ㉢ 바다에서 발생하는 이류안개는 바다안개라고 부름.
③ 활승안개(upslope fog)
  ㉠ 습윤한 공기가 완만한 경사면을 따라 올라갈 때 단열팽창 냉각됨에 따라 형성
  ㉡ 산안개(mountain fog)는 대부분 활승안개이며 바람이 강해도 형성

(4) 기타 안개의 발생원인
① 증기안개(steam)
  ㉠ 대기가 불안정한 상태에서 차가운 공기가 따뜻한 수면으로 이동하면서 발생
  ㉡ 하층에서부터 가열되어 발생
  ㉢ 겨울철 서해안에서 잘 발생

② 빙무(ice fog) 안개
　　㉠ 온도가 아주 낮아 수증기가 승화돼 발생
　　㉡ 영하 32℃ 이하에서 발생
　　㉢ 복사안개의 생성원인과 동일하고 고위도 극지방에서 잘 발생
③ 스모그(Smog, Smoke + fog)
　　㉠ 도시의 매연, 미세먼지 등이 오염물질이 안개모양의 기체로 형성
　　㉡ 항공기의 운항에 영향을 미침.

6 뇌우의 정의와 종류

(1) 뇌우(thunderstorm)의 정의

번개와 천둥을 발생시키는 하나의 폭풍우를 말하며 돌풍, 폭우, 우박을 발생시킴.

① 뇌우의 발생조건
　　㉠ 풍부한 수증기
　　㉡ 불안정한 기온 감소율(불안정한 공기)
　　㉢ 최초 기류의 상승작용(기류를 위로 밀어 올리는 힘)
② 뇌우의 위험
　　㉠ 돌풍과 갑작스러운 풍향 변화
　　㉡ 번개, 우박, 저온으로 인한 결빙
　　㉢ 소나기나 강설로 인한 시정장애와 활주로 수포현상
　　㉣ 구름 속에서는 극심한 요란, 구름 아래 부분에는 강한 하강기류

(2) 뇌우의 종류

① 기단(air mass) 뇌우
　지표면의 가열에 의해서 발생하는 뇌우로 대부분의 뇌우가 이에 속한다. 불안정한 공기 속에서 갑자기 발생하고 1~2시간 정도만 지속된다. 이와 같은 뇌우는 늦은 오후와 오후 중간 대에 육지에서 자주 발생하고 최고의 강도를 보임.
② 지속성(steady-state) 뇌우
　일반적으로 뇌우선을 형성하고 수 시간 지속되면서 많은 양의 비와 때로는 우박을 퍼부을 수 있다. 강한 돌풍(gust)과 회오리바람(tornadoes)이 발생할 가능성이 높음.

(3) 뇌우의 생성주기(Life cycle)

① 적운(cumulus) 단계
　지속적인 상승풍(updraft)이 발생하고 성장률은 분당 3000피트를 초과하면서 급속히 적운형 구름(cumulus cloud)을 형성

② 성숙(mature) 단계
구름 하단으로부터 강수가 시작될 때 하강기류가 발달하면서 성숙단계로 접어들고 이 때 최대의 강도에 도달
③ 소멸(dissipating) 단계
현저한 하강기류가 형성되고 폭풍은 급속히 소멸

7 온도와 관련된 기상현상의 정의와 종류

(1) 온도의 정의와 종류

① 온도의 정의와 특징
  ㉠ 온도는 물체의 차고 더운 정도를 수량적으로 표시한 것
  ㉡ 기온은 공기의 차고 더운 정도를 수량으로 나타낸 것
  ㉢ 비등점 : 액체 내부에서 기포가 생겨 기화현상이 일어나는 온도
  ㉣ 빙점 : 액체를 냉각시켜 고체로 변하기 시작할 때의 온도

② 온도의 종류
  ㉠ 섭씨온도(Celsius, ℃)
     섭씨온도는 1기압에서 물의 어는점을 0℃, 끓는점을 100℃로 정해 100등분한 온도
  ㉡ 화씨온도(Fahrenheit, ℉)
     화씨온도는 가장 낮은 온도를 0℉로 정의하고 물의 어는점을 32℉, 끓는점을 212℉로 정해 180등분한 온도
  ㉢ 절대온도(Kelvin, K)
     절대온도는 이론상 생각할 수 있는 최저온도를 기준으로 하는 온도 단위이며 모든 원자의 운동이 정지된다. 기준점인 0K는 이상 기체의 부피가 0이 되는 극한 온도 −273.15℃임.

> **섭씨온도, 화씨온도, 절대온도의 환산방법**
> 1. 섭씨온도와 화씨온도의 관계
>   ① ℉ = 1.8℃ + 32
>   ② ℃ = 5/9(℉−32) = 0.56(℉−32)
> 2. 절대온도와 섭씨온도의 관계
>   ① K = ℃ + 273.15
>   ② ℃ = K − 273.15

③ 기온의 측정
  ㉠ 온도계를 사용해 기온을 잴 경우에는 통풍이 잘 되는 곳에서 직사광선을 피해서 측정
  ㉡ 백엽상 내부 지표 1.5m 높이에서 측정
  ㉢ 해상에서 측정 시는 선박의 높이를 고려해 약 10m의 높이에서 측정
  ㉣ 오전 9시의 기온을 기준으로 하며 하루의 평균기온은 6시간마다, 4시간마다, 3시간마다 관측한 값을 평균해 구함.

④ 고도상승에 따른 온도의 변화
   ㉠ 해수면에서 표준 온도는 15℃
   ㉡ 1000ft 상승할 때마다 2℃씩 하락
⑤ 기온이 항공기의 활주거리에 미치는 영향
   ㉠ 기온이 오르면 공기밀도가 낮아져 항공기의 양력을 방해해 이륙 활주거리가 길어짐.
   ㉡ 기온이 오르면 공기밀도가 낮아져 빠른 속도로 착륙하기 때문에 착륙 활주거리도 길어짐.
   ㉢ 기온이 낮아지면 공기의 밀도가 높아져 양력발생에 유리해 이륙 활주거리가 짧아짐.
⑥ 전열, 현열, 잠열 등
   ㉠ 현열(Sensible Heat)은 물체를 가열, 냉각시키면 변화하는 열량으로 사람의 감각으로 인지가 가능함.
   ㉡ 잠열(Latent Heat)은 물체가 고체에서 액체, 액체에서 기체 등으로 상태가 변화될 때 사용하는 열량으로 온도는 변하지 않음
   ㉢ 전열(Total Heat)은 현열과 잠열을 합친 전체적인 열
   ㉣ 비열(Specific Heat)은 어떤 물질 1g의 온도를 1℃ 높이는데 필요한 열량으로 단위는 kcal/(kg·℃), cal/(g·℃)로 나타냄
⑦ 온도와 공기의 밀도 관계
   ㉠ 공기의 밀도는 항공기의 이륙, 상승률, 최대하중, 대기속도 등에 영향을 미침.
   ㉡ 밀도 = 압력 = 온도

$$\frac{\rho 1}{\rho 2} = \frac{P1}{P2} = \frac{T2}{T1}$$

   ㉢ 압력이 높을수록 밀도는 증가하고, 압력이 낮을수록 밀도는 감소
   ㉣ 밀도는 온도가 높을수록 감소, 온도가 낮을수록 증가

(2) 기온감율과 기온역전(temperature inversion) 현상
   ① 기온감율
      ㉠ 고도가 올라가면서 기온이 내려가는 현상
      ㉡ 표준대기에서 1000ft당 2℃ 하락
   ② 기온역전
      ㉠ 고도가 상승하면서 기온이 올라가는 현상
      ㉡ 상층부(aloft) 기온역전 : 상층부의 따듯한 공기가 찬 공기 위로 상승해 지표면 근처는 정상 기온을 유지하지만 일정 고도에서는 역전현상이 발생
      ㉢ 지표면(ground-base) 기온역전 : 맑고 미풍이 존재하는 서늘한 밤에 지표면이 공기보다 빠르게 냉각되면서 역전층이 형성된다. 지표면 역전은 안개, 연기, 기타 시정 장애물을 낮은 고도에 머물게 하기 때문에 시정이 매우 불량함.

(3) 습도의 정의와 종류

습도는 공기 중에 수증기가 포함돼 있는 정도 또는 그 양을 나타낸다. 수증기는 물이 증발해 생긴 기체, 또는 기체 상태로 돼 있는 물을 말하며 공기의 건습정도를 표현

① 수증기량
　수증기량은 공기 중에 포함된 수증기의 절대량을 표현하며 건조공기 1kg에 대응하는 수증기의 양을 g으로 표현하며 'g/kg'으로 나타냄.
② 수증기압
　수증기압은 수증기의 부분압력을 말하며 단위는 hPa, mb이고 기호는 e(Evaporation)로 표시함.
③ 절대습도 : 절대습도는 1㎥ 공기 중에 포함돼 있는 수증기의 g수
④ 상대습도 : 공기 속에 있는 수증기의 양과 그 온도에서의 포화 수증기량의 비율
　㉠ 포화 : 공기 중의 수증기량인 상대습도가 100%
　㉡ 불포화 : 공기 중의 수증기량인 상대습도가 100%이하
　㉢ 과포화 : 공기 중의 수증기량인 상대습도가 100% 이상

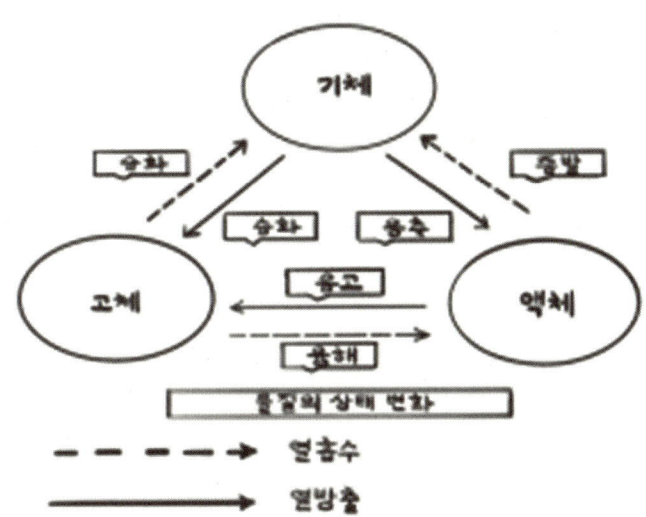

| 고체, 액체, 기체의 변화 |

⑤ 수증기의 상태변화
　㉠ 액체의 증발(Evaporation) : 액체가 기체로 변화
　㉡ 액체의 응결(Freezing) : 액체가 고체로 변화
　㉢ 고체의 융해(Melting) : 고체가 액체로 변화
　㉣ 고체의 승화(Sublimation) : 고체가 기체로 변화
　㉤ 기체의 승화(Sublimation) : 기체가 고체로 변화
　㉥ 기체의 액화(Liquefaction) : 기체가 액체로 변화
⑥ 응결핵(Condensation) : 대기 중의 가스혼합물, 먼지, 연소 부산물 등 부유입자
⑦ 과냉각수(Supercooled Water) : 0℃ 이하에서 응결되지 않고 액체 상태로 남아 있는 물방울

(4) 기압의 정의와 종류
기압은 대기의 압력을 말하며 단위는 hPa이며 소수 첫째 자리까지 측정함.

① 표준기압
  ㉠ 수은주 760mm 높이에 해당하는 기압을 표준기압
  ㉡ 1기압(atm)이라고 하며 압력을 측정하는 단위로 사용함.

② 해면기압
해면기압은 평균 해수면 높이에서의 기압을 말하며 일기도에는 해면기압을 표시한다. 높이가 다른 여러 관측소의 기압을 측정한 값으로 환산함.
  ㉠ 해수면에서 표준온도는 15℃   ㉡ 해수면에서 표준기압은 29.92" Hg

③ 해면기압의 종류
  ㉠ QNH(atmospheric pressure at Nautical Height, 고도계 수정치)은 표준대기의 기준에 따라 기압 1013.25ha을 고도 0으로 지정한 기압
  ㉡ QNE(고도계 수정치, 전이고도)는 기압고도계의 영점을 표준대기의 해면기압 1013.25ha에 맞추는 기압측정 방식
  ㉢ QFE(Field Elevation pressure, 현지기압)은 항공기가 활주로 상에 착륙했을 때, 즉 공항 공식 표고점 상에 있을 때 고도계가 영점을 가르키도록 규정한 기압
  ㉣ QFF(해면기압)은 공항으로부터 해수면까지를 등온대기로 가정해 해면을 정정한 기압

④ 고기압의 특징
  ㉠ 주위보다 기압이 상대적으로 높은 곳
  ㉡ 바람 : 북반구에서는 시계방향, 남반구에서는 반시계방향으로 불어 나감.
  ㉢ 하강기류의 발달하면서 공기가 압축되어 온도가 올라가는 단열승온(斷熱昇溫)이 일어남.
  ㉣ 구름이 소멸되면서 맑은 날씨
  ㉤ 약한 바람

⑤ 저기압의 특징
  ㉠ 주위보다 기압이 상대적으로 낮은 곳
  ㉡ 바람 : 북반구에서는 반시계 방향, 남반구에서는 시계방향으로 불어 들어옴.
  ㉢ 상승기류의 발달
  ㉣ 구름이 생성되면서 흐린 날씨로 눈이나 비가 내림.
  ㉤ 강한 바람

(5) 등압선(isobar)의 정의
① 정의
  ㉠ 기상 차트 상에 동등하거나 일정한 기압을 나타내는 지역을 연결한 선
  ㉡ 일기도에서 등압선은 1000hPa(헥토파스칼)을 기준으로 4hPa 간격으로 그림.
  ㉢ 온대 저기압은 넓은 지역에 걸쳐 기압차이가 완만해 느슨한 타원형
  ㉣ 열대 저기압은 중심부 기압이 낮아 등압선이 좁게 밀집되며 조밀한 원형

② 등압선의 간격과 기압경도(pressure gradient)
　㉠ 등압선의 간격이 조밀하면 기압경도가 크다는 것을 의미하고 강풍이 존재
　㉡ 등압선의 간격이 넓으면 기압차가 적음.
　㉢ 기압경도는 고기압에서 저기압으로 이동
③ 바람의 방향과 속도
　㉠ 등압선에 수직한 방향으로 불어야 하지만 지구 자전으로 인해 왼쪽이나 오른쪽으로 휘어짐.
　㉡ 기압경도에 직각으로 불고 속도는 경도에 비례

(6) 착빙(icing)의 정의

① 정의
　착빙(icing)은 빙결 온도 이하의 상태에서 대기에 노출된 물체에 과냉각 물방울이 충돌해 얼음 피막을 형성하는 것을 말한다. 상대 습도가 높고 영하의 기온일 때 항공기의 프로펠러나 날개 위를 통과하는 수증기가 응결해 착빙이 발생함.
② 착빙이 발생하는 주요 원인
　㉠ 온도가 0℃~40℃ 사이에 있는 구름
　㉡ 동절기 한랭기단에 의해 형성된 구름
　㉢ 동절기 저기압 중심에 이어져 형성된 구름
　㉣ 한랭전선권에 있는 구름이나 한랭전선권 후미에 형성된 구름
③ 항공기에 미치는 영향
　㉠ 중량 증가　　　　　　　　　　　㉡ 양력 감소와 항력 증가
　㉢ 항공기 성능 저하 및 출력 감소　　㉣ 실속 속도 증가
　㉤ 시계 장애　　　　　　　　　　　㉥ 무선통신 장애
④ 착빙의 종류
　㉠ 맑은 착빙(clear icing)
　　수적이 크고 주위 기온이 0~ -10℃인 경우에 항공기 표면을 따라 고르게 흩어지면서 결빙하며 투명하고 견고함.
　㉡ 거친 착빙(rime icing)
　　수적이 작고 주위 기온이 -10~-20℃인 경우에 신속히 결빙되며 불투명하고 부서지기 쉬움.
　㉢ 혼합 착빙(mixed icing)
　　맑은 착빙과 거친 착빙의 결합으로 -10~-15℃에서 눈 또는 얼음 입자가 묻혀서 형성
　㉣ 서리 착빙(frost icing)
　　포화공기가 이슬점 온도까지 냉각되고 이슬점 온도가 0℃ 이하일 때 서리가 발생하며 얇고 부드러움.
⑤ 항공기가 착빙에 조우했을 때 조종사는 비행 코스를 변경하거나 가능하다면 보다 높은 고도로 상승해야 함.

(7) 번개 등 기타 기상현상
  ① 번개(Lightning)
    ㉠ 구름 내부의 음 전하와 양 전하 사이에서 발생하는 불꽃 방전
    ㉡ 번개가 치고 나서 천둥소리가 들리는 것은 속도가 달라서 발생
    ㉢ 빛은 30만km/s, 소리는 340m/s 속도로 이동
  ② 천둥(Thunder)
    ㉠ 번개가 발생하면서 주변 공기가 팽창한 충격파가 퍼져나가면서 음파로 바뀐 현상
    ㉡ 공기 중의 전기방전에 의해 발생하는 소리
  ③ 우박(Hail)
    ㉠ 우박은 대기 중의 수증기가 2cm 이상의 빙정으로 형성돼 지상으로 떨어지는 얼음 덩어리
    ㉡ 상승기류를 타고 수직으로 발달한 적란운에서 발생
    ㉢ 하강기류가 발생하면 눈이나 빙정이 떨어져 비로 변함.
    ㉣ 수증기가 다시 상승기류를 타고 올라가면 빙정이나 눈으로 변함.
  ④ 이슬(Dew)
    ㉠ 수증기가 나뭇가지나 풀잎 등에 응결해 이뤄진 작은 물방울
    ㉡ 바람이 없거나 미풍이 존재하는 맑은 야간에 복사냉각에 의해 발생
    ㉢ 노점(露店) : 이슬이 맺히기 시작할 때의 온도
  ⑤ 서리(Frost)
    ㉠ 수증기가 나뭇가지, 풀잎, 지표면 등에 응결된 얼음
    ㉡ 주변 공기의 이슬점이 결빙온도, 즉 0℃이하일 때에 생성
    ㉢ 서리로 인해 마찰력이 높아져 항력이 증가하므로 제거하고 항공기를 운항해야 함.

> **국제민간항공기구(ICAO)의 표준대기(standard atmosphere) 조건**
> 1. 평균해면(지상)의 표준기압은 1,013.25hPa, 760mm 수은주
> 2. 평균 해면 대기의 온도는 15℃(59℉)
> 3. 높이 11km까지는 1km 당 6.5℃의 감률(減率)로 11~20km는 -56.5℃의 등온(等溫)
> 4. 1000ft 상승할 때마다 -2℃ 하락, 지상 36,000ft 이상은 -56.5℃로 일정
> 5. 해면상의 공기밀도 1.225kg/m3
> 6. 수증기를 포함하지 않은 건조공기라고 가정

STEP 2　항공기상

1 항공기상업무

(1) 항공기상업무의 목적
① 운항의 안정성
② 운항의 정규성
③ 운항의 효율성

(2) 항공기상예보의 종류
① 항공정시기상관측(METAR)
　㉠ METerological Aviation Report의 약자로 항공정시기상관측 혹은 정시관측이라고 함.
　㉡ 30분 또는 1시간마다 공항의 기상상태를 보고하는 기본관측 보고서
　㉢ 매시간 정시 5분전에 발행
　㉣ 바람방향이 45도, 속도가 10kts 이상 급격하게 변할 경우에는 특별기상(SPECI)으로 발행
② 특별기상(SPECI)
　㉠ 비정기(특별) 항공기상보고
　㉡ 정시기상 예보 사이에 중요 기상변화 알림.
③ 공항예보(TAF)
　㉠ Terminal Aerodrome Forecast의 약자로 공항예보라고 함
　㉡ 공항에서 특정기간 동안에 예상되는 주요 기상상태를 발표
　㉢ 1일 1~4회 발표하는데, 한국은 오전 2시와 8시, 오후 2시와 8시 총 4회 발표
④ 시그멧정보(SIGMET)
　㉠ 인천 비행정보구역(FIR) 내에 발령

(3) 항공정시기상관측(METAR)의 기상현상 부호
① 강수현상

부호	의미	단어
DZ	이슬비/가랑비	Drizzle
RA	비	Rain
SN	눈	Snow
SG	쌀알눈/싸락눈	Snow Grains
IC	세빙	Ice Crystals
PL	진눈깨비	Ice Pellets
GR	우박(1/4인치 이상)	Hail
GS	작은 우박	Small Hail/Snow Pellet
PE	얼음싸라기	Ice Pellet
UP	알려지지 않은 강수	Unknown Precipitation

② 시정 장애물

부호	의미	단어
BR	박무(시정 5/8SM ~ 6SM)	Mist
FG	안개(시정 5/8SM 이하)	Fog
FU	연기	Smoke
VA	화산재	Volcano Ash
DU	먼지	Widespread Dust
SA	모래먼지	Sand
HZ	연무	haze
PY	물안개	Spray

* 법정마일(SM, statute mile)은 해상마일과 구분하기 위해 정한 것으로 육상마일(land mile)이라고 하기도 한다. 차량이나 항공기의 속도계에 사용하며 1마일은 5280피트, 1,609km이다.

③ 기타 기상현상

부호	의미	단어
PO	먼지/회오리바람	Dust/Sand Whirls
SQ	스콜	Squalls
FC	깔때기 구름	Funnel Cloud
+FC	토네이도/용오름	Tornado Waterspout
SS	모래폭풍	Sand Storm
DS	먼지폭풍	Dust Storm

2 항공고시보(NOTAM)

(1) 항공고시보의 정의

항공고시보는 조종사를 포함해 항공 종사자들이 적시 적절히 알아야 하는 공항시설, 항공업무, 절차 등 변경, 설정에 관한 정보사항을 고시하는 것을 말한다. 일반적으로 전문형식으로 작성되며 시간적으로 긴박해 비행의 결심에 영향을 미치는 항공정보를 포함.

(2) 항공고시보의 종류

① NOTAM(D), Distance NOTAM
특정 공항이나 항법시설의 사용여부를 알려주는 중요한 정보를 포함한다. 공항이 폐쇄된 경우, 항법 장비의 고장, 레이더 서비스의 중단 등이 있을 때 발부함.

② NOTAM(L), Local NOTAM
국지운항(Local Operation)을 하기 위한 조종사들에게 발부되며 유도로(taxiway)의 폐쇄, 사람이나 지상 장비가 활주로 근처에서 작업 중인 경우, 공항 표지등(Beacon light)의 고장 등과 같은 내용이 포함됨.

③ FDC NOTAM, Flight Data Center NOTAM
계기접근 절차의 변경, 항공 차트의 수정, 자연재해나 공공행사로 인해 비행에 일시적인 제한이 생기는 경우에 발부함.

(3) 항공고시보의 발간 등
① 항공고시보는 28일마다 간행물로 발간
② 간행물의 유효일자 이후 최소 7일 이상 유효한 정보를 포함.
③ 일단 NOTAM이 간행물로 발간되면 전파망의 회로에서 제외
④ 조종사가 특별히 요구하지 않는 한 기상브리핑에서도 제외
⑤ 영구적 성격의 자료들은 적절한 항공차트나 Airport/Facility Directory에 발간되기 전 중간단계로 발간됨.
⑥ 항공고시보는 3개월 이상 유효해서는 안 되며 공고되어지는 상황이 3개월을 초과할 것으로 예상된다면 반드시 항공정보간행물 보충판으로 발간해야 함.

(4) 항공고시보(NOTAM) 포함사항
① 항공기의 안전이동에 영향을 미치는 주기장 및 유도로 관련 사항
② 다른 활주로를 이용해 항공기를 안전하게 운항할 수 있거나 또는 필요한 경우 작업 장비를 제거시킬 수 있는 활주로 표지작업
③ 항공기 안전운항에 영향을 미치지 않는 비행장(헬기장 포함) 주위의 일시적인 장애물
④ 항공기 운항에 직접적으로 영향을 미치지 않는 비행장(헬기장 포함) 등화시설의 부분적인 고장
⑤ 사용 가능한 대체 주파수가 공지 또는 통신의 일체적인 장애
⑥ 주기장 유도업무의 부족 및 도로교통 통제에 관한 사항
⑦ 비행장 이동지역 내 위치표지, 행선지 표지 또는 기타 지시 표지의 고장
⑧ 시계비행규칙 하에 비관제공역 내에서 실시하는 낙하산 강하로서 관제공역의 경우 공고된 장소 또는 위험구역이나 금지구역 내에서 실시하는 낙하산 강하
⑨ 기타 이와 유사한 일시적인 상태에 관한 정보

(5) 항공고시보(NOTAM) 내용
① 비행장(헬기장 포함) 또는 활주로의 설치, 폐쇄 또는 운용상 중요한 변경
② 항공업무(AGA, AIS, ATS, CNS, MET, SAR 등)의 신설, 폐지 및 운영상 중요한 변경
③ 무선항행과 공지통신업무의 운영성능의 중요한 변경, 설치 또는 철거
④ 시각보조시설(Visual aids)의 설치, 철거 또는 중요한 변경
⑤ 비행장등화시설 중 주요 구성요소의 운용중지 또는 복구
⑥ 항행업무절차의 신설, 폐지 또는 중요한 변경
⑦ 기동지역 내 중요한 결함 또는 장애의 발생 또는 제거
⑧ 연료, 기름 및 산소공급의 변경 또는 제한
⑨ 수색구조시설 및 업무에 대한 중요한 변경

⑩ 항행에 중요한 장애물을 표시하는 항공장애등의 설치, 철거 또는 복구
⑪ 즉각적인 조치를 필요로 하는 규정변경. 예: 수색 및 구조 활동을 위한 비행금지 구역 설정
⑫ 항행에 영향을 미치는 장애요소의 발생 (공고된 장소 이외에서의 장애물, 군사훈련, 시범비행, 비행경기, 낙하산 강하를 포함)
⑬ 이륙/상승지역, 실패접근지역, 접근지역 및 착륙대에 위치한 항공항행에 중요한 장애물의 설치, 제거 또는 변경
⑭ 비행금지구역, 비행제한구역, 위험구역의 설정, 폐지(발효 또는 해제포함) 또는 상태의 변경
⑮ 요격의 가능성이 상존하여 VHF 비상주파수 121.5 ㎒를 지속적으로 감시할 필요가 있는 지역, 항공로 또는 항공로 일부분에 대한 설정 및 폐지
⑯ 지명부호의 부여, 취소 또는 변경
⑰ 비행장(헬기장 포함) 소방구조능력 등의 중요한 변경
⑱ 이동지역의 눈, 진창, 얼음, 방사성물질, 독성 화학물, 화산재 퇴적 또는 물로 인한 장애상태의 발생, 제거 또는 중요한 변경
⑲ 예방접종 및 검역기준의 변경을 필요로 하는 전염병의 발생
⑳ 태양우주방사선에 관한 예보(가능한 경우에 한함)
㉑ 항공기 운항과 관련된 화산활동의 중대한 변화, 화산분출의 장소, 일시, 이동방향을 포함한 화산재 구름의 수직/수평적인 범위, 영향을 받게 되는 비행고도 및 항공로(routes) 또는 항공로(routes)의 일부
㉒ 핵 또는 화학 사고에 수반되는 방사성 물질 또는 유독화학물의 공기 중 방출, 사고발생 위치, 일자 및 시간, 영향을 받게 되는 비행고도 및 항공로 또는 그 일부 와 이동방향
㉓ 항공항행에 영향을 주는 절차 및 제한사항, 국제연합(UN)의 원조로 수행되는 구호활동과 같은 인도주의적 구호활동의 전개
㉔ 항공교통업무 및 관련 지원업무 중단 또는 부분적인 중단 시의 단기간의 우발대책의 시행

3 기타 관련 간행물

(1) 항공정보회람(Aeronautical Information Contents, AIC)

항공정보간행물(AIP) 또는 항공고시보의 발간대상이 아닌 비행안전, 항행 등 항공정보 공고를 위해 항공정보회람을 발행하며 절차 또는 시설의 중요한 변경사항을 장기간 사전 통보하는 경우, 설명이나 조언이 필요한 정보 또는 행정적인 특징을 가진 정보 등을 포함하는 간행물

(2) 항공정보간행물(Aeronautical Information Publication, AIP)

비행장의 물리적 특성 및 이와 관련된 시설의 정보, 항공로를 구성하는 항행안전시설의 형식과 위치, 항공 교통관리, 통신 및 제공되는 기상업무 그리고 이러한 시설 및 업무와 관련된 기본절차를 포함하는 간행물

(3) 항공정보관리절차(Aeronautical Information Regulation And Control, AIRAC)

운영방식에 대한 중요한 변경을 필요로 하는 상황을 국제적으로 합의된 공통의 발효일자를 기준으로 하여 사전에 통보하기 위해 수립된 체제

4 항공기상특보의 종류

(1) 시그멧정보(SIGMET information)

시그멧정보는 항공기 안전운항에 영향을 미칠 수 있는 기상현상의 시공간적인 변화에 대해 발생하거나 발생이 예상될 때 국제적으로 합의된 약어를 사용해 서술하는 것을 말함.

① 뇌전/우박을 동반한 뇌전(Thunderstorm)
② 태풍(Tropical Cyclone)
③ 심한 난류(Turbulence)
④ 심한 착빙(Icing)
⑤ 심한 산악파(Mountain wave)
⑥ 강한 먼지폭풍(Dust storm) 또는 모래폭풍(Sandstorm)
⑦ 화산재(Volcanic ash)
⑧ 방사성 구름(Radioactic cloud)

(2) 에어멧정보(AIRMET information)

에어멧정보는 1만 피트 이하의 저고도를 운항하는 항공기에 영향을 미칠 수 있는 기상현상이 시공간적 변화에 의해서 발생하거나 발생이 예상될 때 국제적으로 합의된 부호를 사용해 서술함.

① 지상풍속(Surface Wind Speed)　② 지상시정(Surface Visibility)
③ 뇌전(Thunderstorm)　④ 산악차폐(Obscured)
⑤ 구름(Cloud)　⑥ 보통착빙(Icing)
⑦ 보통난류(Turbulence)　⑧ 보통산악파(Mountain Wave)

(3) 공항정보(Aerodrome Warnings)

공항정보는 계류 중인 항공기를 포함해 지상에 있는 항공기, 공항 시설 및 업무에 영향을 미칠 수 있는 기상현상에 대한 간결한 정보를 말함.

① 태풍　② 황사
③ 운고　④ 강풍
⑤ 호우　⑥ 대설
⑦ 서리　⑧ 지진해일
⑨ 화산재 침전물　⑩ 유독화학물질

(4) 윈드시어정보(Wind Shear Warnings and Alerts)

윈드시어정보는 활주로 표면으로부터 고도 1600피트(500m) 사이의 접근/이륙로 또는 선회 접근 중인 항공기 그리고 착륙 또는 이륙을 위해 주행 중인 항공기에 영향을 미칠 수 있는 윈드시어가 관측되거나 예상되는 경우에 대한 정보를 말함.

① 뇌전
② 마이크로버스트 및 돌풍전선
③ 국지지형에 관련된 강한 지상풍
④ 해풍전선
⑤ 산악파(종착구역의 저층회전 포함)
⑥ 저층 기온역전

5 시계비행 기상조건(Visual Meteorological Condition)

(1) 고도 1만ft(피트) 이상

고도 1만ft(3050m) 이상 비행 시는 비행 시정이 8km 이상이고 항공기 기준 상하에 구름이 300m 이상, 항공기 앞뒤에 구름이 1500m 이상 떨어져 있어야 함.

(2) 고도 1만ft 이하

고도 1만ft(3050m) 이하 비행 시는 비행시정이 5km 이상이고 항공기 기준 상하에 구름이 300m 이상, 항공기 앞뒤에 구름이 1500m 이상 떨어져 있어야 함.

(3) 고도 1000ft 이하

고도 1000ft(300m) 이하에서 비행 시는 지상 시정 5000m 이상이고 구름이나 산 등과 항상 떨어져 있어야 한다. 지상의 지형, 지물 등 지표를 볼 수 있어야 함.

(4) 관제권/관제구 내

관제구 내에서 비행 시에는 지상 시정 5000m 이상, 운고(실링) 450m 이상 확보해야 함.

(5) 관제권/관제구 밖

관제권 밖에서 비행 시에는 지상 시정 5000m 이상, 운고(실링) 300m 이상 확보해야 함.

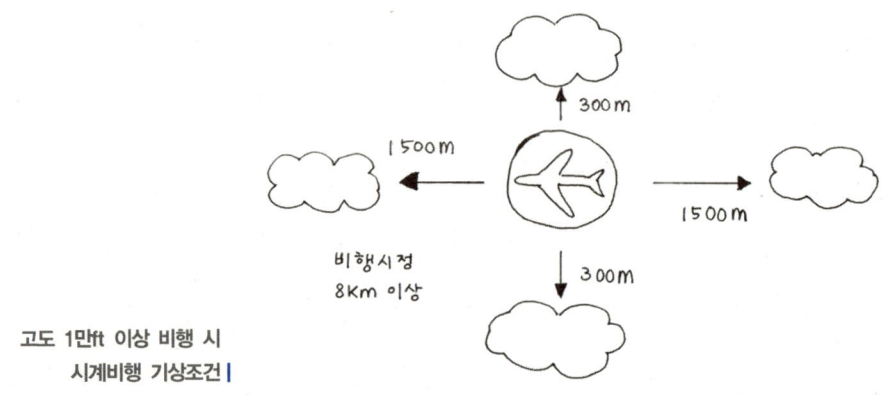

고도 1만ft 이상 비행 시 시계비행 기상조건

6 시정(Visibility)

(1) 시정의 정의

낮 동안의 시정은 그 방향의 하늘을 배경으로 한 검은 목표를 확인할 수 있는 최대거리를 말한다. 확인할 수 있다는 것은 목표의 존재를 볼 수 있을 뿐만 아니라 목표의 모양도 식별할 수 있는 상태를 말한다. 대기의 혼탁 정도를 나타내는 척도 중의 하나임.

① 보통 킬로미터(km) 또는 마일(SM)로 표시하지만 5킬로미터 미만의 시정은 미터(m)로 표시
② 목표물의 크기는 시각 0.5° 이상 5° 미만을 표준
③ 시정거리가 1km 이하면 시정이 불량하다고 평가
④ 대기 중의 습도가 70%가 넘으면 시정이 급격히 나빠짐.
⑤ 한랭기단 속에서는 시정이 좋고, 온난기단 속에서는 시정이 나쁨.

(2) 시정의 종류

① 수평시정 : 목표물을 확인할 수 있는 수평거리
② 수직시정 : 목표물을 확인할 수 있는 수직거리
③ 우시정 : 관측자가 서 있는 180도 이상의 수평반원에서 가장 멀리 볼 수 있는 수평거리
    ㉠ 활주로 시정 : 활주로의 일정 지점에서 육안으로 관측할 수 있는 시정
    ㉡ 활주로 가시거리(RVR, runway visual range) : 특정 계기 활주로에서 조종사가 표준 고광도 등을 보고 식별할 수 있는 최대 수평거리

(3) 항공기 이착륙 시 시정에 영향을 미치는 요소

① 안개(Fog)
② 연기(Smoke)
③ 화산재(Volcano Ash)
④ 먼지(Widespread Dust)
⑤ 모래먼지(Sand)
⑥ 연무(Haze)
⑦ 물안개(Spray)
⑧ 스모그(Smog)

(4) 기상상태에 따른 시정 거리

① 맑은 날씨 : 40km
② 구름 상태 : 30km
③ 가랑비 : 10km
④ 비나 싸라기눈 : 6~7km
⑤ 눈 : 1~2km
⑥ 안개 : 1km 이하
⑦ 물안개(Spray)

(5) 전선의 종류에 따른 시정상태

	통과 전	통과 시	통과 후
온난전선	좋음 (강수 중 악화)	나쁨 (실안개, 안개)	대체로 나쁨 (실안개, 안개)
한랭전선	중 ~ 악화 (안개)	일시 나빠지지만 회복	좋음
폐색전선	나쁨 (강수로 악화)	나쁨 (강수로 악화)	회복

7 구름의 높이와 바람의 세기를 측정하는 방법

(1) 운고계(Cloud Height Sensor)

운고계(Cloud Height Sensor)은 구름의 높이를 측정하는 장비를 말한다. 구름을 향해 강력한 레이저 펄스를 수직방향을 발사하면 대기 중에 있는 안개, 미세한 입자, 강수, 구름 등에 의해 부딪혀 돌아오는데 이 펄스가 후방산란(back-scatter)되어 돌아오는 시간을 계산하면 구름의 최저 높이(cloud base)를 산출할 수 있음.

(2) 풍향을 알 수 있는 참조물

① 나뭇가지가 흔들리는 방향
② 주변공장 굴뚝의 연기 방향
③ 농작물, 잡초, 풀 등이 흔들리는 방향
④ 저수지, 바다, 강 등에서 물결 방향
⑤ 주변 깃발이 흔들리는 방향

(3) 굴뚝의 연기형태로 풍속 판단

① 직립 : 안정된 기압과 무풍 상태
② 45° 기울기 : 약 5kn(2.5m/s, 초속)
③ 60° 이내 기울기 : 약 10kn(5m/s, 초속)
④ 60° 이상 기울기 : 약 15kn

(4) 나무의 흔들림으로 풍속 판단

① 나뭇잎이 흔들림 : 0.3~3.3m/s, 초속
② 가는 나뭇가지가 흔들림 : 3.4~5.4m/s, 초속
③ 가는 나뭇가지가 계속 흔들림 : 5.5~7.9m/s, 초속
④ 작은 나뭇가지가 흔들림 : 8.0m/s 이상, 초속

(5) 깃발의 형태로 풍속 판단
① 처짐 : 무풍 상태
② 가벼운 날림 : 약 5kn 이내
③ 깃발이 완전히 펴져 날림 : 약 10kn 이내
④ 깃발이 완전히 펴진 상태 : 약 15kn 이내

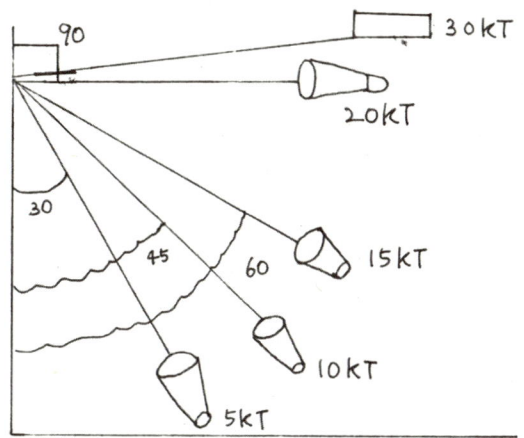

풍속을 측정하는 방법

(6) 풍속의 등급과 풍속

풍속 등급	풍속 (초속, m/s)	명칭	설명
0	0.0~0.2	고요	연기가 똑바로 올라가고 바다에서 수면이 잔잔함.
1	0.3~1.5	실바람	풍향은 연기가 날리는 모양으로 알 수 있지만 바람개비는 돌지 않음.
2	1.6~3.3	남실바람	바람이 얼굴에 느껴지고 나뭇잎이 흔들리며 바람개비가 약하게 돔.
3	3.4~5.4	산들바람	나뭇잎과 가는 가지가 쉴새없이 흔들리고, 깃발이 가볍게 날림.
4	5.5~7.9	건들바람	먼지가 일고 종이조각이 날리며 작은 나뭇가지가 흔들림.
5	8.0~10.7	흔들바람	잎이 무성한 작은 나무 전체가 흔들리고, 바다에서는 잔물결이 생김.
6	10.8~13.8	된바람	큰 나뭇가지와 전선이 흔들리며 우산을 들고 있기가 힘듦.
7	13.9~17.1	센바람	큰 나무 전체가 흔들리고, 바람을 거슬러 걷기가 힘듦.
8	17.2~20.7	큰바람	잔가지가 꺾이고 걸어갈 수가 없음.
9	20.8~24.4	큰센바람	굴뚝이 무너지고 기와가 벗겨짐.
10	24.5~28.4	노대바람	건물이 무너지고 나무가 쓰러짐.
11	28.5~32.6	왕바람	건물이 크게 부서지고 차가 넘어지며 나무가 뿌리째 뽑힘.
12	32.7 이상	싹쓸바람	육지에서는 보기 드문 엄청난 피해를 일으키고, 바다에서는 산더미 같은 파도를 일으킴.

8 초경량무인비행장치에 미치는 기상

(1) 바람의 속도와 방향이 미치는 영향
① 임무의 수행여부
무인항공기는 원칙적으로 10kt(5m/s, 초속) 이하에서만 임무가 가능하므로 그 이상의 풍속에서는 임무를 수행해서는 안됨.
② 임무의 수행방향 선정
③ 항공기 적재량
④ 항공기 운영고도
⑤ 항공기의 운영속도

(2) 대기의 온도가 미치는 영향
① 여름철에는 고온으로 항공기 성능이 저하돼 표준 적재량에서 20% 정도 적게 탑재
② 겨울철에는 시동 시 충분한 공회전을 통해 엔진 가열
③ 겨울철에는 저온으로 인한 결빙, 냉각수 등의 동파방지
④ 겨울철에는 배터리 방전 주의

(3) 고도가 미치는 영향
① 고지대는 기압강하로 인해 항공기 성능이 충분하게 발휘되지 않음.
② 고지대에는 표준 적재량보다 20% 정도 적게 탑재

(4) 저고도 기상 장애요소
① 건물 및 지형
25~30KT 이상의 바람이 불 경우 건물 뒤 부근에 요란현상이 형성되고 편류 현상이 발생
② 지표면 역전층
표면 복사열이나 지면 부근 대기가 과냉각되었을 때 역전층이 형성된다. 공기밀도가 갑자기 저하되므로 비행장치가 이륙 후 상승 시 역전층을 만나면 양력이나 추력이 감소
③ 먼지폭풍
맑은 날씨에 건조한 지표에서 먼지나 모래를 동반한 소용돌이 바람이 발생하면 이착륙에 지장을 초래

CHAPTER 03 항공기상학 연습문제

001 대류권에서는 고도를 올라갈수록 기온이 하락한다. 다음 중 고도 1000ft를 상승할 때마다 내려가는 기온은 몇도(℃)인가?

① 1℃   ② 2℃   ③ 3℃   ④ 4℃

해설   대류권에서 고도가 1000m 상승하면 기온은 6.5도씩 떨어진다. 1000ft(피트)는 약 304m이다.

002 다음 중 대부분의 기상현상이 발생하는 대기층은?

① 대류권   ② 성층권
③ 중간권   ④ 열권

003 다음 중 지구 중심축의 기준으로 회전운동을 하는 것은 무엇이라 하는가?

① 공전   ② 자전
③ 전향력   ④ 원심력

해설   지구는 지축을 중심으로 도는데 이를 자전이라고 한다. 태양을 중심으로 도는 것은 공전이다.

004 다음 중 지구에 대한 설명으로 올바른 것은?

① 지축의 경사는 23.5˚ 이다.   ② 지구 표면은 약 80%가 물이다.
③ 지구의 형태는 완전한 원형이다.   ④ 지구 표면은 약 80%가 육지이다.

005 다음 중 지구가 자전하기 때문에 발생하는 힘은?

① 기압경도력   ② 코리올리 힘
③ 지면효과   ④ 관성의 법칙

해설   코리올리 힘은 전향력이라고 부르며 지구의 모양이 타원형이고 지구가 자전하기 때문에 발생하는 힘을 말한다.

001 ②   002 ①   003 ②   004 ①   005 ②

006 다음 중 지구상에서 전향력이 최대로 발휘될 수 있는 지역은?
① 중위도   ② 적도
③ 북극이나 남극   ④ 저위도

007 다음 대기 중에 온도의 변화가 조금 밖에 없으며 평균 높이가 약 17km의 대기권층은?
① 대류권   ② 대류권계면
③ 성층권   ④ 성층권계면

008 다음 중 우리나라 평균해수면 높이를 0m로 정한 기준이 되는 만은?
① 제주만   ② 순천만
③ 인천만   ④ 영일만

[해설] 한국의 평균해수면 높이를 정하는 기준은 인천만이다.

009 다음 중 항공 기상에서 기상 7대 요소로 올바른 것은?
① 기압, 기온, 습도, 구름, 강수, 바람, 시정
② 기압, 전선, 기온, 습도, 구름, 강수, 바람
③ 기압, 기온, 대기, 안정성, 해수면, 바람, 시정
④ 전선, 기온, 난기류, 시정, 바람, 습도

[해설] 기압, 온도, 습도, 구름, 강수, 바람, 시정입니다.

010 기온은 직사광선을 피해서 측정을 해야 한다. 다음 중 기온을 측정하는 높이는?
① 3m   ② 5m   ③ 2m   ④ 1.5m

[해설] 기온은 땅 표면의 복사열로부터 영향을 받지 않도록 1.2~1.5m 높이에서 측정한다.

011 다음 중 대기권에 대한 설명으로 올바르지 않은 것은?
① 대기의 온도 습도 압력 등으로 대기의 상태를 나타낸다.
② 대기의 상태는 수평방향보다 수직방향으로 고도에 따라 심하게 변한다.
③ 대기권 중 대류권에서는 고도가 상승할 때 온도가 상승한다.
④ 대기는 몇 개의 층으로 구분하는데 온도의 분포를 바탕으로 대류권 성층권 중간권 등으로 나타낸다.

012 다음 대기권 중 기상 변화가 일어나는 층으로 고도가 상승 할수록 온도가 내려가는 층은?
① 성층권　　② 중간권　　③ 열권　　④ 대류권

> 해설 　대류권은 지상에서 11km까지를 말하며 고도가 1000m 상승하면 기온은 6.5도씩 떨어진다.

013 다음 중 어떤 물질 1g을 섭씨 온도 1℃ 올리는데 필요한 열량은?
① 잠열　　② 열량　　③ 비열　　④ 현열

> 해설 　비열은 어떤 물질 1그램을 섭씨 1도 올리는 데 필요한 열량을 말한다.

014 다음 중 물질의 상태가 기체와 액체, 또는 액체와 고체 사이에서 변화할 때 흡수 또는 방출하는 열에너지는?
① 잠열　　② 비열　　③ 열량　　④ 현열

> 해설 　잠열은 물체의 형태가 변하는데 사용하는 열량으로 온도는 변하지 않는다.

015 다음 중 기온에 대한 설명으로 올바르지 않은 것은?
① 백엽상 내부 지상으로부터 1.5m 높이에서 측정한다.
② 해상에서는 약 10m 높이에서 측정한다.
③ 햇빛이 잘 비치는 공간에서 측정해야 정확하다.
④ 오전 9시를 기준으로 하며 매시간마다 관측해 평균으로 구한다.

> 해설 　온도계를 사용해 기온을 잴 경우에는 통풍이 잘 되는 곳에서 직사광선을 피해서 측정한다. 백엽상(shelter)은 기상관측용 설비가 설치된 작은 집 모양의 백색 나무상자를 말한다.

006 ③　007 ②　008 ③　009 ①　010 ④　011 ③　012 ④　013 ③　014 ①　015 ③

016 다음 중 기온을 측정하는 방법에 대한 설명으로 올바르지 <u>않은</u> 것은?

① 온도계로 직사광선이 비치는 밝은 곳에서 측정한다.
② 백엽상 내부 지표 1.5m에서 측정한다.
③ 해상에서는 선박의 높이를 고려해 약 10m 높이에서 측정한다.
④ 오전 9시를 기준으로 3시간마다 관측한 값을 평균해서 구한다.

[해설] 온도계로 기온을 잴 경우에는 통풍이 잘 되는 곳에서 직사광선을 피해 측정한다.

017 다음 중 풍속의 단위에 포함되지 <u>않는</u> 것은?

① m/s　　　　② kph　　　　③ knot　　　　④ mile

[해설] mile은 거리를 측정하는 단위이다.

018 다음 중 대기권을 고도에 따라 낮은 곳부터 높은 곳까지 순서대로 올바르게 분류한 것은?

① 대류권-성층권-열권-중간권
② 대류권-중간권-열권-성층권
③ 대류권-중간권-성층권-열권
④ 대류권-성층권-중간권-열권

[해설] 대기권은 낮은 고도에 따라 대류권, 성층권, 중간권, 열권, 극외권으로 구분된다.

019 다음 중 대기권을 고도에 따라 낮은 곳부터 높은 곳까지 순서대로 바르게 분류한 것은?

① 대류권-성층권-열권-중간권
② 대류권-중간권-열권-성층권
③ 대류권-중간권-성층권-열권
④ 대류권-성층권-중간권-열권

020 다음 중 대기권에서 전리층이 존재하는 곳은?

① 중간권　　　　　　　　② 열권
③ 극외권　　　　　　　　④ 성층권

[해설] 열권은 태양 에너지에 의해 공기 분자가 이온화되어 자유 전자가 밀집된 곳이며 전리층이라고 한다.

021 다음 대기권 중 기상 변화가 일어나는 층으로 고도가 상승할수록 온도가 강하되는 층은?

① 성층권 ② 중간권
③ 열권 ④ 대류권

해설 　대류권은 대기의 제일 아래층을 형성하는 부분을 말하며 고도가 100m 높아짐에 따라 기온이 약 0.6℃씩 하강한다.

022 다음 중 대기현상에 포함되지 않는 것은?

① 비 ② 바다선풍
③ 일출 ④ 안개

해설 　일출은 해가 뜨는 것으로 지구의 자전에 의해 일어나는 현상이다.

023 다음 대기권 중 고도가 높아져도 기온의 변화가 없는 것은?

① 대류권 ② 성층권 ③ 중간권 ④ 열권

해설 　성층권은 지상에서 30km 지점까지를 말하며 고도의 변화와 관계없이 기온이 일정하다.

024 다음 대기 중에 수증기의 양을 나타내는 것은?

① 기온 ② 습도 ③ 밀도 ④ 기압

025 공기 중의 수증기의 양을 나타내는 것이 습도이다. 다음 중 습도의 양에 따라 달라지는 것은?

① 지표면의 물의 양 ② 바람의 세기
③ 기압의 상태 ④ 온도

026 다음 중 강수 발생률을 강화시키는 것은?

① 온난한 하강기류 ② 수직활동
③ 상승기류 ④ 수평활동

016 ①　017 ④　018 ④　019 ④　020 ②　021 ④　022 ③　023 ②　024 ②　025 ④　026 ③

027 다음 중 대기에서 상대습도 100%의 의미로 올바른 것은?

① 현재의 기온에서 최대 가용 수증기 양이 100% 가용하다는 뜻이다.
② 현재의 기온에서 최대 가용 수증기 양 대비 실제 수증기의 양의 100%라는 뜻이다.
③ 현재의 기온에서 최소 가용 수증기 양을 뜻 한다.
④ 현재의 기온에서 단위 체적당 수증기 양이 100%라는 뜻이다.

028 다음 중 공기밀도에 대한 설명으로 올바르지 않은 것은?

① 공기밀도는 단위 부피 중에 포함된 공기의 질량을 말한다.
② 지표면에서 가장 크며 고도가 상승함에 따라 감소한다.
③ 습윤공기의 밀도가 건조공기의 밀도보다 크다.
④ 온도가 높아질수록 부피가 팽창하면서 밀도는 낮아진다.

> [해설] 공기의 밀도는 수증기에 의해 크게 영향을 받으며 습윤공기의 밀도가 건조공기의 밀도보다 작다.

029 다음 중 공기밀도에 대한 설명으로 올바르지 않은 것은?

① 온도가 높아질수록 공기밀도도 증가한다.
② 일반적으로 공기밀도가 하층보다 상층이 낮다.
③ 수증기가 많이 포함될수록 공기밀도가 감소한다.
④ 국제표준대기(ISA)의 밀도는 건조공기로 가정했을 때의 밀도이다.

> [해설] 공기의 밀도는 단위 부피당 공기의 질량으로, 기압과 같이 고도가 낮을수록 크다. 해수면에서 15℃일 때 공기의 밀도는 약 1.225kg/㎥이다.

030 다음 중 공기밀도에 대한 설명으로 올바르지 않은 것은?

① 단위 부피 중에 포함된 공기의 질량을 말한다.
② 표준온도에서 건조한 공기의 밀도는 1.2754kg/㎥이다.
③ 습윤공기의 밀도가 건조공기의 밀도보다 크다.
④ 온도가 높아질수록 부피가 팽창하면서 밀도는 낮아진다.

> [해설] 수증기가 포함된 습윤공기의 밀도가 건조공기의 밀도보다 작다.

031 다음 중 습도와 기압이 변화해 나타는 공기밀도에 대한 설명으로 올바른 것은?

① 공기밀도는 기압에 비례하며 습도에 반비례한다.
② 공기밀도는 기압과 습도에 비례하며 온도에 반비례한다.
③ 공기밀도는 온도에 비례하고 기압에 반비례한다.
④ 온도와 기압의 변화는 공기밀도와는 무관하다.

032 다음 중 지구의 기상에서 모든 변화의 가장 근본적인 원인은?

① 지구 표면에 받아들이는 태양 에너지의 변화
② 지표면 위의 공기 압력에서 변화
③ 공기군(air masses)의 이동
④ 공기군(air masses)의 정지

> [해설] 태양에너지가 대기 상의 공기를 뜨겁게 데우고 뜨거운 공기가 이동하면서 구름, 바람, 안개, 등을 생성한다.

033 다음 중 바람의 원인으로 올바른 것은?

① 지구의 자전　　② 공기군의 변형
③ 기압차　　　　④ 지구의 공전

> [해설] 바람은 태양에너지에 의해 데워진 공기가 고기압에서 저기압으로 이동하면서 발생한다. 두 지점 사이의 기압차에 의해서 생기는 힘을 기압경도력이라고 한다.

034 다음 중 바람의 풍향에 대한 설명으로 올바르지 않은 것은?

① 풍향은 바람이 불어오는 방향을 말한다.
② 풍향은 진북을 기준으로 시계방향으로 나타낸다.
③ 풍향은 저기압에서 고기압으로 분다.
④ 바람이 불지 않은 상태를 정온(靜穩)이라고 한다.

> [해설] 바람은 고기압에서 저기압으로 분다.

027 ②　028 ③　029 ①　030 ③　031 ①　032 ①　033 ③　034 ③

035 다음 중 북반구에서의 바람은 어떠한 힘에 의해서 어느 방향으로 편향되는가?
① 코리올리 힘에 의해서 우측으로
② 지면 마찰에 의해서 우측으로
③ 코리올리 힘에 의해서 좌측으로
④ 지면 마찰에 의해서 좌측으로

> 해설) 태풍이 북반구에서는 반시계방향으로 소용돌이가 생기고 남반구에서는 반대로 생기는 현상도 코리올리의 힘에 의한 것이다.

036 다음 중 공기가 고기압 지역에서 저기압 지역으로 직접 흐르려는 것을 방해하는 힘은?
① 코리올리 힘
② 지면 마찰
③ 기압 경도력
④ 지면효과

> 해설) 코리올리의 힘은 북반구에서 지상으로 낙하는 물체가 오른쪽으로 쏠리는 현상을 설명하는 데 유용하다.

037 다음 중 지면풍이 등압선에 평행으로 흐르기 보다는 등압선을 횡단하여 흐르는 원인은?
① 코리올리 힘
② 표면마찰
③ 표면 공기의 큰 밀도
④ 기압

> 해설) 지면풍은 지표 가까이에서 부는 바람으로 불안정하다.

038 다음 중 등압선에 대한 설명으로 올바르지 않은 것은?
① 기압 차트상에 동일한 기압을 나타내는 지역을 연결한 선이다.
② 등압선의 간격이 조밀하면 바람이 강하게 분다.
③ 바람은 등압선에 수직한 방향으로 분다.
④ 태풍과 같은 열대 저기압에서 등압선은 조밀한 원형으로 나타난다.

> 해설) 바람은 원칙적으로 등압선에 수직한 방향으로 불어야 하지만 지구 자전으로 인해 왼쪽이나 오른쪽으로 휘어진다.

039 다음 중 공기의 기압에 대한 설명으로 올바르지 않은 것은?

① 고기압은 주위보다 기압이 높은 곳을 말한다.
② 고기압과 저기압은 상대적인 개념이다.
③ 공기는 고기압에서 저기압으로 이동한다.
④ 공기는 저기압 지역에서 하강한다.

> **해설** 고기압에서는 공기가 하강해 구름이 소멸돼 날씨가 맑아진다. 반면 저기압에서는 공기가 상승해 구름이 생성되면서 날씨가 흐리거나 비가 내린다.

040 다음 중 고기압에 대한 설명으로 올바르지 않은 것은?

① 주위보다 기압이 높은 곳이다.
② 바람이 시계방향으로 불어나간다.
③ 상승기류가 발달한다.
④ 맑은 날씨가 나타나는 것이 특징이다.

> **해설** 고기압은 상승기류가 아니라 하강기류가 발달한다.

041 다음 중 저기압에 대한 설명으로 올바르지 않은 것은?

① 주위보다 기압이 낮은 곳이다.
② 바람이 시계 반대방향으로 불어 들어온다.
③ 날씨가 흐리며 바람이 강하게 분다.
④ 하강기류가 발달하지만 비는 오지 않는다.

> **해설** 저기압은 상승기류가 발생하며 구름으로 인해 흐리며 비가 내리기도 한다.

042 다음 중 고기압과 저기압에 대한 설명으로 올바르지 않은 것은?

① 고기압은 주변보다 기압이 높으며 날씨는 맑다.
② 저기압은 바람이 주변에서 불어 들어오면서 날씨가 좋아진다.
③ 고기압에서 바람이 바깥으로 불어 나가면서 하강기류가 발생한다.
④ 저기압은 바람이 강하게 불면서 상승기류가 발생한다.

> **해설** 저기압은 시계 반대방향으로 바람이 불어 들어오면서 날씨가 흐려진다.

035 ① 036 ① 037 ② 038 ③ 039 ④ 040 ③ 041 ④ 042 ②

CHAPTER 03 항공기상학

043 다음 중 북반구에서 저기압지역을 비행할 때 바람 방향과 속도로 올바른 것은?

① 좌측과 감소　② 좌측과 증가　③ 우측과 감소　④ 우측과 증가

[해설] 북반구에서 저기압의 중심으로 이동하는 바람은 반시계 방향으로 회전한다.

044 다음 중 기압에 대한 설명으로 올바르지 않은 것은?

① 등압선은 동등한 기압을 나타내는 지역을 연결한 선이다.
② 등압선의 간격이 좁으면 강풍이 존재한다는 것을 의미한다.
③ 고기압 지역의 날씨는 흐리고 비가 많이 온다.
④ 열대 저기압은 중심부 기압이 낮아 등압선이 좁게 밀집된다.

[해설] 일반적으로 저기압 지역은 날씨가 흐리고 고기압 지역은 날씨가 맑다.

045 다음 중 북반구 고기압 지역에 관련된 공기의 일반적인 순환으로 올바른 것은?

① 바깥쪽, 아래쪽, 시계방향　② 바깥쪽, 위쪽, 시계방향
③ 안쪽, 아래쪽, 시계방향　④ 안쪽, 위쪽, 시계방향

[해설] 북반구에서 고기압은 시계 방향으로 회전하고 남반구에서는 반시계 방향으로 돈다.

046 다음 중 제트기류를 정의하는 속도로 올바른 것은?

① 30노트 또는 그 이상　② 40노트 또는 그 이상
③ 50노트 또는 그 이상　④ 60노트 또는 그 이상

[해설] 제트기류(Jet stream)는 대류권의 상부 또는 경계면 부근에 존재하는 폭이 좁은 강풍대를 말한다.

047 다음 중 제트기류의 강도와 위치에 대한 설명으로 올바른 것은?

① 겨울에 보다 강하고 북상　② 여름에 보다 약하고 북상
③ 여름에 보다 강하고 북상　④ 겨울에 보다 약하고 북상

[해설] 제트기류는 여름보다 겨울이 강하고, 북반구의 경우 여름에는 북위 35~45°에 위치하지만 겨울에는 북위 20~25°까지만 내려간다.

048 다음 중 정풍과 배풍이 항공기의 이착륙 거리에 미치는 영향에 대한 설명으로 올바르지 <u>않은</u> 것은?

① 정풍은 항공기의 이륙 거리를 짧게 만든다.
② 정풍은 항공기의 착륙 거리를 짧게 만든다.
③ 배풍은 항공기의 이륙 거리를 길게 만든다.
④ 배풍은 항공기의 착륙 거리와는 관련이 없다.

> **해설** 배풍은 항공기의 뒤쪽에서 앞쪽으로 부는 바람으로 양력 발생이 어렵기 때문에 이륙 거리를 길게 만든다. 항공기 뒤에서 바람이 불기 때문에 착륙 거리는 늘어난다. 반면에 정풍이 불면 상승각이 커지면서 이륙 거리가 짧아진다. 정풍은 맞바람, 배풍은 뒷바람이라고 부른다.

049 다음 중 항공기의 착륙활주거리를 가장 길게 만드는 바람은?

① 정풍(head wind) ② 배풍(tail wind)
③ 측풍(cross wind) ④ 돌풍(gust)

> **해설** 배풍은 항공기의 뒤쪽에서 앞쪽으로 부는 바람으로 항공기가 착륙을 시도할 때 밀어내기 때문에 착륙거리가 길어지게 된다.

050 다음 중 2개의 서로 다른 공기군 사이의 무리(body)는?

① 전선소멸 ② 전선발생 ③ 전선 ④ 난류

051 다음 중 어떠한 기상현상이 전선(front) 체계의 통과와 관계가 있는 것은?

① 바람변화 ② 기압의 급격한 감소
③ 기압의 급격한 증가 ④ 구름

> **해설** 전선은 서로 다른 속성을 지닌 기단이 충돌하면서 두 기단 사이에 형성되는 완충지대를 말한다.

052 다음 중 전선 횡단의 불연속성을 가장 쉽게 인지할 수 있는 것은?

① 기온변화 ② 구름 덮임의 증가
③ 상대습도의 증가 ④ 상대습도의 감소

043 ②　044 ③　045 ①　046 ③　047 ②　048 ④　049 ②　050 ③　051 ①　052 ①

CHAPTER 03 항공기상학

053 다음 중 안정된 공기의 특성으로 올바른 것은?

① 양호한 기상 적운구름　　② 층운형 구름
③ 무제한 시정　　　　　　　④ 북극

[해설] 층운형 구름은 일정한 두께의 기층 안에서 넓은 지역에 발달하는 구름을 말하며 대기가 안정돼야 생긴다.

054 다음 중 불안정한 공기의 일반적인 특성으로 올바른 것은?

① 양호한 시정, 소나기성 강우, 적운형 구름
② 양호한 시정, 지속성 강우, 층운형 구름
③ 불량한 시정, 간헐적 강우, 적운형 구름
④ 불량한 시정, 지속성 강우, 층운형 구름

[해설] 적운형 구름은 빠른 상승기류에 의해 수직으로 발달하는 구름으로 눈이나 비가 내리며 가시거리가 짧아진다.

055 다음 중 강수현상에 포함되지 않는 것은?

① 싸라기　　② 눈　　③ 우박　　④ 태풍

[해설] 강수현상은 대기 중의 작은 물방울이나 얼음 결정들이 구름으로부터 땅으로 떨어지는 현상으로 비, 이슬비, 눈, 진눈깨비, 싸라기, 얼음싸라기, 작은 우박, 우박, 눈보라 등이 해당된다.

056 공기 중의 수증기의 양을 나타내는 것이 습도이다. 다음 중 습도의 양에 따라 달라지는 것은?

① 지표면의 물의 양　　② 바람의 세기
③ 기압의 상태　　　　　④ 온도

[해설] 기온이 높아지면 습도가 낮아진다.

057 다음 중 공기의 온도가 상승하면 기압이 낮아지는 이유로 올바른 것은?

① 가열된 공기는 가볍기 때문이다.
② 가열된 공기는 무겁기 때문이다.
③ 가열된 공기는 유동성이 있기 때문이다.
④ 가열된 공기는 유동성이 없기 때문이다.

058 지표면과 해수면의 가열정도와 속도가 달라 바람이 형성된다. 다음 중 주간에는 해수면에서 육지로 바람이 불며 야간에는 육지에서 해수면으로 부는 바람은?

① 해풍 ② 계절풍 ③ 해륙풍 ④ 국지풍

해설 주간에는 바다에서 육지로 불며 이를 해풍이라고 한다. 반면 밤에는 육지에서 바다로 부는데 이를 육풍이라고 한다.

059 다음 중 강우의 발생률을 높이는 것은?

① 수평활동 ② 상승기류
③ 사이클로닉 이동 ④ 국지풍

해설 지상의 따뜻한 공기가 상승하면서 수직으로 적운형 구름이 생겨 비가 내린다.

060 다음 중 층운형 구름을 형성하는 필수적인 조건으로 상승작용에 포함되는 것은?

① 불안정하고, 건조한 공기 ② 안정되고, 습한 공기
③ 불안정하고, 습한 공기 ④ 안정되고, 건조한 공기

061 다음 중 온도(temperature)에 대한 설명으로 올바르지 않은 것은?

① 온도는 물체의 차고 더운 정도를 수량적으로 표시한 것이다.
② 기온은 공기의 차고 더운 정도를 수량적으로 표시한 것이다.
③ 화씨온도는 1기압에서 물이 어는점을 0°F로 정했다.
④ 화씨온도 100°F는 습씨온도 37.7℃로 환산할 수 있다.

해설 섭씨온도는 1기압에서 물이 어는점은 0℃, 물이 끓는 점은 100℃로 정했다.

062 다음 중 열(heat)에 대한 설명으로 올바르지 않은 것은?

① 현열(Sensible Heat)은 물체를 가열, 냉각시키면 변화하는 열량을 말한다.
② 잠열(Latent Heat)은 물체가 고체에서 액체로 상태가 변화될 때 사용하는 열량을 말한다.
③ 비열(Specific Heat)은 어떤 물질 1g의 온도를 1℃ 높이는데 필요한 열량을 말한다.
④ 전열(total heat)은 사람의 감각이나 온도계로 측정 가능한 열을 말한다.

해설 전열(total heat)은 현열(Sensible Heat)과 잠열(Latent Heat)의 합을 말한다. 온도계로 측정 수 있는 열(heat)은 현열(Sensible Heat)이다.

053 ② 054 ③ 055 ④ 056 ④ 057 ① 058 ③ 059 ② 060 ② 061 ③ 062 ④

063 다음 중 기온이 항공기의 활주거리에 미치는 영향에 대한 설명으로 올바르지 않은 것은?

① 기온이 높은 여름철에는 이륙 활주거리가 길어진다.
② 기온이 오르면 공기밀도가 낮아져 착륙 활주거리가 길어진다.
③ 기온이 낮은 겨울철에는 착륙 활주거리가 길어진다.
④ 기온이 낮아지면 공기밀도가 높아지기 때문에 양력발생에 유리하다.

[해설] 기온이 낮은 겨울철에는 공기의 밀도가 높아져 양력발생에 유리하기 때문에 이륙 활주거리가 짧아진다.

064 다음 중 고도 10,000피트에서 표준온도는?

① -5℃   ② -15℃   ③ +5℃   ④ +15℃

[해설] 고도 1만 피트는 약 3,000미터에 해당된다. 표준기온은 15℃이고 1,000피트마다 2℃씩 내려간다.

065 다음 중 표준대기(Standard atmosphere)로 올바르지 않은 것은?

① 온도 15℃
② 압력 760mmHg
③ 압력 1053.2mb
④ 음속 340m/s

[해설] 평균 해수면 상의 기압은 1013.25hPa이다.

066 다음 중 표준상태 하에서 10,000m 상공의 온도는?

① -45℃   ② -50℃   ③ -55℃   ④ -60℃

[해설] 표준온도는 물체의 표준상태를 정하기 위해 취한 온도로 0℃이다. 고도 상승에 따른 기온 변화는 평균 0.5/100m 비율로 감소한다.

067 다음 중 해수면에서 표준온도와 표준기압은?

① 15℃와 29.92"Hg
② 59°F와 1013.2"Hg
③ 15℃와 29.92"Mb
④ 59°F와 1013.2"Mb

068 다음 중 고도 20,000피트에서 표준기온은?

① -15℃   ② -20℃   ③ -25℃   ④ -30℃

해설 고도 2만 피트는 약 6000미터에 해당되고 100미터당 0.5씩 감소한다.

069 다음 중 섭씨(celsius) 0℃는 화씨(fahrenheit) 몇 도인가?

① 0°F
② 32°F
③ 64°F
④ 212°F

해설 섭씨 0˚C는 화씨 32도에 해당된다.

070 다음 중 대기의 표준상태 조건에 포함되지 <u>않는</u> 것은?

① 온도 15°
② 기압 1013mb
③ 기압 29.92Hg
④ 지표면의 높이에서 측정

해설 지표면은 해수면을 기준으로 측정한다.

071 다음 중 평균 해면에서의 온도가 20℃일 때 1000ft(피트)에서 온도는?

① 40℃
② 18℃
③ 22℃
④ 0℃

해설 1000피트는 약 300미터이고 온도는 1000피트 상승할 때마다 2도씩 내려간다.

072 다음 중 기압을 표시하는 단위에 포함되지 <u>않는</u> 것은?

① Dyne
② 밀리바(mb)
③ 헥토파스칼(hpa)
④ inHg

063 ③ 064 ② 065 ③ 066 ② 067 ① 068 ④ 069 ② 070 ④ 071 ② 072 ①

073 다음 중 표준대기에 포함되지 <u>않는</u> 것은?

① 온도 15°C
② 압력 760mmHG
③ 지표면의 높이에서 측정
④ 음속 340m/s

074 다음 중 표준대기의 혼합기체의 비율은?

① 산소78%-질소21%-기타 1%
② 산소50%-질소50%-기타 1%
③ 산소21%-질소50% 기타 78%
④ 산소21%-질소78%-기타 1%

075 다음 중 평균 해면에서의 온도가 20℃일 때 1000ft에서의 온도는?

① 40℃
② 18℃
③ 22℃
④ 0℃

> [해설] 대류권에서는 높이가 높아질수록 공기의 밀도가 낮기 때문에 공기 분자사이의 마찰이 보다 적어 기온이 낮아진다. 1000ft 마다 2℃씩 낮아진다.

076 다음 중 표준대기(ISA) 조건에서 현재 지상기온이 31℃ 일 때 3000피트 상공의 기온은?

① 25℃
② 37℃
③ 29℃
④ 34℃

> [해설] 1000피트 -2℃, 3000피트면 -6℃, 31℃-6℃ = 25℃

077 다음 중 실제 공기온도와 이슬점 온도 분포에 대한 설명으로 올바른 것은?

① 상대습도가 감소함에 따라 감소
② 상대습도가 증가함에 따라 감소
③ 상대습도가 증가함에 따라 증가
④ 상대습도가 감소함에 따라 증가

> [해설] 이슬점 온도는 상대습도가 100% 될 때의 온도이며 공기가 포화되지 않을 경우 이슬점 온도는 실제기온보다 항상 낮게 나타난다.

078 다음 중 항공기의 구조적 착빙에 영향을 가장 적게 미치는 기상현상은?
① 낮은 구름　　　　　　　② 높은 구름
③ 다수의 착빙조건　　　　④ 안개

> **해설**　구조적 착빙은 비, 구름 등의 물방울 혹은 비행할 때 항공기 표면의 외부기온이 결빙점 이하일 때 발생한다.

079 다음 중 겨울철 비행기 날개의 서리를 제거하지 않았을 때 일어나는 현상으로 올바르지 않은 것은?
① 양력감소　　　　　　　② 항력증가
③ 공기역학적 특성 저하　　④ 비행성능과 무관하다.

080 다음 중 서리가 비행운용에 위험 요소로 고려되는 이유로 올바른 것은?
① 서리는 풍판의 기본 항공 역학적 형태를 변화 시킨다.
② 서리는 조종효과를 감소시킨다.
③ 서리는 양력손실을 초래하는 공기 흐름 분리의 원인이다.
④ 서리는 풍판의 기본 항공 역학적 형태를 변화 시키지 않는다.

> **해설**　서리(frost)는 수증기가 침착하여 지표나 물체의 표면에 얼어붙는 것으로 이슬점이 0℃ 이하일 때 생성된다.

081 다음 중 안정된 공기의 특성에 포함되지 않는 것은?
① 층운형 구름　　　　　　② 적운형 구름
③ 지속성 강우　　　　　　④ 잔잔한 기류

082 다음 중 대기의 기온이 0℃ 이하에서도 물방울이 액체로 존재하는 것은?
① 응결수　　　　　　　　② 과냉각수
③ 수증기　　　　　　　　④ 용해수

073 ③　074 ④　075 ②　076 ①　077 ②　078 ④　079 ④　080 ③　081 ②　082 ②

083 다음 중 구름의 명칭에 사용되는 접미사 'nimbus'의 의미로 올바른 것은?
① 광범위하게 수직으로 발달한 구름　② 비구름
③ 어두운 구름군　④ 솟구치는 구름

084 다음 중 가장 강한 요란이 있는 구름은?
① 로타형 구름　② 렌즈형 구름
③ 모자형 구름　④ 덩굴형 구름

> 해설　렌즈구름(Lenticular cloud)은 높은 고도에서, 바람 방향에 직각으로 정렬하고 있는 렌즈모양의 움직이지 않는 구름을 말한다.

085 다음 중 산악 지형에서 정체되어 있는 렌즈형 구름의 의미로 올바른 것은?
① 역전　② 불안한 공기
③ 난류　④ 제트기류

> 해설　렌즈형 구름(Lenticular cloud)는 산악파, 대류성 구름, 전선 등에 의해 형성되며 볼록렌즈를 하나 혹은 여러 개 합쳐 놓은 모양을 형성한다.

086 다음 중 국제적으로 통일된 하층운의 높이는 지표면으로부터 얼마인가?
① 4500ft　② 5500ft
③ 6500ft　④ 7500ft

> 해설　하층운은 상공2km 미만에 생성하는 것으로 층운, 층적운, 난층운이 포함된다.

087 다음 중 가장 큰 난류를 포함하고 있는 구름은?
① 솟구치는 구름　② 난적운
③ 성곽형 고적운　④ 권운

> 해설　난적운은 전선 부근에서 한기와 난기의 상하교체가 심해 발생하며 뇌우를 동반한다.

088 다음 중 높은 구름의 대부분을 구성하고 있는 것은?

① 오존 ② 응축 핵 ③ 빙정 ④ 미세먼지

> 해설   빙정(ice crystal)은 대기 중의 얼음 결정을 말하며 보통 6각기둥의 형태를 띤다.

089 다음 중 공기군의 안정성을 증가시키는 요인은?

① 하부로부터의 가열 ② 하부로부터의 냉각
③ 수증기 증가   ④ 수증기 감소

090 다음 중 뇌우와 항상 동반하는 기상현상은?

① 번개   ② 많은 소나기
③ 과냉각된 빗방울 ④ 적운

> 해설   뇌우(thunderstorm)은 주로 적란운에서 발생하며 천둥과 번개를 동반한다.

091 다음 중 과냉각수와 이슬점에 대한 설명으로 올바르지 않은 것은?

① 과냉각수는 0℃ 이하로 온도가 내려가도 응결되지 않고 액체상태로 남아 있는 경우이다.
② 과냉각수의 대표적인 예는 강수의 원인이 되는 수분의 과냉각적 상태인 수적(水滴)이다.
③ 이슬점은 포화상태의 공기가 냉각되면서 불포화상태에 도달해 수증기 응결이 시작되는 온도이다.
④ 이슬점은 다른 말로 노점이라고도 한다.

> 해설   이슬점(결로점)은 불포화상태의 공기를 서서히 냉각시켜 어떤 온도에 다다르면 포화상태에 도달해 수증기의 응결이 시작되는 온도를 말한다.

092 다음 중 뇌우에 대한 설명으로 올바르지 않은 것은?

① 뇌우는 번개와 천둥을 동반하는 폭풍우를 말한다.
② 돌풍, 폭우, 우박 등도 발생한다.
③ 뇌우를 회피해 비행하는 것이 안전하다.
④ 뇌우에 진입했다면 일정한 고도를 유지하는 것이 안전하다.

> 해설   뇌우를 회피할 수 없어 진입했다면 무리하게 일정 고도를 유지하기 보다는 기류를 탈 수 있도록 조정하는 것이 안전하다. 무리하게 고도를 유지하려고 시도하면 항공기 구조에 스트레스를 유발한다.

083 ② 084 ② 085 ③ 086 ③ 087 ② 088 ③ 089 ② 090 ① 091 ③ 092 ④

093 다음 중 일반적으로 뇌우의 적운 단계와 관련 있는 것은?

① 말린 구름
② 지속적인 상승기류
③ 지표면에 비가 내리기 시작
④ 안개

> **해설** 뇌우가 발생할 때 3단계를 거치는데 적운 단계에서는 강한 상승기류와 폭풍우를 동반한다. 성숙단계에서는 강한 강수가 내리고, 소멸단계에서는 강수는 약해지고 구름이 증발하기 시작한다.

094 다음 중 비행에 최대 장애요소인 비, 우박, 번개, 눈, 뇌성을 동반하는 거대한 폭풍우는?

① 뇌우
② 태풍
③ 돌풍
④ 스콜

095 다음 중 난적운 구름의 형성을 위해서는 필수적인 조건으로 상승작용에 포함되는 것은?

① 불안정한 건조한 공기
② 안정되고 습한 공기
③ 불안정하고 습한 공기
④ 안정되고 건조한 공기

096 다음 중 우박을 동반하는 구름은?

① 적운 구름
② 적난운 구름
③ 층적운 구름
④ 말린 구름

> **해설** 적란운은 수직으로 길게 뻗은 구름으로 많은 비를 뿌리며 폭우를 동반한다. 구름 속의 빙정이 얼음덩어리로 발전해 떨어지면 우박이 된다.

097 다음 중 하층운에 포함되는 구름은?

① 층적운
② 고층운
③ 권적운
④ 권운

> **해설** 하층운은 층적운, 층운 적운, 적란운이 포함된다.

098 다음 중 하층운으로 분류되는 구름은?

① St(층운) ② Cu(적운)
③ As(고층운) ④ Ci(권운)

> **해설** 하층운(층운, 층적운), 중층운(고층운, 고적운), 상층운(권층운, 권적운)

099 다음 중 대류성 기류에 의해 형성되는 구름은?

① 층운 ② 적운
③ 권층운 ④ 고층운

> **해설** 적운은 뭉게구름으로 비를 포함하고 있으며 하층운에 속한다.

100 다음 중 강우가 예상되는 구름은?

① CU(적운) ② St(층운) ③ As(고층운) ④ Ci(권운)

101 다음 대기권 중 기상변화가 발생하는 층으로 상승할수록 온도가 강하되는 층은?

① 성층권 ② 중간권 ③ 열권 ④ 대류권

102 다음 중 뇌운과 같이 동반하지 않는 것은?

① 하강기류 ② 우박 ③ 안개 ④ 번개

103 다음 중 구름이 발생하는 고도로 올바른 것은?

① 하층운은 8000피트 이하 ② 중층운은 6500~18000피트
③ 상층운은 20000피트 이상 ④ 상층운은 18000피트 이상

> **해설** 하층운은 2000m 이하, 중층운은 2000~6000m, 상층운은 60000m 이상에서 형성된다.

093 ② 094 ① 095 ③ 096 ② 097 ① 098 ① 099 ② 100 ① 101 ④ 102 ③ 103 ③

104 다음 중 하늘의 구름이 5/8~7/8일 때를 표시하는 기호는?

① CLR(Clear) ② FEW(Few)
③ SCT(Scattered) ④ BKN(Broken)

> 해설 하늘의 운량을 표시하는 구분은 CLR(Clear) : 1만2000ft 이하로 구름 없음, FEW(Few) : 1/8 ~ 2/8로 구름 조금, SCT(Scattered) : 3/8 ~ 4/8로 절반 구름, BKN(Broken) : 5/8 ~ 7/8로 구름 많음, OVR(Overcast) : 8/8로 구름이 하늘을 가림 등이 있다.

105 다음 중 하층운으로 분류되는 구름은?

① St(층운) ② Cu(적운)
③ As(고층운) ④ Ci(권운)

> 해설 하층운은 층운, 층적운이고 중층운은 고층운, 고적운이며 상층운은 권층운, 권적운 등이 있다.

106 다음 중 상층운에 속한 구름에 포함되지 않는 것은?

① 권운 ② 권적운 ③ 권층운 ④ 층적운

> 해설 층적운은 하층운에 속해 있으며 층운과 난층운도 포함되어 있다. 이 외에도 수직운(적운, 적란운)과 중층운(고적운, 고층운)이 있다.

107 다음 중 산악지형에서의 렌즈형 구름이 나타내는 것은?

① 불안정 공기 ② 비구름
③ 난기류 ④ 역전현상

108 다음 중 구름의 형성 요인 중 가장 관련이 없는 것은?

① 냉각 ② 수증기
③ 온난전선 ④ 응결핵

109 다음 중 권적운이 렌즈 모양을 할 경우 예상되는 기상현상은?

① 소낙비
② 난류
③ 착빙
④ 폭풍

해설 권적운이 렌즈 모양이 되면 UFO와 혼동하기도 하지만 난류가 발생한다.

110 다음 중 구름에 관한 항공기상보고 시 구름의 하단을 결정하는 기준은?

① 관측소의 압력고도
② 관측소의 평균 해수면 높이
③ 관측소 반경 1km 이내 가장 높은 곳의 고도
④ 관측소 표면으로 부터의 높이

111 다음 중 불안정한 공기가 존재하며 수직으로 발달한 구름에 포함되지 않는 것은?

① 권층운
② 권적운
③ 고적운
④ 층적운

해설 비(nimbus)를 포함한 구름은 난층운(nimbostratus), 적란운(cumulonimbus)이다.

112 다음 중 최대의 비행요란을 동반하는 구름 형태는?

① Towering cumulus(적운)
② Cumulonimbus(적란운)
③ Nimbostratus(난층운)
④ Altocumulus(고적운)

해설 적운은 수직으로 발달하는 구름으로 뭉게구름이라고도 한다.

113 다음 중 불안정한 공기가 존재하며 수직으로 발달한 구름에 포함되지 않는 것은?

① 권층운
② 권적운
③ 고적운
④ 층적운

해설 불안정한 공기에 의한 수직 발달 구름은 적운, 난적운, 층적운으로 적운형 구름에 해당된다.

104 ④ 105 ① 106 ④ 107 ③ 108 ③ 109 ② 110 ④ 111 ① 112 ① 113 ①

114 다음 중 높은 고도에서 생성되는 얼음비의 형태는?

① 눈 ② 우박
③ 얼음조각 ④ 물방울

115 다음 중 기단에 습기를 형성하는 과정에 포함되는 것은?

① 승화 및 가열 ② 과포화 및 증발현상
③ 가열과 응축현상 ④ 증발과 승화현상

> **해설** 기온이 높아지면서 바닷물이 증발해 상승하면서 뭉쳐진 공기덩어리가 기단이다. 기단의 성질은 기온과 습도가 결정한다.

116 다음 중 모든 기상의 물리적 과정을 초래하는 원인은?

① 공기의 이동 ② 압력의 차이
③ 열의 교환 ④ 습기

117 다음 중 안정된 기단의 특성으로 올바른 것은?

① 시정 양호, 소나기성 강우, 적운 ② 시정 양호, 연속성 강우, 층운
③ 시정 불량, 빈번한 강우, 적운 ④ 시정 불량, 연속성 강우, 층운

> **해설** 층운은 공기의 상하이동이 거의 없는 대기에서 발생하며 회색구름층으로 안개, 이슬비를 내린다.

118 다음 중 기단의 안정성을 감소시키는 것은?

① 하층부터 가열 ② 하층부터 냉각
③ 수증기량의 감소 ④ 1.5m기단의 침하

> **해설** 하층으로부터 가열된 공기가 상승하면 수직으로 적운형 구름이 생성되며 난기류가 형성된다.

119 다음 중 대기 중에 수증기의 양을 나타낸 것은?

① 기압
② 안개
③ 습도
④ 이슬비

> 해설 습도는 공기 중에 수증기가 포함된 정도를 말하며 수증기의 질량(g)의 비율을 백분율로 나타낸다.

120 다음 중 뇌우가 발생할 경우에 항상 함께 동반되는 기상현상은?

① 소나기
② 스콜
③ 안개
④ 번개

> 해설 뇌우(thunderstorm)는 번개와 천둥을 발생시키는 폭풍우를 말한다. 스콜은 열대지방에 내리는 소나기를 말한다.

121 다음 중 스콜(squall)에 대한 설명으로 올바르지 않은 것은?

① 갑자기 불기 시작해(풍속 11m/s이상) 몇 분(1분 이상) 동안 계속된 후 갑자기 멈추는 바람이다.
② 우리나라 한여름 소나기도 스콜이다.
③ 반드시 스콜성 구름이 나타난다.
④ 열대지방에서 주로 발생한다.

122 다음 중 태양의 복사에너지의 불균형으로 발생하는 것은?

① 바람
② 안개
③ 구름
④ 태풍

123 다음 중 바람이 생성되는 근본적인 원인은?

① 지구의 자전
② 태양의 복사에너지 불균형
③ 구름의 흐름
④ 대류와 이류 현상

114 ① 115 ④ 116 ③ 117 ④ 118 ① 119 ③ 120 ④ 121 ③ 122 ① 123 ②

124 다음 중 겨울에는 대륙에서 해양으로, 여름에는 해양에서 대륙으로 부는 바람은?

① 편서풍　　　　　　　　② 계절풍
③ 해풍　　　　　　　　　④ 대륙풍

> **해설**　계절풍은 몬순(monsoon)이라고도 하는데 아라비아어의 계절을 뜻하는 말이다. 여름에는 바다에서 대륙으로 불고 겨울에는 대륙에서 바다로 분다.

125 다음 중 바람이 발생하는 근본적인 원인으로 올바른 것은?

① 기압 차이　　　　　　② 고도 차이
③ 공기밀도 차이　　　　④ 지구의 자전

> **해설**　바람은 기압의 차이에서 발생하며 고기압에서 저기압으로 이동한다.

126 다음 중 산악지방에서 주간에 산 사면이 햇빛을 받아 온도가 상승해 산 사면을 타고 올라가는 바람은?

① 산풍　　　　　　　　　② 곡풍
③ 육풍　　　　　　　　　④ 푄(foehn)현상

> **해설**　산 정상에서 산 아래로 이동하는 것은 산풍, 골짜기에서 산 정상으로 이동하는 것은 곡풍이라고 한다.

127 다음 중 겨울에는 대륙에서 해양으로 여름에는 해양에서 대륙으로 부는 바람은?

① 편서풍　　　　　　　　② 계절풍
③ 해풍　　　　　　　　　④ 대륙풍

> **해설**　계절풍은 겨울과 여름의 대륙과 해양의 온도차이로 인해서 생긴다.

128 다음 중 바람에 대한 설명으로 올바르지 않은 것은?

① 풍속의 단위 ㎧, knot 등을 사용한다.
② 풍향은 지리학상의 진북을 기준으로 한다.
③ 풍속은 공기가 이동한 거리와 이에 소요되는 시간의 비(比)이다.
④ 바람은 기압의 낮은 곳에서 높은 곳으로 흘러가는 공기의 흐름이다.

129 다음 중 활강바람에 대한 설명으로 올바른 것은?

① 낮에 산 경사면을 따라 산 위쪽에서 계곡으로 내려오는 바람
② 높은 곳에 위치한 차갑고 밀도가 높은 공기가 중력에 의해 아래로 흘러가는 바람
③ 건조하고 상대적으로 더워진 산 뒤쪽의 바람
④ 하층에서 낮에 열적성질의 차이로 바다로부터 육지로 불어가는 바람

130 다음 중 주간에 산 사면이 햇빛을 받아 온도가 상승하여 산 사면을 타고 올라가는 바람은?

① 산풍   ② 곡풍
③ 육풍   ④ 푄현상

해설) 산 정상에서 골짜기로 부는 바람은 산풍, 골짜기에서 산 정상으로 이동하는 것은 곡풍이라고 한다.

131 다음 중 나뭇잎과 가는 가지가 쉴 새 없이 흔들리고, 깃발이 흔들릴 때 나타나는 풍속은 어느 정도인가?

① 0.3~1.5m/sec   ② 1.6~3.3m/sec
③ 3.4~5.4m/sec   ④ 5.5~7.9m/sec

해설) 남실바람이라고 한다.

132 다음 지역별로 부는 바람 중 적도와 북위 30도 사이에서 일정하게 부는 바람은?

① 무역풍   ② 편서풍   ③ 편동풍   ④ 계절풍

해설) 무역풍은 적도와 북위 30도 내에서 일정하게 북동풍이나 동풍이 부는 것을 말한다.

133 다음 중 바람의 방향, 즉 풍향을 파악할 수 있는 참조물에 포함되지 않는 것은?

① 굴뚝의 높이   ② 나뭇가지의 흔들림
③ 강물의 물결방향   ④ 구름의 움직임

해설) 굴뚝의 높이는 바람의 방향을 파악하는 참조물에 포함되지 않는다. 굴뚝에서 나오는 연기의 방향으로 풍향을 파악할 수 있다.

124 ② 125 ① 126 ② 127 ② 128 ④ 129 ② 130 ② 131 ③ 132 ① 133 ①

134 다음 중 굴뚝의 연기가 60° 이상 기울여져 퍼지면 바람의 속도는?

① 약 5노트
② 약 10노트
③ 약 15노트
④ 약 20노트

해설 굴뚝의 연기가 60° 이상 기울어지면 바람이 최소한 15노트 이상으로 불고 있다고 판단할 수 있다.

135 다음 중 풍속을 측정하는 깃발이 90° 이상 날리면 바람의 속도는?

① 약 5노트
② 약 10노트
③ 약 15노트
④ 약 20노트

해설 풍속을 측정하는 깃발이 날리는 각도가 90° 이상이면 풍속이 최소한 20노트 이상이 된다고 볼 수 있다.

136 다음 중 주간에는 해수면에서 육지로, 야간에는 육지에서 해수면으로 부는 바람은?

① 해풍
② 계절풍
③ 해륙풍
④ 국지풍

해설 해륙풍은 해안가에서 하루를 주기로 풍향이 바뀌는 바람을 말한다.

137 다음 중 나무로 풍속을 측정할 때 나뭇잎이 흔들리기 시작할 때의 풍속은?

① 0.3~ 3.3m/s
② 3.4 ~ 5.4 m/s
③ 5.5~7.9 m/s
④ 8.0 이상

해설 나무를 기준으로 풍속을 측정할 수 있는데 나뭇잎이 흔들리면 초속 0.3~3.3m/s 정도 분다고 볼 수 있다.

138 다음 중 해륙풍과 산곡풍에 대한 설명으로 올바르지 <u>않은</u> 것은?

① 낮에 바다에서 육지로 공기가 이동하는 것을 해풍이라 한다.
② 밤에 육지에서 바다로 공기가 이동하는 것을 육풍이라 한다.
③ 낮에 골짜기에서 산 정상으로 공기가 이동하는 것을 곡풍이라 한다.
④ 밤에 산 정상에서 산 아래로 공기가 이동하는 것을 곡풍이라 한다.

해설 산 정상에서 산 아래로 부는 바람을 산풍이라고 한다.

139 다음 중 해풍에 대한 설명으로 올바른 것은?

① 밤에 해상에서 육지 방향으로 부는 바람
② 낮에 해상에서 육지 방향으로 부는 바람
③ 밤에 육지에서 바다 방향으로 부는 바람
④ 밤에 해상에서 육지 방향으로 부는 바람

해설 낮에는 해상에서·육지, 밤에는 육지에서 해상으로 바람이 분다.

140 다음 항공기상 용어 중 'WIND CALM'의 의미는?

① 바람의 세기가 무풍이거나 5Kts 이하이다.
② 바람의 세기가 5Kts 이상이다.
③ 바람의 세기가 10Kts 이상이다.
④ 바람의 세기가 15Kts 이상이다.

해설 무풍상태는 바람이 없거나 5kt 이하일 때를 말한다. 무풍활주로는 지상풍의 풍속이 5kt 이하일 때 사용하는 활주로이다.

141 공기는 고기압에서 저기압으로 흐른다. 다음 중 이러한 흐름을 직접적으로 방해하는 힘은?

① 구심력 ② 원심력
③ 전향력 ④ 마찰력

142 지표면의 바람이 일기도상의 등압선과 일치하지 않는 것은 지표면 지형의 형태에 따라 마찰력이 작용해 심하게 굴곡되기 때문이다. 다음 중 마찰층의 범위는?

① 1000ft 이내 ② 2000ft 이내
③ 3000ft 이내 ④ 4000ft이내

해설 마찰층은 지표면에서의 마찰에 의해 대기의 운동이 뚜렷하게 영향을 받는 층으로 대개 1km 이내를 말한다.

143 다음 중 고기압이나 저기압에 대한 설명으로 올바른 것은?

① 고기압 지역은 마루에서 공기가 올라간다.
② 고기압 지역은 마루에서 공기가 내려간다.
③ 저기압 지역은 골에서 공기가 정체한다.
④ 저기압 지역은 골에서 공기가 내려간다.

> **해설** 태양으로부터 받는 열량의 차이로 지구를 둘러싸고 있는 공기의 밀도가 지역에 따라 다르게 나타난다.

144 다음 중 고기압 지역에서 저기압 지역으로 고도계 조정없이 비행하면 고도계는?

① 해면 위 실제 고도보다 낮게 지시
② 해면 위 실제 고도 지시
③ 해면 위 실제 고도보다 높게 지시
④ 변화하지 않는다.

145 다음 중 지표면에서 기온역전이 가장 잘 일어날 수 있는 조건은?

① 바람이 많고 기온차가 매우 높은 낮
② 약한 바람이 불고 구름이 많은 밤
③ 강한 바람과 함께 강한 비가 내리는 낮
④ 맑고 약한 바람이 존재하는 서늘한 밤

146 다음 중 푄(Foehn) 현상에 대한 설명으로 올바르지 않은 것은?

① 한국의 영서지방에서 계절에 관계없이 부는 고온 건조한 바람이다.
② 습한 공기가 태백산맥을 넘어서 하강하면서 건조한 바람으로 변한다.
③ 유럽에서도 알프스 산맥을 넘어 스위스로 고온 건조한 바람이 분다.
④ 미국도 태평양의 습한 공기가 록키산맥을 넘으면서 푄 현상이 발생한다.

> **해설** 한국의 영서지방에서는 늦은 봄과 초여름에 푄현상이 발생한다.

147 다음 중 해륙풍과 계절풍에 대한 설명으로 올바른 것은?

① 해륙풍은 낮에는 바다에서 육지로, 밤에는 육지에서 바다로 바람이 분다.
② 해륙풍은 낮에는 육지에서 바다로, 밤에는 바다에서 육지로 바람이 분다.
③ 한국에서 계절풍은 겨울철 남동풍이, 여름철 북서풍이 분다.
④ 계절풍은 통상 분기를 주기로 풍향이 바뀌는 바람이다.

> **해설** 해륙풍은 낮에는 바다에서 육지로 부는 해풍이, 밤에는 육지에서 바다로 부는 육풍이 형성된다. 한국에서 계절풍은 겨울철 북서풍이, 여름철에는 남동풍이 불며 1년을 주기로 풍향이 바뀐다. 24시간(1일)을 주기로 풍향이 바뀌는 해륙풍과 구별해야 한다.

148 다음 중 북반구 고기압과 저기압의 회전방향으로 올바른 것은?

① 고기압-시계방향, 저기압-시계방향
② 고기압-시계방향, 저기압-반시계방향
③ 고기압-반시계방향, 저기압-시계방향
④ 고기압-반시계방향, 저기압-반시계방향

149 다음 중 변하지 않는 북쪽으로 북극성의 방향은?

① 북극
② 진북
③ 자북
④ 도북

해설 진북은 변하지 않는 북쪽으로 북극성의 방향을 말한다. 자북은 나침반의 N극이 가르키는 북쪽, 도북은 지도상의 북쪽을 말한다.

150 다음 중 진북과 자북의 사이각은 무엇인가?

① 복각 ② 수평분력 ③ 편각 ④ 자차

해설 편각은 북극성이 가리키는 진북과 자석의 N극이 가리키는 자북의 사이를 말한다.

151 다음 중 마그네틱 컴퍼스가 지시하는 북쪽은?

① 진북 ② 도북 ③ 자북 ④ 북극

해설 자석의 N극이 가르치는 것은 자북이다.

152 다음 중 지상 METAR 보고에서 바람 방향, 즉 풍향의 기준은?

① 자북
② 진북
③ 도북
④ 북쪽

해설 기상정보(METAR)는 'Meteorological Aerodrome Report'의 준말로 공항의 기상관측 자료를 말한다.

143 ②　144 ③　145 ④　146 ①　147 ①　148 ②　149 ②　150 ③　151 ③　152 ②

153 지면과 해수면의 가열정도와 속도가 달라 바람이 형성된다. 다음 중 주간에는 해수면에서 육지로 바람이 불며 야간에는 육지에서 해수면으로 부는 바람은?

① 해풍　　　　② 계절풍　　　　③ 해륙풍　　　　④ 국지풍

> 해설　해륙풍은 지면과 해수면의 가열정도와 속도가 달라 바람이 형성된다. 낮에는 해수면에서 육지로 해풍, 밤에는 육지에서 해수면으로 육풍이 분다.

154 다음 중 바람이 고기압에서 저기압 중심부로 불어갈수록 북반구에서는 우측으로 90° 휘게 되는 원인은?

① 편향력　　　　　　　　　② 지향력
③ 기압경도력　　　　　　　④ 지면 마찰력

> 해설　편향력(deviating force)은 지구자전의 영향으로 그 속도에 비례하고 운동방향이 북반구에서는 오른쪽, 남반구에서는 왼쪽방향에 수직으로 작용하는 힘이다. 일명 코리올리 힘(coriolis force)이라고도 한다.

155 다음 중 태풍에 세력이 약해져 소멸되기 직전 또는 소멸되어 변하는 기상현상은?

① 열대성 고기압　　　　　② 열대성 저기압
③ 온대성 고기압　　　　　④ 온대성 저기압

> 해설　태풍은 적도부근에서 발생한 열대성 저기압을 말하며 육지에 상륙한 이후 온대성 저기압으로 바뀌면서 소멸된다.

156 다음 중 태풍의 발생 지역별 호칭으로 올바르지 않은 것은?

① 극동지역 – TYPHOON(태풍)　　　　② 인도양지역 – CYCLONE(싸이클론)
③ 북미지역 – HURRICANE(허리케인)　　④ 필리핀 – WILLY WILLY(윌리윌리)

> 해설　윌리 윌리는 남태평양에서 오스트레일리아와 뉴질랜드를 향해서 부는 바람이다.

157 다음 중 열대성 저기압에 대한 설명으로 올바르지 않은 것은?

① 열대지방을 발원지로 하고 폭풍우를 동반한 저기압을 총칭해서 열대성 저기압이라고 한다.
② 미국을 강타하는 허리케인과 인도 지방을 강타하는 싸이클론이 있다.
③ 발생 수는 7월경부터 증가해 8월에 가장 왕성하고 9월, 10월에 서서히 줄어든다.
④ 하층에는 태풍 진행 방향의 좌측 반원에서는 태풍기류와 일반기류가 같은 방향이 되기 때문에 풍속이 더욱 강해진다.

> 해설　태풍의 바람은 진행방향의 우측이 좌측보다 강하고, 하층바람은 지표마찰에 의해 상층보다 약하다.

158 다음 중 태풍경보가 발령되는 상황은?

① 태풍으로 인해 풍속이 15㎧ 이상, 강우량이 80mm이상 시
② 태풍으로 인해 풍속이 17㎧ 이상, 강우량이 100mm이상 시
③ 태풍으로 인해 풍속이 20㎧ 이상, 강우량이 120mm이상 시
④ 태풍으로 인해 풍속이 25㎧ 이상, 강우량이 150mm이상 시

[해설] 태풍경보는 최대풍속 21m/sec 이상일 때 기상청에서 발표하는 기상특보를 말한다.

159 다음 중 적도부근에서 발생하는 태풍은?

① 열대성 고기압   ② 열대성 저기압
③ 열대성 폭풍   ④ 온대성 저기압

[해설] 태풍은 열대성 저기압으로 주로 필리핀 근해에서 발생해 동남아시아, 중국, 일본 등에 영향을 미친다.

160 다음 중 태풍의 세력이 약해져서 소멸되기 직전 또는 소멸되는 것은?

① 열대성 고기압   ② 열대성 저기압
③ 열대성 폭풍   ④ 편서풍

[해설] 태풍이 소멸되면 열대성 저기압으로 변한다.

161 다음 중 태풍(Typhoon)의 지역별 명칭으로 올바르게 연결된 것은?

① 필리핀 근해 : 허리케인(Hurricane)
② 북대서양, 카리브해, 멕시코만, 북태평양 동부 : 태풍(Typhoon)
③ 인도양, 아라비아해, 뱅골만 : 사이클론(Cyclone)
④ 북태평양 부근 : 윌리윌리(Willy-Willy)

[해설] ① 필리핀 근해에서 발생하는 것을 태풍(Typhoon), ② 북대서양, 카리브해, 멕시코만, 북태평양 동부에서 발생하는 것은 허리케인(Hurricane), ③ 인도양, 아라비아해, 뱅골만 등에서 생기는 것은 사이클론(Cyclone), ④ 오스트레일리아 부근 남태평양에서 발생하는 것은 윌리윌리(Willy-Willy)라고 부른다.

153 ③ 154 ① 155 ② 156 ④ 157 ④ 158 ④ 159 ② 160 ② 161 ③

162 다음 중 기압에 대한 설명으로 올바르지 않은 것은?

① 일반적으로 고기압권에서는 날씨가 맑고 저기압권에서는 날씨가 흐린 경향을 보인다.
② 북반구 고기압 지역에서 공기흐름은 시계방향으로 회전하면서 확산된다.
③ 등압선의 간격이 클수록 바람이 약하다.
④ 해수면 기압 또는 동일한 기압대를 형성하는 지역을 따라서 그은 선을 등고선이라 한다.

163 다음 중 태풍에 대한 설명으로 올바르지 않은 것은?

① 열대지방(해양)을 발원지로 하고 폭풍우를 동반한 저기압을 총칭해서 열대성 저기압이라고 한다.
② 미국을 강타하는 '허리케인'과 인도지방을 강타하는 '싸이클론'이 있다.
③ 발생 수는 7월경부터 증가하여 8월에 가장 왕성하고 9, 10월에 서서히 줄어든다.
④ 하층에는 태풍진행 방향의 좌측반원에서는 태풍기류와 일반기류와 같은 방향이 되기 때문에 풍속이 더욱 강해진다.

> **해설** 태풍(Typhoon)은 북태평양 서쪽 열대 해상에서 발생하는 열대 저기압(TC : Tropical Cyclone)의 한 종류로, 중심 부근의 최대 풍속이 17.2m/s 이상의 강한 폭풍우를 동반하고 있는 기상현상을 말한다.

164 다음 기압에 대한 설명 중 올바르지 않은 것은?

① 해수면 기압 또는 동일한 기압대를 형성하는 지역을 따라서 그은 선을 등압선이라 한다.
② 고기압 지역에서 공기흐름은 시계방향으로 돌면서 밖으로 흘러 나간다.
③ 일반적으로 고기압권에서는 날씨가 맑고 저기압권에서는 날씨가 흐린 경향을 보인다.
④ 일기도의 등압선이 넓은 지역은 강한 바람이 예상된다.

> **해설** 등압선이 좁은 지역에서 강한 바람이 분다.

165 다음 설명 중에서 올바르지 않은 것은?

① 해수면 기압 또는 동일한 기압대를 형성하는 지역을 따라서 그은 선을 등압선이라 한다.
② 고기압 지역에서 공기흐름은 시계방향으로 돌면서 밖으로 흘러 나간다.
③ 일반적으로 고기압권에서는 날씨가 맑고 저기압권에서는 날씨가 흐린 경향을 보인다.
④ 일기도의 등압선이 넓은 지역은 강한 바람이 예상된다.

166 다음 중 기압 고도계를 장비한 비행기가 일정한 계기 고도를 유지하면서 기압이 낮은 곳에서 높은 곳으로 비행할 때 기압고도계의 지침의 상태는?

① 실제고도 보다 높게 지시한다.
② 실제고도와 일치한다.
③ 실제고도 보다 낮게 지시한다.
④ 실제고도보다 높게 지시한 후에 서서히 일치한다.

> **해설** 압력 변화를 표시하기 위해 아네로이드 기압계를 사용하는데, 더 높이 올라갈수록 공기가 희박해지면서 아네로이드 기압계는 수축된다.

167 다음 중 기압고도(Pressure altitude)에 대한 설명으로 올바른 것은?

① 항공기의 지표면의 실측 높이이며 "AGL"단위를 사용한다.
② 고도계 수정치를 표준 대기압(29.92inHg)에 맞춘 상태에서 고도계가 지시하는 고도
③ 기압고도에서 비표준 온도와 기압을 수정해서 얻은 고도이다.
④ 고도계를 해당 지역이나 인근 공항의 고도계 수정치 값에 수정했을 때 고도계가 지시하는 고도

168 다음 중 기압고도(Pressure altitude)에 대한 설명으로 올바른 것은?

① 고도계가 지시하는 고도
② 표준대기압에 맞춘 상태에서 고도계가 지시하는 고도
③ 진고도와 절대고도를 합한 고도
④ 비표준기압을 보정한 고도

169 다음 중 진고도(True altitude)에 대한 설명으로 올바른 것은?

① 항공기와 지표면의 실측 높이이며 "AGL" 단위를 사용한다.
② 고도계 수정치를 표준 대기압(29.92 "Hg)에 맞춘 상태에서 고도계가 지시하는 고도
③ 평균 해수면 고도로부터 항공기까지의 실제 높이
④ 고도계를 해당 지역이나 인근, 공항의 고도계 수정치 값에 수정했을 때 고도계가 지시하는 고도

> **해설** 진고도는 비표준 대기상태를 수정한 수정 고도로서 평균 해면고도 위의 실제 높이이다.

162 ④ 163 ④ 164 ④ 165 ④ 166 ③ 167 ② 168 ② 169 ③

170 다음 중 해발 150m의 비행장 상공에 있는 비행기 진 고도가 500m라면 이 비행기의 절대고도는 얼마인가?

① 650m   ② 350m
③ 500m   ④ 150m

171 다음 중 절대고도에 대한 설명으로 올바른 것은?

① 고도계가 지시하는 고도   ② 지표면으로부터의 고도
③ 표준기준면에서의 고도   ④ 계기오차를 보정한 고도

172 다음 중 고도계를 수정하지 않고 온도가 낮은 지역을 비행할 때 실제고도는?

① 낮게 지시한다.   ② 높게 지시한다.
③ 변화가 없다.   ④ 온도와 무관하다.

173 다음 중 기압고도와 밀도고도가 일치하는 기상조건은?

① 기온이 0°F 시의 해수면 고도   ② 고도계의 설치 오차가 없을 때
③ 표준기온   ④ 기온이 59℃의 해수면 고도

174 다음 중 공기의 온도가 증가하면 기압이 낮아지는 이유로 올바른 것은?

① 가열된 공기는 가볍기 때문이다.
② 가열된 공기는 무겁기 때문이다.
③ 가열된 공기는 유동성이 있기 때문이다.
④ 가열된 공기는 유동성이 없기 때문이다.

175 다음 중 등압선(isobar)에 대한 설명으로 올바르지 않은 것은?

① 등압선은 기압이 일정한 지역을 연결한 선이다.
② 등압선의 간격이 좁으면 강풍이 있다.
③ 등압선의 간격이 넓으면 바람이 안정돼 있다.
④ 등압선은 등고선과 밀접하게 연관돼 있다.

> **해설** 등압선은 기압이 일정한 지역을 연결한 선이고 등고선은 고도가 동일한 지역을 연결한 선으로 서로 관계가 없다.

176 다음 중 비행성능에 영향을 주는 요소에 대한 설명으로 올바르지 않은 것은?

① 공기밀도가 낮아지면 엔진 출력이 나빠지고 프로펠라 효율도 떨어진다.
② 습도가 높으면 공기밀도가 낮아져 양력발생이 감소된다.
③ 습도가 높으면 밀도가 낮은 것보다 엔진성능 및 이착륙 성능이 더욱 나빠진다.
④ 무게가 증가하면 이착륙 시 활주거리가 길어지고 실속(stall)속도도 증가한다.

해설 공기의 밀도는 단위 면적당 공기의 양을 의미하며 대기의 온도에 따라 달라진다. 공기의 밀도가 적어지면 항공기의 성능이 감소하고 공기의 밀도가 높으면 항공기의 성능이 증가한다. 습도가 높을수록 항공기의 이륙거리가 길어진다.

177 다음 뇌우를 조우했을 때 조종사의 대응요령에 대한 설명 중 가장 올바른 것은?

① 뇌우를 만나면 통과할 때까지 직진으로 빨리 빠져 나가야만 한다.
② 뇌우 속에서는 엔진 출력을 최대로 하고 수평자세를 끝까지 유지해야 한다.
③ 뇌우는 반드시 회피해야 한다.
④ 뇌우는 큰 소나기구름 이므로 옆을 살짝 피해가면 된다.

해설 뇌우는 비행기의 안전에 영향을 미칠 수 있으므로 가급적이면 회피해 운항한다.

178 다음 중 뇌우에 대한 설명으로 올바른 것은?

① 뇌우를 만나면 통과할 때까지 직진으로 빨리 빠져 나가야만 한다.
② 뇌우 속에서는 엔진 출력을 최대로 하고 수평자세를 끝까지 유지해야 한다.
③ 뇌우는 반드시 회피해야 한다.
④ 뇌우는 큰 소나기구름 이므로 옆을 살짝 피해가면 된다.

179 다음 중 뇌우(천둥)가 발생하면 항상 함께 일어나는 기상현상은?

① 소나기
② 스콜
③ 우박
④ 번개

해설 번개의 빛은 전파속도가 빠르기 때문에 번개가 친 이후 천둥소리를 듣게 된다.

170 ② 171 ② 172 ① 173 ③ 174 ① 175 ④ 176 ② 177 ③ 178 ③ 179 ④

180 다음 뇌우의 활동 단계 중 그 강도가 최대이고 밑면에서는 강수현상이 나타나는 단계는?

① 생성단계　　　　　　　② 누적단계
③ 성숙단계　　　　　　　④ 소멸단계

[해설] 뇌우는 성숙단계에서 가장 활발하고 이후 바로 소멸한다.

181 다음 중 윈드쉬어(Wind shear)에 대한 설명으로 올바르지 않은 것은?

① 윈드쉬어는 동일 지역 내에 바람의 방향이 급변하는 것으로 풍속의 변화는 없다.
② 윈드쉬어는 어느 고도층에서나 발생하며 수평, 수직적으로 일어날 수 있다.
③ 저고도 기온 역전층 부근에서 윈드쉬어가 발생하기도 한다.
④ 착륙 시 양쪽 활주로 끝 모두가 배풍을 지시하면 저고도 윈드쉬어로 인식하고 복행을 해야 한다.

[해설] 윈드쉬어는 바람의 방향이나 세기가 갑자기 바뀌는 현상이므로 풍속도 변하게 된다.

182 다음 중 평균 풍속보다 10노트 이상의 차이가 있으며 순간 최대 풍속이 17노트 이상 강풍이 수초동안 지속되는 바람은?

① 돌풍(gust)　　　　　　② 스콜(squall)
③ 윈드쉬어(wind shear)　　④ 태풍(typhoon)

[해설] 돌풍은 평균 풍속이 수초 동안 10노트 이상 차이가 나야 하고 스콜(squall)은 10노트 이상의 차이가 나는 바람이 수분동안 이어져야 한다.

183 다음 중 윈드쉬어(wind shear)에 대한 설명으로 올바르지 않은 것은?

① Wind shear는 동일 지역 내에 바람의 방향이 급변하는 것으로 풍속의 변화는 없다.
② Wind shear는 어느 고도층에서나 발생하며 수평·수직적으로 일어날 수 있다.
③ 저고도 기온 역전층 부근에서 Wind shear가 발생하기도 한다.
④ 착륙시 양쪽 활주로 끝 모두가 배풍을 지시하면 저고도 wind shear로 인식하고 복행을 해야 한다

[해설] 윈드쉬어는 소용돌이가 강하게 발생하는 난기류로 풍향 풍속이 공간적으로 급변하는 지역에서 발생한다.

184 다음 중 평균 풍속보다 10kts 이상의 차이가 있으며 순간 최대풍속이 17knot 이상의 강풍이며 지속시간이 초단위로 순간적 급변하는 바람은?

① 돌풍
② 스콜
③ 윈드쉬어
④ 마이크로버스트

해설 돌풍은 순간적으로 발생해 풍속이 강하지만 곧 사라진다.

185 다음 중 난기류를 발생시키는 원인에 포함되지 않는 것은?

① 대형 산맥에서 산악파가 발생
② 고도에 관계없이 발생하는 제트기류
③ 번개구름 속에서 발생한 대류운 기류
④ 대형 항공기 앞에서 발생하는 후류

해설 대형 항공기의 후류에 의해 난기류가 발생한다. 날개 끝에서 발생하는 와류는 뒤따라오는 항공기에 치명적인 위협이 되므로 주의해야 한다.

186 다음 난기류 중 하나인 산악파에 대한 설명으로 올바르지 않은 것은?

① 산악파는 바람이 산맥을 넘을 때 발생한다.
② 대기가 안정되고 건조하면 산꼭대기를 향해 기류가 상승한다.
③ 산악파는 산맥의 규모나 높이와는 관계가 없다.
④ 산꼭대기의 풍속이 20노트 이하면 발생하지 않는다.

해설 산악파는 산맥의 규모가 크고 험준할수록 잘 생긴다.

187 다음 난기류의 등급 중 항공기의 고도와 자세의 변화를 초래하지만 조종이 가능한 상태는?

① 약한 난기류
② 보통 난기류
③ 심한 난기류
④ 극심한 난기류

해설 항공기의 고도와 자세가 변할 정도의 바람이 세지만 조종이 가능한 상태는 보통 난기류가 발생했을 때이다.

180 ③ 181 ① 182 ① 183 ① 184 ① 185 ④ 186 ③ 187 ②

188 다음 중 난기류에 대한 설명으로 올바르지 않은 것은?

① 약한 난기류(LGT)는 풍속 25kts 이하로 항공기의 조종은 가능하다.
② 보통 난기류(MOD)는 항공기 자세의 변화는 초래하지만 조종은 가능하다.
③ 심한 난기류(SVR)는 좌석벨트를 착용하면 안전한 상태로 비행이 가능하다.
④ 극심한 난기류(XTRM)은 항공기 조종이 불가능한 상태로 구조적 손상을 초래할 수 있다.

> **해설** 난기류는 약한 난기류(LGT), 보통 난기류(MOD), 심한 난기류(SVR), 극심한 난기류(XTRM) 등으로 구분할 수 있다. 심한 난기류(SVR)는 좌석벨트를 착용해도 자세를 유지하기 어려울 정도로 심한 상태가 발생하며 순간적으로 항공기 조종이 불가능해진다.

189 다음 중 난기류(Turbulence)를 발생하는 주요인에 포함되지 않는 것은?

① 안정된 대기상태
② 바람의 흐름에 대한 장애물
③ 대형 항공기에서 발생하는 후류
④ 기류의 수직 대류현상

> **해설** 대기상태가 안정되면 난기류가 발생하지 않는다.

190 다음 중 비행후류(wake turbulence)가 가장 크게 발생하는 항공기는?

① 가볍고 빠른 항공기
② 무겁고 빠른 항공기
③ 가볍고 느린 항공기
④ 무겁고 느린 항공기

> **해설** 비행후류는 무겁고 느린 항공기일수록 크게 작용한다.

191 바람의 방향이나 세기가 갑자기 바뀌는 현상을 윈드쉬어(wind shear)라고 한다. 다음 중 윈드쉬어의 원인에 포함되지 않는 것은?

① 대규모 전선대
② 지구의 자전속도
③ 빠른 해륙풍
④ 복사 역전층

> **해설** 지구의 자전속도는 일정하기 때문에 윈드시어의 원인이라고 보기 어렵다.

192 다음 중 습도와 기압의 변화로 공기밀도에 미치는 영향에 대한 설명으로 올바른 것은?

① 공기밀도는 기압에 비례하며 습도에 반비례한다.
② 공기밀도는 기압과 습도에 비례하며 온도에 반비례한다.
③ 공기밀도는 온도에 비례하고 기압에 반비례한다.
④ 온도와 기압의 변화는 공기밀도와는 무관하다.

193 일정 기압의 온도를 하강시켰을 때, 대기는 포화되어 수증기가 작은 물방울로 변하기 시작한다. 다음 중 이 때의 온도는?

① 포화온도
② 노점온도
③ 대기온도
④ 상대온도

> 해설 노점온도(dew point temperature)는 습한 공기가 냉각되면서 공기 중의 수증기가 응결되기 시작하는 온도를 말한다.

194 다음 중 기온차이가 나는 큰 공기덩어리가 서로 만나는 면은?

① 기단
② 등압선
③ 등고선
④ 전선

> 해설 기단은 성질이 일정한 공기덩어리이며 공기 찬 공기와 더운 공기가 서로 만나는 면을 전선이라고 한다.

195 다음 중 한랭전선의 특징에 포함되지 않는 것은?

① 적운형 구름이 생긴다.
② 따뜻한 기단 위에 형성된다.
③ 좁은 지역에 소나기나 우박이 내린다.
④ 온난전선에 비해 이동 속도가 빠르다.

> 해설 한랭전선은 따뜻한 기단 아래에 형성되며 적란운을 발생시켜 소나기가 내린다.

188 ③ 189 ① 190 ④ 191 ② 192 ① 193 ② 194 ④ 195 ②

196 다음 중 찬 기단이 따뜻한 기단 쪽으로 이동할 때 생기는 전선은?

① 온난전선 ② 한랭전선
③ 정체전선 ④ 폐색전선

해설 한랭전선은 찬 공기가 따뜻한 공기 밑으로 파고들어가 형성된다.

197 다음 중 온난전선에 대한 설명으로 올바르지 <u>않은</u> 것은?

① 지속적인 강수현상으로 인해 장시간 시정장애 현상이 발생한다.
② 저고도의 두꺼운 구름층이 형성되면서 비가 온다.
③ 온난전선 아래의 지표면에서는 바람이 거의 불지 않는다.
④ 기압은 점차 내려가다가 온난전선이 통과한 후 약간 상승한다.

해설 온난전선 아래의 지표면에서는 남풍 또는 남동풍이 불고, 갑작스러운 풍향 변화가 일어난다.

198 다음 중 폐색전선에 대한 설명으로 올바르지 <u>않은</u> 것은?

① 소나기로 인한 시정장애현상이 발생한다.
② 폐색전선은 대기가 안정되면서 바람이 불지 않는다.
③ 저고도의 두꺼운 구름이 발생해 시정이 나빠진다.
④ 온난형 폐색전선은 통과 후에 기온이 올라간다.

해설 폐색전선에서 바람은 동풍, 남동풍이 불다가 서풍 또는 북서풍으로 변한다.

199 다음 중 정체전선에 대한 설명으로 올바르지 <u>않은</u> 것은?

① 정체전선은 움직이지 않거나 느리게 움직이는 전선을 말한다.
② 한랭한 기단과 온난한 기단이 서로 평형을 이룰 때 생긴다.
③ 여름철 발생하는 장마전선도 정체전선의 일종이다.
④ 정체전선이 형성되면 지속적으로 비가 내린다.

해설 정체전선이 형성되면 구름이 생겼다가 비가 내리고, 비가 내리고 난 후 금방 맑아졌다가 비가 내리는 등 날씨가 종잡을 수가 없게 된다.

200 다음 중 전선(front)이 이동한 후 기상현상에 대한 설명으로 올바르지 않은 것은?

① 온난전선이 지나간 후에는 기온이 내려간다.
② 한냉전선이 지나간 후에는 기온이 내려간다.
③ 온난형 폐색전선이 지나간 후에는 기온이 올라간다.
④ 한냉형 폐색전선이 지나간 후에는 기온이 내려간다.

해설 온난전선이 통과할 때 기온이 올라간 이후 통과 후에는 높은 기온이 유지된다.

201 다음 중 온난전선에 관련해 가장 위험한 비행의 기상상태는?

① 이류안개 ② 복사안개 ③ 강우성 안개 ④ 해무

202 다음 중 주로 봄과 가을에 이동성 고기압과 함께 동진해 와서 한반도에 따뜻하고 건조한 일기를 나타내는 기단은?

① 오호츠크해기단 ② 양쯔강기단
③ 북태평양기단 ④ 적도기단

해설 양쯔강기단은 중국의 양쯔강에서 발생한 고온 건조한 기단을 말한다.

203 다음 중 해양의 특성인 많은 습기를 함유하고 비교적 찬 공기 특성을 지니고 늦봄, 초여름에 높새바람과 장마전선을 동반한 기단은?

① 오호츠크해기단 ② 양쯔강기단
③ 북태평양기단 ④ 적도기단

204 다음 중 해양성 기단으로 매우 습하고 더우면서 주로 7~8월 태풍과 함께 한반도 상공으로 이동하는 기단은?

① 오호츠크해기단 ② 양쯔강기단
③ 북태평양기단 ④ 적도기단

196 ② 197 ③ 198 ② 199 ④ 200 ① 201 ③ 202 ② 203 ① 204 ④

205 다음 우리나라에 영향을 미치는 기단 중 초 여름 장마기에 해양성 한대 기단으로 불연속선의 장마전선을 이뤄 영향을 미치는 기단은?

① 시베리아기단 ② 양쯔강기단
③ 오호츠크해 기단 ④ 북태평양 기단

206 일반적으로 한랭전선이 온난전선보다 빨리 이동해 온난전선에 따라 붙고 이어서 난기단은 한랭전선 위를 타고 올라가게 되어 난기가 지상으로 닫혀버렸다. 다음 중 한랭전선이 온난전선에 따라 붙어 합쳐져 중복된 부분을 무엇이라 부르는가?

① 정체전선 ② 대류성 한랭전선
③ 북태평양 고기압 ④ 폐색전선

[해설] 정체전선은 거의 이동하지 않고 일정한 자리에 머물러 있거나 움직여도 매우 느리게 움직이는 전선을 말한다. 한반도에서 초여름에 형성되는 장마전선이 대표적이다.

207 다음 중 찬 기단이 따뜻한 기단 쪽으로 이동할 때 생기는 전선은?

① 온난전선 ② 한랭전선
③ 정체전선 ④ 폐색전선

[해설] 한랭전선은 찬 공기가 더운 공기를 미는 경우에 발생한다.

208 다음 중 한랭기단의 찬 공기가 온난기단의 따뜻한 공기 쪽으로 파고들 때 형성되며 전선 부근에 소나기나 뇌우, 우박 등 궂은 날씨를 동반하는 전선은?

① 한랭전선 ② 온난전선
③ 정체전선 ④ 폐색전선

[해설] 찬 공기가 따뜻한 공기 속을 파고들기 때문에 이동 속도가 35km/h 정도로 빠르다.

209 다음 중 빠른 한랭전선이 온난전선에 따라 붙어 합쳐져 중복된 부분으로 올바른 것은?

① 정체전선 ② 대류성 한랭전선
③ 북태평양 고기압 ④ 폐색전선

[해설] 폐색전선은 저고도 구름이 형성되며 소나기로 인한 시정장애 현상과 활주로 수포현상이 발생한다.

210 다음 중 한랭전선의 특징에 포함되지 않는 것은?

① 적운형 구름
② 따뜻한 기단 위에 형성된다.
③ 좁은 지역에 소나기나 우박이 내린다.
④ 온난전선에 비해 이동 속도가 빠르다.

> 해설 한랭전선(寒冷前線)은 찬 기단이 따뜻한 기단 밑으로 파고들면서 밀어내는 전선을 말한다. 소나기, 우박, 뇌우 등이 잘 나타나고 돌풍도 불기도 한다.

211 다음 중 한국에 영향을 주는 계절별 기단에 대한 설명으로 올바른 것은?

① 겨울 : 양쯔강 기단
② 봄·가을 : 시베리아 기단
③ 초여름 : 오호츠크해 기단
④ 가을 : 적도 기단

> 해설 겨울철에는 시베리아 기단, 봄과 가을에는 양쯔강 기단, 여름에는 북태평양 기단 및 적도 기단(주로 태풍기), 초여름에는 오호츠크해 기단의 영향을 받는다.

212 다음 중 따뜻한 해면 위를 덮고 있던 기단이 차가운 해면으로 이동했을 때 발생하는 안개는?

① 방사안개
② 활승안개
③ 증기안개
④ 바다안개

> 해설 바다안개는 따뜻한 해면의 공기가 찬 해면으로 이동할 때 생기며 한국에서는 4~10월에 주로 나타난다.

213 다음 중 방사안개라고도 하며 습윤한 공기로 덮혀 있는 지표면이 방사 방열한 결과로 하층부터 냉각되어 포화상태에 도달하여 발생하는 안개는?

① 증기안개
② 땅 안개
③ 활승안개
④ 계절풍 안개

> 해설 방사안개는 복사안개라고도 하며 맑은 날 밤 바람이 없고 상대습도가 높을 때 잘 생긴다.

205 ③ 206 ④ 207 ② 208 ① 209 ④ 210 ② 211 ③ 212 ④ 213 ②

214 다음 중 안개에 대한 설명으로 올바르지 않은 것은?

① 공중에 떠돌아다니는 작은 물방울의 집단으로 지표면 가까이에서 발생한다.
② 수평가시거리가 3km이하가 되었을 때 안개라고 한다.
③ 공기가 냉각되고 포화상태에 도달하고 응결하기 위한 핵이 필요하다.
④ 바다에서 바람이 동반하면 넓은 지역으로 확대된다.

[해설] 안개는 수평가시거리가 1km 미만인 경우를 말한다.

215 다음 지문의 내용을 보고 어떤 종류의 안개인지 옳은 것을 고르시오.

> 맑고 바람이 없는 야간에 지면이 주변 공기를 이슬점까지 냉각시키면서 발생한다. 지면안개, 땅안개라고도 부른다.

① 활승안개　　　　　　　② 이류안개
③ 증기안개　　　　　　　④ 복사안개

[해설] 안개는 냉각에 따라 복사안개, 이류안개, 활승안개로 구분된다.

216 다음 중 안개에 대한 설명으로 올바르지 않은 것은?

① 상대습도 97%가 되면 안개가 발생한다.
② 대기 중의 수증기가 응결해 커지면서 지표면에 접해 있는 것이다.
③ 농도에 따라 안개, 실안개, 옅은 안개, 언 안개 등으로 구분할 수 있다.
④ 해상에서는 한랭건조한 공기가 찬 지면으로 이류해 발생한다.

[해설] 해상에서의 안개는 온난다습한 공기가 찬 지면으로 이류해 발생한다. 참고로 안개의 가시거리는 수평가시거리가 1km 이하일 때이다.

217 다음 중 이슬과 안개 그리고 구름이 형성될 수 있는 조건은?

① 수증기가 응축될 때　　　　② 수증기가 존재할 때
③ 기온과 노점이 같을 때　　　④ 수증기가 없을 때

218 다음 중 방사안개라고도 하며 습윤한 공기로 덮여 있는 지표면이 방사 방열한 결과로 하층부터 냉각되어 포화상태에 도달해 발생하는 안개는?

① 증기안개 ② 땅안개
③ 활승안개 ④ 계절풍안개

해설) 복사안개는 지표면의 복사냉각에 의해 지표에 접하는 공기가 냉각되어 생기는 안개이며 땅안개라고도 말한다.

219 다음 중 해무라고 일컫는 이류안개가 가장 많이 발생하는 지역은?

① 산골짜기 ② 조용한 숲속
③ 해안지역 ④ 산간 내륙지역

해설) 해무는 바다안개라고도 부른다.

220 다음 중 안개가 발생하기 적합한 조건에 포함되지 않는 것은?

① 대기의 성층이 안정할 것 ② 냉각작용이 있을 것
③ 강한 난류가 존재할 것 ④ 바람이 없을 것

해설) 안개는 대기가 안정적일 때 형성되며 난류가 존재하면 형성이 어렵다.

221 다음 중 무풍, 맑은 하늘, 상대습도가 높은 조건 하 낮고 평평한 지형에서 아침에 발생하는 안개는?

① 지면안개 ② 활승안개
③ 증기안개 ④ 바다안개

222 다음 중 방사안개라고도하며 습윤한 공기로 덮여 있는 지표면이 방사 방열한 결과로 하층부터 냉각되어 포화상태에 도달해 발생하는 안개는?

① 증기안개 ② 땅 안개
③ 활승안개 ④ 계절풍 안개

해설) 복사안개는 지표면의 복사냉각에 의하여 지표에 접하는 공기가 냉각되어 생기는 안개로 땅안개라고도 한다.

214 ② 215 ④ 216 ④ 217 ① 218 ② 219 ③ 220 ③ 221 ① 222 ②

223 다음 중 이류(advective) 안개가 가장 잘 발생하는 지역은?

① 해안선 지역
② 산 경사지역
③ 수평내륙지역
④ 산 정상지역

> [해설] 이류안개는 차가운 지면이나 수면 위로 따뜻한 공기가 이동하면서 발생한다.

224 다음 중 안개가 발생하기 적합한 조건에 포함되지 않는 것은?

① 대기가 안정될 것
② 냉각작용이 있을 것
③ 강한 난류가 존재할 것
④ 대기 중에 습도가 많을 것

> [해설] 바람이 불지 않고 대기가 안정돼야 안개가 발생한다.

225 다음 중 따뜻한 해수면 위를 덮고 있던 기단이 차가운 해면으로 이동했을 때 발생하는 안개는?

① 방사 안개
② 활승 안개
③ 증기 안개
④ 바다 안개

> [해설] 바다에서 발생하는 안개로서 주로 이류안개이며 해무라고도 한다.

226 다음 중 안개의 시정 조건에 포함되는 것은?

① 3마일 이하로 제한
② 5마일 이하로 제한
③ 7마일 이하로 제한
④ 10마일 이하로 제한

> [해설] 안개는 가시거리가 1000m 이하인 상태를 말한다.

227 다음 중 착빙(icing)에 대한 설명으로 올바르지 않은 것은?

① 양력과 중력을 증가시켜 항력을 증가시킨다.
② 착빙은 항공기 날개의 공기역학에 심각한 영향을 줄 수 있다.
③ 착빙은 항공기 기체구조에도 영향을 줄 수 있다.
④ 습한 공기가 기체 표면에 부딪치면서 얼음이 발생하는 현상이다.

> [해설] 착빙은 항공기의 무게를 증가시켜 중력이 커지게 만든다.

228 다음 기체에 착빙(icing)이 발생했을 경우에 대한 설명 중 올바르지 <u>않은</u> 것은?

① 양력과 중력을 증가시켜 추진력을 감소시킨다.
② 착빙은 추운 겨울철에 많이 발생한다.
③ 착빙은 기화기, 피토관 등에도 생긴다.
④ 거친 착빙도 날개의 공기 역학에 영향을 줄 수 있다.

해설 착빙은 항공기의 중력을 증가시키며 양력을 감소시킨다.

229 다음 중 착빙(icing)현상이 기체에 주는 영향에 대한 설명으로 올바르지 <u>않은</u> 것은?

① 항공기 항력은 증가시키고 양력은 감소시킨다.
② 전방시계를 방해해 항공기 조작에 부정적인 영향을 준다.
③ 항공기 중력이 감소되어 추진력이 강해진다.
④ 엔진입구에 착빙현상이 발생하면 공기흐름을 방해한다.

해설 착빙현상이 기체에 주는 영향은 다음과 같다. 항공기의 항력과 중력이 증가되고 양력은 감소된다. 엔진입구에 착빙현상이 발생되면 공기흐름을 방해한다. 전방시계, 승무원 시정 등이 악화돼 항공기 조작에 부정적인 영향이 미친다. 장비기능이 저하될 수 있으며 프로펠러의 경우 떨림 현상이 발생할 수 있다.

230 다음 중 착빙(icing)이 항공기에 미치는 영향으로 올바르지 <u>않은</u> 것은?

① 중력 증가　　　　　　　② 양력증가
③ 항력 증가　　　　　　　④ 추력감소

해설 착빙(icing)은 항공기의 무게를 크게 해 양력이 감소하도록 만든다.

231 다음 중 착빙(icing)의 종류에 대한 설명으로 올바르지 <u>않은</u> 것은?

① 맑은 착빙(clear icing)은 0℃-10℃에서 발생하며 투명하고 견고하다.
② 거친 착빙(rime icing)은 -10℃-20℃에서 형성되며 불투명하고 부서지기 쉽다.
③ 혼합 착빙(mixed icing)은 이슬과 눈이 결합되면서 발생한다.
④ 서리 착빙(frost icing)은 이슬점 온도가 0℃이하일 때 발생한다.

해설 혼합 착빙은 맑은 착빙과 거친 착빙의 결합으로 눈 또는 얼음입자가 결합해 형성된다.

223 ① 224 ③ 225 ④ 226 ③ 227 ① 228 ① 229 ③ 230 ② 231 ③

232 다음 중 착빙(icing)에 대한 설명으로 올바르지 <u>않은</u> 것은?

① 착빙은 지표면의 기온이 추운 겨울철에만 발생한다.
② 항공기의 이륙을 어렵게 하거나 불가능하게도 할 수 있다.
③ 항공기의 양력을 감소시킨다.
④ 항공기의 추력을 감소시키고 항력은 증가시킨다.

해설 착빙현상은 항공기의 비행고도가 높을 경우 계절에 관계없이 발생한다.

233 다음 중 착빙(icing)에 대한 설명으로 올바르지 <u>않은</u> 것은?

① 항공기의 무게를 증가시켜 양력을 감소시킨다.
② 항공기의 표면마찰을 일으켜 항력을 가중시킨다.
③ 항공기의 이륙을 어렵게 하거나 불가능하게 할 수도 있다.
④ 착빙현상은 지표면의 기온이 추운 겨울철에만 조심하면 된다.

해설 착빙현상은 높은 고도에서 여름철에도 발생한다.

234 다음 중 투명하고 단단한 얼음으로 처음 물방울이 얼어버리기 전에 다음 물방울이 붙기 때문에 전체가 하나의 덩어리가 되며 0℃일 때 잘 발생하는 착빙(icing)은?

① 서리 착빙(frost icing) ② 거친 착빙(rime icing)
③ 맑은 착빙(clear ice)   ④ 나무얼음

해설 맑은 착빙과 거친 착빙은 모두 영하 10℃ 이하에서 생성된다.

235 다음 중 물방울이 비행장치의 표면에 부딪치면서 표면을 덮은 수막이 천천히 얼어붙고 투명하고 단단한 착빙(icing)은?

① 혼합 착빙(mixed icing) ② 거친 착빙(rime icing)
③ 서리 착빙(frost icing)   ④ 맑은 착빙(clear icing)

해설 맑은 착빙은 수적이 크고 기온이 0~10℃인 경우에 항공기 표면을 따라 고르게 흩어지면서 결빙한다.

236 다음 중 착빙구역에 대한 설명으로 올바르지 않은 것은?

① 착빙은 0~-10°C 사이에 가장 많이 생긴다.
② 난류성의 구름 속에서 강한 착빙이 일어난다.
③ 층운형 구름 속에서 강한 착빙이 일어난다.
④ 적운형 구름 속에서 강한 착빙이 일어난다.

해설 층운형 구름은 하층운에 속하며 착빙이 일어나지 않는다.

237 다음 중 착빙(icing)에 대한 설명으로 올바르지 않은 것은?

① 양력을 감소 시킨다.
② 마찰을 일으켜 항력을 증가 시킨다.
③ 항공기의 이륙을 어렵게 하거나 불가능하게 할 수도 있다.
④ 착빙은 지표면의 기온이 추운 겨울철에만 조심하면 된다.

해설 여름철에도 고고도에서는 착빙이 일어난다.

238 다음 중 투명하고 단단한 얼음으로 처음 물방울이 얼어버리기 전에 다음 물방울이 붙기 때문에 전체가 하나의 덩어리가 되며 0℃ 일 때 잘 발생하는 착빙(icing)은?

① 서리(frost)
② 거친 착빙(rime ice)
③ 맑은 착빙(clear ice)
④ 혼합 착빙(mixed ice)

해설 착빙은 빙결 온도 이하의 상태에서 대기에 노출된 물체에 과냉각 물방울이 충돌해 얼음 피막을 형성하는 것을 말한다.

239 다음 중 물방울이 비행장치의 표면에 부딪치면서 표면을 덮은 수막이 그대로 얼어붙어 투명하고 단단한 착빙은 무엇인가?

① 싸락눈
② 거친 착빙
③ 서리
④ 맑은 착빙

해설 맑은 착빙은 주위기온이 0~-10도인 경우에 항공기 표면을 따라 고르게 흩어지면서 결빙해 발생한다. 투명하고 견고한 특성을 가진다.

232 ① 233 ④ 234 ① 235 ④ 236 ③ 237 ④ 238 ③ 239 ④

240 다음 중 기체의 착빙에 대한 설명으로 올바르지 않은 것은?

① 양력과 무게를 증가시켜 추진력을 감소시킨다.
② 습도가 많은 공기가 기체표면에 부딪치면서 결빙이 발생한다.
③ 착빙은 Carburetor, Pitor관 등에도 생긴다.
④ 거친 착빙도 날개의 공기역학에 영향을 줄 수 있다.

> 해설   착빙은 항공기 기체의 무게를 증가시켜 양력을 감소시킨다.

241 다음 중 표준해면 기준 압력은?

① 1bar
② 760mmHg
③ 14psi
④ 743mmHg

242 다음 중 대기권 중에서 지면에서 약 11km까지를 말하며 대기의 최하층으로 끊임없이 대류가 발생해 기상현상이 나타나는 부분은?

① 성층권
② 대류권
③ 중간권
④ 열권

> 해설   대류권은 고도가 상승할수록 기온이 떨어지면서 대부분의 기상현상이 발생한다.

243 다음 중 표준대기의 혼합기체의 비율로 올바른 것은?

① 산소 78%-질소21%-기타 1%
② 산소 50%-질소50%-기타 1%
③ 산소 21%-질소1% -기타78%
④ 산소 21%-질소78%-기타1%

> 해설   표준대기는 국제민간항공기구(ICAO)에서 정한 것으로 해면 위 기온이 15℃이고 공기는 완전기체여야 한다.

244 다음 중 표준대기(Standard atmosphere)에서의 기온 감소율은?

① 1℃/1000ft
② 2℃/1000ft
③ 1 °F/1000ft
④ 2°F/100ft

> 해설   고도가 1000m 상승하면 기온은 6.5℃씩 떨어진다.

245 다음 중 해수면에서의 표준 온도와 표준 기압은?

① 15℃, 29.92"Hg
② 59℃, 29.92"Hg
③ 59°F, 1013.2"inch.Hg
④ 15℃, 1013.2"Hg

246 다음 중 국제표준 대기조건을 감안해 해수면에서 1000ft 대기의 기온은?

① 10℃
② 11℃
③ 12℃
④ 13℃

> **해설** 국제표준 대기조건에 따르면 해수면의 표준온도는 15℃, 1000ft 상승할 때마다 2℃씩 내려간다.

247 다음 중 국제민간항공기구(ICAO)의 표준대기 조건에서 1000ft당 기온은 몇 도씩 떨어지는가?

① 1℃
② 2℃
③ 3℃
④ 4℃

248 다음 중 국제민간항공기구(ICAO)에서 정한 표준대기 조건에 대한 설명으로 올바르지 않은 것은?

① 해수면 평균 대기온도는 15℃이다.
② 평균 해면의 표준 기압은 1,013.25hPa이다.
③ 일반적으로 육지에서 측정한 온도를 기준으로 한다.
④ 1000ft 상승할 때마다 기온은 2℃씩 하락한다.

> **해설** 표준대기의 온도는 해수면에서 측정한 값을 기준으로 한다.

249 다음 중 시정(visibility)의 종류에 포함되지 않는 것은?

① 기상학적 시정
② 우시정(우세시정)
③ 활주로 시정
④ 좌시정

> **해설** 시정은 기상학적 시정, 우시정(우세시정), 활주로 시정, 활주로 가시거리, 수직시정, 경사시정 등이 있다. 좌시정은 없다.

240 ① 241 ② 242 ② 243 ④ 244 ② 245 ① 246 ④ 247 ② 248 ③ 249 ④

250 다음 중 전선의 이동에 따른 시정(visibility)의 상태에 대한 설명으로 올바르지 않은 것은?

① 온난전선이 통과하기 전에는 시정이 나쁘다가 통과하면서 좋아진다.
② 한냉전선이 통과하면서 시정이 나빠지지만 통과한 후에는 좋아진다.
③ 폐색전선이 통과할 때 강수로 인해 시정은 나빠진다.
④ 온난전선 속에서는 시정이 나쁘고, 한냉전선은 시정이 좋다.

[해설] 온난전선이 통과한 이후에도 안개 등으로 인해 시정은 나쁘다.

251 다음 중 우시정(우세시정, prevailing visibility)에 대한 설명으로 올바르지 않은 것은?

① 방향에 따라 보이는 시정이 다를 때 다루는 시정 값이다.
② 각 방향별 시정에 해당하는 각도를 최대치부터 더해 시정 값을 구한다.
③ 방향별 시정 각도 합이 180도 이상이 될 때 우시정으로 한다.
④ 국제적으로 사용되고 있는 일반적인 시정이다.

[해설] 국제적으로 사용되고 있는 시정은 최단시정(minimum visibility)이다. 최단시정은 방향에 따라 시정이 다른 경우 그중에서 가장 짧은(최단) 시정을 말한다. 우시정은 쉽게 말해 공항면적을 기준으로 최소 50% 이상에서 볼 수 있는 시정을 말한다.

252 다음 중 항공기의 시정에 영향을 미치는 요소에 포함되지 않는 것은?

① 연기(Smoke)   ② 먼지(Widespread Dust)
③ 바람(Wind)   ④ 물안개(Spray)

[해설] 항공기의 시정에 영향을 미치는 요소는 이 외에도 안개(Fog), 화산재(Volcano Ash), 모래먼지(Sand), 연무(Haze) 등이 있다.

253 다음 중 시정(visibility)에 대한 설명으로 올바르지 않은 것은?

① 시정은 육안으로 목표물을 인식할 수 있는 최대 거리를 말한다.
② 대기 중의 습도가 높아지면 시정은 좋아진다.
③ 시정은 보통 km로 표시하지만 작은 값은 m로 표시한다.
④ 시정거리가 1km 이하면 시정이 불량하다고 평가한다.

[해설] 대기 중의 습도가 70%를 넘으면 시정이 급격하게 나빠진다.

254 다음 중 강우나 시정 장애물에 의해서 하늘이 완전히 가려진 상태는?

① 부분차폐　　② 완전차폐
③ 실링　　　　④ 차폐

255 다음 중 관제권 안에 있는 비행장에서 이착륙하기 위한 시계비행 기상상태는?

① 지상시정 1500m, 운고 450m 이상
② 지상시정 1500m, 운고 500m 이상
③ 지상시정 5000m, 운고 450m 이상
④ 지상시정 5000m, 운고 500m 이상

해설　관제권 내에서는 지상시정 5000m, 운고 450m 이상을 확보해야 한다.

256 다음 중 관제권 밖에 있는 비행장에서 이착륙하기 위한 시계비행 기상상태는?

① 지상시정 5,000m 이상, 운고 200m 이상
② 지상시정 5,000m 이상, 운고 250m 이상
③ 지상시정 5,000m 이상, 운고 300m 이상
④ 지상시정 5,000m 이상, 운고 350m 이상

해설　관제권 밖에서는 지상시정 5000m 이상, 운고 300m 이상을 확보해야 한다.

257 다음 중 수평시정에 대한 설명으로 올바른 것은?

① 관제탑에서 알려져 있는 목표물을 볼 수 있는 수평거리이다.
② 조종사가 이륙 시 볼 수 있는 가시거리이다.
③ 조종사가 착륙 시 볼 수 있는 가시거리이다.
④ 관측지점으로부터의 알려져 있는 목표물을 참고하여 측정한 거리이다.

258 다음 중 비행 중 목표물을 육안으로 식별할 수 있도록 요구되는 최소한의 수평거리는?

① 최저 비행시정　　② 최고 비행시정
③ 최소 수평거리　　④ 최대 수평거리

250 ①　251 ④　252 ③　253 ②　254 ②　255 ③　256 ②　257 ④　258 ①

259 다음 중 수평시정에 대한 설명으로 올바른 것은?

① 관제탑에서 알려져 있는 목표물을 볼 수 있는 수평거리이다.
② 조종사가 이륙 시 볼 수 있는 가시거리이다.
③ 조종사가 착륙 시 볼 수 있는 가시거리이다.
④ 관측지점으로부터의 알려져 있는 목표물을 참고해 측정한 거리이다.

260 다음 중 항공고시보(NOTAM) 유효기간으로 올바른 것은?

① 1개월 ② 3개월 ③ 6개월 ④ 1년

[해설] 항공고시보는 28일마다 발간되는데 간행물의 유효일자 이후 최소 7일 이상 유효한 정보도 포함한다.

261 다음 중 법령, 규정, 절차 및 시설 등의 주요한 변경이 장기간 예상되거나 비행기 안전에 영향을 미치는 것의 통지와 기술, 법령 또는 순수한 행정사항에 관한 설명과 조언의 정보를 포함하는 것은?

① 항공고시보(NOTAM) ② 항공정보간행물(AIP)
③ 항공정보회람(AIC) ④ 항공정보관리절차(AIRAC)

[해설] 항공정보회람(Aeronautical Information Contents)은 AIP 또는 항공고시보의 발간대상이 아닌 항공정보 공고를 위해 항공정보회람을 발행한다.

262 다음 중 항공시설 업무, 절차 또는 위험요소의 시설, 운영상태 및 그 변경에 관한 정보를 수록하여 전기통신 수단으로 항공종사자들에게 배포하는 공고문은?

① 항공고시보(NOTAM) ② 항공정보회람(AIC)
③ 항공정보관리절차(AIRAC) ④ 항공정보간행물(AIP)

[해설] 항공기 운항에 관련된 종사가가 가장 관심을 갖고 봐야 하는 것이 항공고시보이며 28일마다 발간된다.

263 다음 중 항공고시보(NOTAM)에 대한 설명으로 올바르지 않은 것은?

① 조종사를 포함해 항공 종사자들이 알아야 하는 정보를 고시하는 것이다.
② 항공고시보는 새로운 정보를 업데이트해 매일매일 발간한다.
③ 간행물의 유효일자 이후 최소 7일 이상 유효한 정보도 포함한다.
④ 한번 간행물로 발간되면 전파망에서도 관련 내용을 제외한다.

[해설] 항공고시보(NOTAM)은 매일이 아니라 28일마다 간행물로 발간한다.

264 다음 중 항공기상특보의 종류에 포함되지 않는 것은?

① 시그멧정보(SIGMET information)　② 에어멧정보(AIRMET information)
③ 공항정보(Aerodrome warnings)　④ 항공정보(Aeronautical information)

> **해설**　항공기상특보에는 항공정보가 아니라 윈드시어정보(Wind Shear Warnings and Alerts)가 포함된다.

265 다음 중 METAR(정시관측보고)에서 바람방향, 즉 풍향의 기준은?

① 자북
② 진북
③ 도북
④ 자북과 도북

> **해설**　METAR(Meteorological Terminal Aviation Routine Weather Report)는 공항별 정시 기상관측, 매 시각 정시 5분전에 발생(인천공항의 경우 30분마다 관측), 공항의 기상상태를 보고하는 기본관측을 말한다.

266 다음 중 비행 성능에 영향을 미치는 요소에 포함되지 않는 것은?

① 비행기 무게
② 비행기의 날개크기
③ 비행중인 고도
④ 엔진형식

267 다음 중 비행성능에 영향을 주는 요소에 대한 설명으로 올바르지 않은 것은?

① 공기밀도가 낮아지면 엔진 출력이 나빠지고 프로펠라 효율도 떨어진다.
② 습도가 높으면 공기밀도가 낮아져 양력발생이 감소된다.
③ 습도가 높으면 밀도가 낮은 것 보다 엔진성능 및 이·착륙 성능이 더욱 나빠진다.
④ 무게가 증가하면 이·착륙 시 활주거리가 길어지고 실속속도도 증가한다.

259 ④　260 ③　261 ③　262 ①　263 ②　264 ④　265 ②　266 ④　267 ③

드론 무인멀티콥터 조종자 자격증 필기

CHAPTER

04

항공법규

- **STEP 1** 항공법규
- **STEP 2** 항공안전
- **STEP 3** 드론의 비행승인
- **STEP 4** 초경량비행장치 안전운항

CHAPTER 04 항공법규

> **STEP 1** 항공법규

1 항공기의 종류와 정의

(1) 항공기
① 항공기는 공기의 반작용으로 뜰 수 있는 기기
② 비행기, 헬리콥터, 비행선, 활공기(滑空機)
③ 지표면 또는 수면에 대한 공기의 반작용은 제외함.

(2) 경량항공기
① 항공기 외에 공기의 반작용으로 뜰 수 있는 기기
② 자이로플레인(gyroplane) 및 동력 패러슈트(powered parachute) 등
③ 최대 이륙중량, 좌석 수 등 국토교통부령으로 정하는 기준에 해당하는 비행기

(3) 초경량비행장치
초경량비행장치는 항공기, 경량항공기 외에 공기의 반작용으로 뜰 수 있는 기기로 동력비행장치(動力飛行裝置), 행글라이더, 패러글라이더, 기구류(氣球類), 무인비행장치 등을 말함.
① 동력비행장치
  ㉠ 탑승자, 연료 및 비상용 장비의 중량을 제외한 자체중량이 115kg 이하일 것
  ㉡ 좌석이 1개인 비행장치
  ㉢ 프로펠러에서 추진력을 얻을 것
  ㉣ 차륜, Skid 또는 Float 등의 착륙장치가 장착된 고정익 비행장치일 것
  ㉤ 타면조종형/체중이동형 2가지 존재
② 행글라이더
  ㉠ 탑승자 연료 및 비상용 장비의 중량을 제외한 자체중량이 70kg 이하인 비행장치
  ㉡ 체중이동 타면조종 등 사람의 힘을 이용해 조종
③ 패러글라이더
  ㉠ 탑승자 연료 및 비상용 장비의 중량을 제외한 자체중량이 70kg 이하인 비행장치
  ㉡ 날개에 부착된 줄을 이용해 조종하는 비행장치
  ㉢ 동력패러글라이더는 조종자의 등에 엔진을 매거나 동체에 연결해 비행하는 2가지 형태

④ 기구류
   ㉠ 기체의 성질, 온도차 등을 이용하는 비행장치
   ㉡ 유인자유기구 또는 무인자유기구, 계류식 기구
⑤ 무인비행장치
   ㉠ 사람이 탑승하지 않는 비행장치
   ㉡ 무인동력비행장치 : 자체중량이 150kg 이하인 무인비행기, 무인헬리콥터, 무인멀티콥터
   ㉢ 무인비행선 : 연료 중량을 제외한 자체중량이 180kg 이하, 길이 20m 이하인 무인비행선

(4) 국가기관 등 항공기

국가기관 등 항공기는 국가기관이 소유하거나 임차한 항공기로 다음의 업무를 수행되기 위해 사용하는 항공기를 말함.

① 재난·재해 등으로 인한 수색(搜索)·구조
② 산불의 진화 및 예방
③ 응급환자의 후송 등 구조·구급활동
④ 그 밖에 공공의 안녕과 질서유지를 위해 필요한 업무

2 항공기 운항에 관련된 용어의 정의

(1) 항공업무

① 항공기의 운항(항공기 조종연습은 제외)
② 항공교통관제(航空交通管制) 업무(항공교통관제연습은 제외)
③ 항공기의 운항관리 업무
④ 정비·수리·개조된 항공기·발동기·프로펠러, 장비품 및 부품에 대해 안전하게 운용할 수 있는 성능(이하 감항성)이 있는지 확인하는 업무

(2) 항행안전시설

항행안전시설은 유선통신, 무선통신, 불빛, 색채 또는 형상(形象)을 이용해 항공기의 항행을 돕기 위한 시설을 말함.

① 계기착륙시설(Instrument Landing System, ILS)
② 전방위표지시설(VHF Omni directional Range, VOR)
③ 비행기 교통정리에 필요한 레이더(RADAR)

(3) 항공로(航空路)

항공로는 항공기, 경량항공기, 초경량비행장치의 항행에 적합하다고 지정한 지구의 표면상에 표시한 공간의 길을 말함.

(4) 관제권(管制圈)

관제권은 비행장과 그 주변의 공역으로서 항공 교통의 안전을 위해 지정한 공역을 말함.

(5) 관제구(官制區)

관제구는 지표면 또는 수면으로부터 200미터 이상 높이의 공역으로 항공교통의 안전을 위해 지정한 공역

(6) 비행정보구역

비행정보구역은 항공기, 경량항공기 또는 초경량비행장치의 안전하고 효율적인 비행과 항공기의 수색 또는 구조에 필요한 정보를 제공하기 위한 공역(空域)을 말함.

① 관제공역은 항공교통의 안전을 위해 항공기의 비행순서, 시기, 방법 등에 관해 국토교통부장관의 지시를 받아야 할 필요가 있는 공역이다. 관제권, 관제구를 포함.
  ㉠ 관제권은 비행정보구역 내의 B, C 또는 D등급 공역 중에서 시계 및 계기 비행을 하는 항공기에 대해 항공교통관제업무를 제공하는 구역
  ㉡ 관제구는 비행정보구역 내의 A, B, C, D 및 E등급 공역에서 시계 및 계기비행을 하는 항공기에 대해 항공교통관제업무를 제공하는 영역
② 비관제공역은 관제공역 외의 공역으로서 항공기에 탑승하고 있는 조종사에게 비행에 필요한 조언, 비행정보 등을 제공하는 공역
  ㉠ 조언구역은 항공교통조언업무가 제공되도록 지정된 비관제공역
  ㉡ 정보구역은 비행정보업무가 제공되도록 지정된 비관제공역
③ 통제공역은 항공교통의 안전을 위해 항공기의 비행을 금지하거나 제한할 필요가 있는 공역
  ㉠ 비행금지구역은 안전, 국방상 그 밖의 이유로 항공기의 비행을 금지하는 공역
  ㉡ 비행제한구역은 항공사격, 대공사격 등으로 인한 위험으로부터 항공기의 안전을 보호하거나 그 밖의 이유로 비행허가를 받지 않은 항공기의 비행을 제한하는 공역
  ㉢ 초경량비행장치 비행제한구역은 초경량비행장치의 비행안전을 확보하기 위해 초경량비행장치의 비행활동에 대한 제한이 필요한 공역
④ 주의공역은 항공기의 비행 시 조종사의 특별한 주의, 경계, 식별 등이 필요한 공역
  ㉠ 훈련구역은 민간항공기의 훈련공역으로서 계기비행항공기로부터 분리를 유지할 필요가 있는 공역
  ㉡ 군작전구역은 군사작전을 위해 설정된 공역으로 계기비행항공기로부터 분리를 유지할 필요가 있는 공역
  ㉢ 위험구역은 항공기의 비행 시 항공기 또는 지상시설물에 대한 위험이 예상되는 공역
  ㉣ 경계구역은 대규모 조종사의 훈련이나 비정상 형태의 항공활동이 수행되는 공역

(7) 한국의 비행금지 및 제한구역

① 비행금지구역
  ㉠ 서울지역(P73A/B)
  ㉡ 휴전선지역(P518)

ⓒ 원자력발전소 및 원전 관련 시설(중심으로부터 18km 이내)
　② 비행제한공역
　　　㉠ 공군작전공역
　　　ⓛ 관제공역(관제탑으로부터 9.3km 이내, 군 공항 포함)

> **비행금지구역의 영어 의미**
> 1. UFA(Ultralight Vehicle Flight Areas) : 초경량비행장치의 원활한 비행을 위해 설정한 공역
> 2. MOA(Milotary Operation Area) : 군 작전공역
> 3. P(Prohibit) : 비행금지구역
> 4. R(Restrict) : 비행제한구역

3 공항에 관련된 용어의 정의

(1) 공항

공항은 공항시설을 갖춘 공공용 비행장이다. 공항시설은 항공기의 이륙, 착륙 및 여객, 화물의 운송을 위한 시설과 그 밖의 부대시설, 지원시설로서 공항구역에 있는 시설, 공항구역 밖에 있는 시설을 포함.

(2) 비행장

비행장은 항공기, 경량항공기, 초경량비행장치의 이륙, 착륙을 위해 사용되는 육지 또는 수면의 일정한 구역

① 육상비행장
② 육상헬기장
③ 수상비행장
④ 수상헬기장
⑤ 옥상헬기장
⑥ 선상(船上)헬기장
⑦ 해상구조물헬기장

(3) 이착륙장

이착륙장은 비행장 외에 경량항공기, 초경량비행장치의 이륙, 착륙을 위해 사용되는 육지 또는 수면의 일정의 구역

① 육상이착륙장
② 수상이착륙장

(4) 착륙대

착륙대는 활주로와 항공기가 활주로를 이탈하는 경우 항공기와 탑승자의 피해를 줄이기 위해 활주로 주변에 설치하는 안전지대로서 활주로 중심선에 중심을 두는 직사각형 지표면, 수면을 말함.

(5) 항공등화

불빛, 색채 또는 형상(形象)을 이용해 항공기의 항행을 돕기 위한 항행안전시설

① 활주로등 : 이륙 및 착륙하려는 항공기에 활주로를 알려주는 등화
② 유도로등 : 지상주행 중인 항공기를 유도하기 위한 등화로 파란색
③ 활주로유도등 : 활주로의 진입경로를 알려주기 위한 등화
④ 풍향등 : 항공기에 풍향을 알려주기 위한 등화

(6) 항공로등화

항공등대라고도 하며 항공로를 항행하는 항공기에게 항공로상의 중요 지점을 알리는 시설

① 항공로등대(airway beacon) : 항공로상의 중요지점을 가르키기 위해 설치한 백색 및 적색의 섬광등화로 맑은 날 밤에는 65km, 약간의 안개 속에서도 18km 전방에서 확인 가능
② 지표항공등대(landmark beacon) : 항공로상에서 목표가 될 수 있는 지점, 백색섬광등화
③ 신호항공등대(signaling aeronautical beacon) : 항공로 상 또는 부근의 특정지역을 가르키는 것으로 모르스 부호를 점멸한다. 육상에서는 녹색, 수상에서는 황색, 이 밖에서는 적색을 사용
④ 위험항공등대(hazard beacon) : 항공장애지구를 알려주며 위험지역을 적색등으로 표시

(7) 항공장애표시등

비행 중인 조종사에게 장애물의 존재를 알리기 위해 사용되는 등화로 장애물제한구역 밖에 있는 물체로 설치 대상은 다음과 같음.
① 높이가 지표 또는 수면으로부터 150m(500ft) 이상인 물체나 구조물
② 높이가 지표 또는 수면으로부터 60m 이상인 다음의 물체나 구조물
　㉠ 굴뚝, 철탑, 기둥, 그 밖에 높이에 비해 그 폭이 좁은 물체 및 이들에 부착된 지선((支線)
　㉡ 철탑, 건설크레인 등 뼈대로 이루어진 구조물
　㉢ 건축물이나 구조물 위에 추가로 설치한 철탑, 송전탑 또는 공중선 등
　㉣ 가공선이나 케이블·현수선 및 이들을 지지하는 탑
　㉤ 계류기구와 계류용 선(주간에 시정이 5000m 미만인 경우와 야간에 계류하는 것에 한함)
　㉥ 풍력터빈
③ 그 밖의 물체들(수로나 고속도로와 같은 시계비행로에 인접한 물체를 포함) 중에서 지방항공청장의 항공학적 검토결과 항공기에 대한 위험요소라고 판단되는 물체에는 표시등이나 표지 중 적어도 하나는 설치해야 함.

(8) 항행안전시설

① 항공등화 : 불빛을 이용해 항공기의 항행을 돕기 위한 시설
② 항행안전무선시설 : 전파를 이용해 항공기의 항행을 돕기 위한 시설
③ 항공정보통신시설 : 전기통신을 이용해 항공교통업무에 필요한 정보를 제공·교환 시설

(9) 항공정보통신시설
전기통신을 이용해 항공교통업무에 필요한 정보를 제공 및 교환하기 위한 시설

4 항공기 등록과 제한사항

(1) 항공기의 등록
항공기를 소유하거나 임차해 항공기를 사용할 수 있는 권리가 있는 자는 등록해야 한다. 항공기에 대한 소유권의 취득, 상실, 변경은 등록해야 효력이 발생

(2) 등록원부에 기록해야 하는 내용
① 항공기의 형식
② 항공기의 제작자
③ 항공기의 제작번호
④ 항공기의 정치장(定置場)
⑤ 소유자 또는 임차인·임대인의 성명, 명칭, 주소, 국적
⑥ 등록 연월일
⑦ 등록기호

(3) 항공기 등록의 종류
① 신규 등록은 항공기에 대한 소유권 내지 임차권 등을 가진 자가 자신의 권리를 주장하기 위해 항공기에 대한 자신의 권리가 설정된 때 하는 것
② 변경 등록은 항공기의 정치장이 변경될 경우, 소유자 및 임차인 등은 변경 사유가 있는 날로부터 15일 이내에 등록 변경을 신청
③ 이전 등록은 등록된 항공기의 소유권, 임차권을 가진 자가 변경될 경우에 신청
④ 말소 등록은 소유권 대상인 항공기가 물리적으로 없어지거나 국내 항공기등록원부에 기록돼 보호할 필요가 없을 때에 하는 행위

(4) 항공기의 말소등록을 해야 하는 사유
① 항공기가 멸실(滅失)됐거나 항공기를 해체한 경우
② 항공기의 존재 여부가 1개월 이상 확인할 수 없는 경우. 다만 항공기사고인 경우에는 2개월
③ 외국인, 외국 단체, 외국 법인 등에게 항공기를 양도하거나 임대할 경우
④ 임차기간의 만료 등으로 항공기를 사용할 수 있는 권리가 상실된 경우

(5) 항공기를 등록할 수 없는 사람과 단체
① 대한민국의 국민이 아닌 사람
② 외국 정부 또는 외국의 공공단체

③ 외국의 법인 또는 단체
④ 제1호부터 제3호까지 어느 하나에 해당하는 자가 주식이나 지분의 2분의 1 이상을 소유하거나 그 사업을 사실상 지배하는 법인
⑤ 외국인이 법인 등기사항증명서상의 대표자이거나 외국인이 법인 등기사항증명서상의 임원 수의 2분의 1 이상을 차지하는 법인

(6) 초경량비행장치 사용사업(항공사업법 제2조)
① 비료 또는 농약살포, 씨앗 뿌리기 등 농업 지원
② 사진촬영, 육상·해상 측량 또는 탐사
③ 산림 또는 공원 등의 관측 또는 탐사
④ 조종교육
⑤ 아래 업무에 해당되지 않는 업무
　㉠ 국민의 생명과 재산 등 공공의 안전에 위해를 일으킬 수 있는 업무
　㉡ 국방·보안 등에 관련된 업무로서 국가안보를 위협할 수 있는 업무

(7) 초경량비행장치의 영리목적
① 항공기 대여업
② 초경량비행장치 사용사업
③ 항공레포츠사업

5 초경량비행장치의 신고

(1) 신고대상 및 방법
① 신고 대상
　㉠ 초경량비행장치의 자체중량이 12kg을 초과하는 비행장치
　㉡ 중량에 관계없이 모든 사업용 비행장치
② 신고 장소 : 각 지방항공청(서울, 부산, 제주지방항공청)
③ 신고 방법 : 직접방문, One-Stop 민원서비스 이용

(2) 신고내용
초경량비행장치를 소유한 사람은 해당 비행장치를 보관하고 있는 관할 지방항공청장에게 아래의 서류를 첨부해 신고해야 함.

① 비행장치를 소유하고 있음을 증명하는 서류
② 비행장치의 제원 및 성능표
③ 비행장치의 사진(가로 15센티미터 × 세로 10센티미터의 측면사진)
④ 보험가입을 증명할 수 있는 서류(영리목적에 한함)

(3) 변경신고

① 변경신고의 내역
  ㉠ 초경량비행장치의 용도
  ㉡ 초경량비행장치 소유자 등의 성명, 명칭 또는 주소
  ㉢ 초경량비행장치의 보관 장소
② 사유가 있는 날로부터 30일 이내에 변경 및 이전신고서를 지방항공청장에서 제출
③ 지방항공청장은 신고를 받은 날로부터 7일 이내에 수리 여부 또는 수리 지연사유를 통지
④ 7일 이내에 수령 여부 또는 수리 지연 사유를 통지하지 않으면 7일이 끝난 다음 날에 신고가 수리된 것으로 간주

(4) 말소신고

초경량비행장치를 소유한 사람은 아래의 말소 사유가 발생한 때에는 그 사유가 있는 날로부터 15일 이내에 관할 지방항공청장에게 신고해야 함.

① 비행장치가 멸실되었거나 해체한 경우
② 비행장치의 존재 여부가 2개월 이상 불분명한 경우
③ 비행장치가 외국에 매도된 경우

(5) 신고하지 않아도 되는 초경량비행장치(항공안전법 제24조)

① 행글라이더, 패러글라이더 등 동력을 이용하지 않는 비행장치
② 계류식(繫留式) 기구류
③ 계류식 무인비행장치
④ 낙하산류
⑤ 무인동력비행장치 중에서 연료의 무게를 제외한 자체 무게(배터리 무게 포함)가 12kg 이하인 것
⑥ 무인비행선 중에서 연료의 무게를 제외한 자체 무게가 12kg 이하이고 길이가 7m 이하인 것
⑦ 연구기관 등이 시험·조사·연구 또는 개발을 위해 제작한 초경량비행장치
⑧ 제작자 등이 판매를 목적으로 제작했으나 판매되지 않은 것으로 비행에 사용되지 않는 초경량비행장치
⑨ 군사목적으로 사용되는 초경량비행장치

(6) 시험비행허가

① 시험비행의 종류
  ㉠ 연구개발 중에 있는 초경량비행장치의 안전성 여부를 평가하기 위해 시험비행을 하는 경우
  ㉡ 안전성 인증을 받은 초경량비행장치의 성능개량을 수행하고 안전성여부를 평가하기 위해 시험비행을 하는 경우
  ㉢ 그 밖에 국토교통부장관이 필요하다고 인정하는 경우
② 허가 신청을 위해 제출해야 하는 서류
  ㉠ 해당 초경량비행장치에 대한 소개서

    ⓒ 초경량비행장치의 설계가 초경량비행장치 기술기준에 충족함을 입증하는 서류
    ⓒ 설계도면과 일치되게 제작됐음을 입증하는 서류
    ⓔ 완성 후 상태, 지상 기능점검 및 성능시험 결과를 확인할 수 있는 서류
    ⓜ 초경량비행장치 조종절차 및 안전성 유지를 위한 정비방법을 명시한 서류
    ⓗ 초경량비행장치 사진(전체 및 측면사진, 전자파일 포함) 각 1매
    ⓢ 시험비행계획서
  ③ 국토교통부장관은 신청서를 접수받은 경우 초경량비행장치 기술기준에 적합한지의 여부를 확인한 후 적합하다고 인정하면 신청인에게 시험비행을 허가해야 함.

(7) 조종자 증명을 취소하거나 1년 이내로 효력을 정지할 수 있는 경우
  ① 항공법을 위반해 벌금 이상의 형을 선고받은 경우
  ② 거짓이나 그 밖의 부정한 방법으로 초경량비행장치 조종자 증명을 받은 경우
  ③ 초경량비행장치의 조종자로서 업무를 수행할 때, 고의 또는 중대한 과실로 초경량비행장치 사고를 일으켜 인명피해나 재산피해를 발생시킨 경우
  ④ 초경량비행장치 조종자의 준수 사항을 위반한 경우
  ⑤ 초경량비행장치 조종자 증명의 효력정지 명령을 위반해 초경량비행장치를 비행한 경우

STEP 2   항공안전

1 항공안전법과 항공사업법

(1) 항공법이 항공안전법 등 3개 법률로 분법(2017년 3월 30일 시행)
① 항공안전법 : 항공기 기술기준, 종사자, 초경량비행장치 등 규정
② 항공사업법 : 항공운송사업, 사용사업, 교통이용자 보호 등
③ 공항시설법 : 공항 및 비행장의 개발, 항행안전시설 등

(2) 항공안전법의 목적과 관련 기관
① 항공안전법 제1조(목적)
이 법은 「국제민간항공협약」 및 같은 협약의 부속서에서 채택된 표준과 권고되는 방식에 따라 항공기, 경량항공기 또는 초경량비행장치가 안전하게 항행하기 위한 방법을 정함으로써 생명과 재산을 보호하고, 항공기술의 발전에 이바지함을 목적으로 한다.
② 국제민간항공기구(ICAO) : 세계 항공업계의 정책과 질서를 총괄, UN 산하 전문기구

(3) 항공사업법에서 용어의 정의
① 항공사업 : 국토교통부장관의 면허, 허가 또는 인가를 받거나 국토교통부장관에게 등록 또는 신고해 경영하는 사업
② 항공기대여업 : 타인의 수요에 맞춰 유상으로 항공기, 경량항공기 또는 초경량비행장치를 대여하는 사업
③ 초경량비행장치사용사업 : 농약살포, 사진촬영 등 국토교통부령으로 정하는 사업
④ 초경량비행장치사용사업자 : 초경량비행장치사용사업을 등록한 자
⑤ 항공레저스포츠사업 : 조종교육, 체험 및 경관조망을 목적으로 사람을 태워 비행하는 서비스

(4) 무인 멀티콥터 조종 전문교육기관
① 전문교육기관 지정 신청서에 기재해야 하는 내용
  ㉠ 전문교관의 현황
  ㉡ 교육시설 및 장비의 현황
  ㉢ 교육훈련계획 및 교육훈련규정
② 지도조종사 1명 이상
  ㉠ 만 20세 이상으로 무인 멀티콥터 조종시간이 총 100시간 이상
  ㉡ 무인헬리콥터 또는 무인 멀티콥터 지도조종자격증명을 소지한 자
③ 실기평가조종자 1명 이상
  ㉠ 만 20세 이상으로 무인 멀티콥터 조종시간이 총 150시간 이상
  ㉡ 무인헬리콥터 또는 무인 멀티콥터 지도조종자격증명을 소지한 자

④ 다음 시설 및 장비(시설 및 장비에 대한 사용권 포함)
  ㉠ 강의실 및 사무실 각 1개 이상
  ㉡ 이륙·착륙 시설
  ㉢ 훈련용 비행장치 1대 이상

2 국제민간항공기구의 기준

국제민간항공기구는 항공기 사고를 광의의 의미인 사고(Accident)와 사건에 속하는 준사고(Incident)로 구분해 규정

(1) 항공기 사고의 2가지 종류
① 항공기 내부 혹은 위에서 항공기나 그 부속물과 직접적인 접촉에 의해 사망 또는 중상을 입은 사건
② 항공기의 구조, 강도, 성능 또는 비행특성에 악영향을 미치거나 피해부분의 대수리 또는 교체를 필요로 하는 손해나 구조적 파괴를 초래하는 사건

(2) 항공기 준사고의 정의와 종류
항공기 준사고는 안전 운항에 영향을 주거나 줄 수 있었던 항공기 운항과 관련된 사고 이외의 사건을 말함.

① 사고 이외의 경우에 있어 항공기의 파손 또는 상해자가 발생한 경우
② 항공기가 비상착륙을 한 경우
③ 항공기가 감항성이 없는 상태에서 예정된 목적지 비행장에 착륙한 경우
④ 예정된 비행을 완료하지 못하고 출발 비행장으로 회항한 경우
⑤ 비행이 어려운 상태나 조건으로 인해 착륙한 경우
⑥ 항공기의 위치를 모르게 된 경우
⑦ 항공기 탑승인 또는 기타인의 재산과 안정이 위험하게 된 경우

3 한국 항공안전법상 기준

(1) 항공 사고
① 항공기 사고
사람이 항공기 내외에서 항공기나 항공기 부품에 접촉해 사망 또는 치명상을 입었을 때, 항공기에 막대한 피해가 발생했거나 항공기가 행방불명됐을 때를 항공사고로 간주함.
  ㉠ 사람의 항공기 사망·중상 또는 행방불명
  ㉡ 항공기의 중대한 손상·파손 또는 구조상의 고장

    ㉢ 항공기의 위치를 확인할 수 없거나 항공기에 접근이 불가능한 경우
   ② 경량 항공기 사고
    ㉠ 경량항공기에 의한 사람의 사망·중상 또는 행방불명
    ㉡ 경량항공기의 추락·충돌 또는 화재 발생
    ㉢ 경량항공기의 위치를 확인할 수 없거나 경량항공기에 접근이 불가능한 경우
   ③ 초경량비행장치 사고
    ㉠ 초경량비행장치에 의한 사람의 사망·중상 또는 행방불명
    ㉡ 초경량비행장치의 추락·충돌 또는 화재 발생
    ㉢ 초경량비행장치의 위치를 확인할 수 없거나 초경량비행장치에 접근이 불가능한 경우

(2) 항공기 준사고

항공기 준사고는 안전 운항에 영향을 주거나 줄 주 있었던 항공기 운항과 관련된 사고 이외의 사건을 말한다. 항공기 준사고 조사결과에 따라 항공기 사고 또는 항공안전장애로 재분류할 수도 있다. 항공안전법 시행규칙 제8조에서 명시

(3) 항공안전장애

항공안전장애는 항공기 사고, 항공기준 사고 외에 항공기 운항 등과 관련해 항공안전에 영향을 미치거나 미칠 우려가 있는 것

(4) 초경량비행장치의 사고

① 초경량비행장치에 의한 사람의 사망, 중상 또는 행방불명
② 초경량비행장치의 추락, 충돌 또는 화재 발생
③ 초경량비행장치의 위치를 확인할 수 없거나, 초경량비행장치에 접근이 불가능한 경우

(5) 초경량비행장치 사고의 보고

사고를 일으킨 조종자 또는 초경량비행장치 소유자 등은 지방항공청장에게 다음 사항을 보고해야 함.

① 조종자 및 그 초경량비행장치 소유자 등의 성명 또는 명칭
② 사고가 발생한 일시 및 장소
③ 초경량비행장치의 종류 및 신고번호
④ 사고의 경위
⑤ 사람의 사상 또는 물건의 파손 개요
⑥ 사상자의 성명 등 사상자의 인적사항 파악을 위해 참고가 될 사항

(6) 초경량비행장치의 구조지원 장비

① 위치추적이 가능한 표시기 또는 단말기
② 조난구조용 장비(전항의 장비를 갖출 수 없는 경우에 해당)

4 항공기사고 조사절차

항공철도사고조사위원회의 자료에 따르면 항공사고조사절차는 13단계로 구성돼 있으며 세부 내역은 다음과 같음.

(1) 초동조치
① 현장의 파악 및 조치
  ㉠ 필요한 치료가 가능하도록 조치
  ㉡ 잔해를 화재나 추가 손상의 위험으로부터 안전하게 조치
  ㉢ 관련 국가당국 또는 위임기관에 통보
  ㉣ 방사성 동위원소 또는 방사성물질이 화물로서 운송될 가능성을 점검하고 적절한 조치
  ㉤ 부속서 13에 규정한 경우를 제외하고 항공기를 불필요하게 움직이거나 만지지 않도록 감시요원을 배치
  ㉥ 사진이나 기타 적절한 방법으로 얼음, 연기 검댕이 등과 같은 일시적으로 생겼다가 없어지는 현상에 대하여 증거를 보존하는 조치
  ㉦ 증언에 의해 사고조사에 도움을 줄 수 있는 목격자들의 이름과 주소를 확보
② 구조작업(Rescue Operations)
③ 경계(Guarding)
④ 잔해에 대한 일반조사(General Survey of the Wreckage)
⑤ 증거의 보존(Preservation of the Evidence)
⑥ 예방대책(Precautionary Measures)
  ㉠ 화재의 예방(Precaution to be taken of the Evidence)
  ㉡ 위험화물에 대한 예방

(2) 잔해조사의 착수
① 사고의 위치(Accident Location)
② 사진(Photography)
③ 잔해분포 차트(Wreckage Distribution Chart)
④ 충돌자국과 파편의 검사(Examination of Impact and Debris)
⑤ 수중의 잔해(Wreckage in the Water)

(3) 운항분야 조사
① 비행의 이력과 비행 전, 비행 중, 비행 후의 운항승무원의 활동과 관련된 모든 사실을 조사해 보고
② 승무원의 이력
③ 비행계획
④ 중량배분관계
⑤ 기상
⑥ 항공교통업무
⑦ 통신
⑧ 항법

⑨ 비행장시설
  ㉠ 항공기의 성능
  ㉡ 지시의 준수
  ㉢ 증인의 진술
  ㉣ 최종비행로의 결정
  ㉤ 비행의 순서

(4) 비행기록장치 조사
비행기록장치와 조종실 음성기록장치를 포함하며 최대의 이득을 얻기 위해서는 2개 장치가 일치돼야 함.

① 비행자료기록장치(flight data recorder)
  비행기의 고도, 대기속도, 기수방위, 수직가속도, 시간 등뿐만 아니라 기체 자세, 조종날개의 작동상태, 엔진의 추력, 무선의 교신상황 등 최종 25시간 동안 발생된 모든 데이터 기록
② 조종실 음성기록장치(cockpit voice recorder)
  기장, 부기장, 항법사 등이 조종실에서 행한 모든 음성을 기록

(5) 구조물 조사
① 잔해의 재구성
② 재료파괴의 유형
③ 착륙장치 및 비행조종장치를 포함한 기체 검사
④ 피로파괴의 인식
⑤ 정적파괴의 인식
⑥ 파괴의 순서
⑦ 하중적용의 모드
⑧ 전문가 검사
⑨ 파괴면 조직검사

(6) 동력장치 조사
① 엔진, 연료, 오일과 냉각 시스템, 프로펠러와 그 조절유니트, 제트파이프와 추진 노즐, 역추력장치, 엔진장착대, 그리고 엔진이 하나의 유니트 안에 설치되는 경우 기체구조물에 그 유니트를 장착하는 장치, 방화벽과 카울링, 보조기어박스, 등속도 구동유니트, 엔진과 프로펠러의 방빙시스템, 엔진화재 탐지/소화시스템, 동력장치 조절장치가 포함
② 프로펠러 조사로 얻을 수 있는 증거
③ 충격 시 엔진의 성능
④ 소화기 시스템의 효용성
⑤ 표본의 채취
⑥ 전문가 검사

(7) 시스템 조사
시스템 조사는 항공기 동력장치에 포함되는 연료계통, 오일계통, 항공기 구조에 포함되는 항공기 조타장치 계통 등과 같이 다른 주제에서 포함되는 계통들을 제외한 항공기 계통들에 대한 조사와 보고에 관련 사항을 다룸.

① 유압계통
② 전기계통
③ 여압 및 공조계통
④ 방빙 및 방수계통

⑤ 계기류 ⑥ 무선통신 및 무선항법장비
⑦ 비행조종계통 ⑧ 화재탐지 및 방화계통
⑨ 산소계통

(8) 정비 관련 조사

정비조사의 목적은 항공기의 정비 이력을 검토해 다음 사항을 결정함.

① 사고조사의 방향이나 중요한 특이 부분에 대해 집중하는데 기여할 수 있는 정보
② 항공기가 지정된 표준에 따라 정비됐는지 여부
③ 사고조사 과정에서 얻어진 사실정보에 대해 지정된 표준을 만족시키는 여부

(9) 인적요소 조사

관계인에 대한 경험, 교육훈련 등 기준에 충족하는지 여부.

(10) 탈출, 수색, 구조 및 소화에 대한 조사

경보접수, 출동, 요구조자 취급 및 처리, 재난 피해 확산방지를 위한 조치 등

(11) 폭발물에 의한 고의파괴에 대한 조사

테러 등에 의한 폭발 사고 가능성

(12) 기술검토회의 또는 공청회(필요한 경우에 실시)

특정 사실정보에 대한 다양한 계층의 지식, 견해 등을 청취해 분석에 참고

(13) 최종발표

5 안전운항에 관련된 사항

(1) 항공기 운항 중 제한 사항
항공기를 운항하는 사람은 허가를 받지 않고 다음과 같은 비행 또는 행위를 해서는 안됨.

① 국토교통부령으로 정하는 최저비행고도 아래에서의 비행
② 물건의 투하(投下) 또는 살포
③ 낙하산 강하(降下)
④ 국토교통부령을 정하는 구역에서 뒤집어서 비행하거나 옆으로 세워서 비행하는 등의 곡예비행
⑤ 무인항공기의 비행
⑥ 사람과 재산에 위해를 끼치거나 끼칠 우려가 있는 비행 또는 행위

(2) 최저비행고도
① 시계비행
  ㉠ 사람 또는 건축물이 밀집된 지역의 상공에서는 해당 항공기를 중심으로 수평거리 600m 범위 안의 지역에 있는 가장 높은 장애물의 상단에서 300m(1천피트)의 고도
  ㉡ 상기 이외의 지역에서는 지표면, 수면 또는 물건의 상단에서 150m(500피트)의 고도
② 계기비행
  ㉠ 산악지역에서는 항공기를 중심으로 반지름 8km 이내에 위치한 가장 높은 장애물로부터 600m의 고도
  ㉡ 상기 이외의 지역에서는 항공기를 중심으로 반지름 8km 이내에 위치한 가장 높은 장애물로부터 300m의 고도

(3) 비행장 주변에서 안전비행을 위한 기준
비행장 또는 그 주변을 비행하는 항공기의 조종사는 다음 기준에 따라 비행해야 함.

① 이륙하려는 항공기는 안전고도 미만의 고도 또는 안전속도 미만의 속도에서 선회하지 말 것
② 해당 비행장의 이륙 기상 최저치 미만의 기상상태에서는 이륙하지 말 것
③ 해당 비행장의 시계비행 착륙 기상 최저치 미만의 기상상태에서는 시계비행방식으로 착륙을 시도하지 말 것
④ 터빈발동기를 장착한 이륙항공기는 지표 또는 수면으로부터 450m(1500피트)의 고도까지 가능한 신속히 상승할 것
⑤ 해당 비행장을 관할하는 항공교통관제기관과 무선통신을 유지할 것
⑥ 비행로, 교통장주(交通長周), 그 밖에 해당 비행장에 대해 정해진 비행방식 및 절차에 따를 것
⑦ 다른 항공기 다음에 이륙하려는 항공기는 그 다른 항공기가 이륙해 활주로의 종단을 통과하기 전에는 이륙을 위한 활주를 시작하지 말 것
⑧ 다른 항공기 다음에 착륙하려는 항공기는 그 다른 항공기가 착륙해 활주로 밖으로 나가기 전에는 착륙하기 위해 그 활주로 시단을 통과하지 말 것

⑨ 이륙하는 다른 항공기 다음에 착륙하려는 항공기는 그 다른 항공기가 이륙해 활주로의 종단을 통과하기 전에는 착륙하기 위해 해당 활주로의 시단을 통과하지 말 것
⑩ 착륙하는 다른 항공기 다음에 이륙하려는 항공기는 그 다른 항공기가 착륙해 활주로 밖으로 나가기 전에는 이륙하기 위한 활주를 시작하지 말 것
⑪ 기동지역 및 비행장 주변에서 비행하는 항공기를 관찰할 것
⑫ 다른 항공기가 사용하고 있는 교통장주를 회피하거나 지시에 따라 비행할 것
⑬ 비행장에 착륙하기 위해 접근하거나 이륙 중 선회가 필요한 경우에는 달리 지시를 받은 경우를 제외하고는 좌선회할 것
⑭ 비행안전, 활주로의 배치 및 항공교통상황 등을 고려해 필요한 경우를 제외하고는 바람이 불어오는 방향으로 이륙 및 착륙할 것

(4) 항공기의 통행 우선순위
① 교차하거나 그와 유사하게 접근하는 고도의 항공기 상호간에는 진로를 양보
  ㉠ 동력항공기는 비행선, 활공기 및 기구(氣球)류에 진로를 양보할 것
  ㉡ 동력항공기는 항공기 또는 물건을 예항(曳航)하는 다른 항공기에 진로를 양보할 것
  ㉢ 비행선은 활공기 및 기구류에 진로를 양보할 것
  ㉣ 활공기는 기구류에 진로를 양보할 것
  ㉤ 상기항의 경우를 제외하고는 다른 항공기를 우측으로 보는 항공기가 진로를 양보할 것
② 비행 중이거나 지상 또는 수상에서 운항 중인 항공기는 착륙 중이거나 착륙하기 위해 최종 접근 중인 항공기에 진로를 양보
③ 착륙을 위해 비행장에 접근하는 항공기 상호간에는 높은 고도에 있는 항공기가 낮은 고도에 있는 항공기에 진로를 양보
④ 높은 고도에 있는 항공기가 낮은 항공기에 진로를 양보해야 하는 것이 원칙
⑤ 비상착륙하는 항공기를 인지한 항공기는 그 항공기에 진로를 양보
⑥ 비행장 안의 기동지역에서 운항하는 항공기는 이륙 중이거나 이륙하려는 항공기에 진로를 양보

(5) 선회비행
① 수평선회(Level Turn)는 항공기가 지속적으로 비행방향을 바꾸는 선회비행에 있어서 고도를 일정하게 유지하는 비행형태
② 정상선회(Coordinated Turn)는 항공기가 옆으로 미끄러지지 않고 무게중심에 작용하는 힘이 평형을 이루고 비행속도에 변화가 없는 상태
  ㉠ 선회 중 양력은 수직양력분력과 수평양력분력으로 나뉨
  ㉡ 수직양력분력은 무게와 반대방향으로 작용
  ㉢ 수평양력분력은 원심력과 방향은 반대, 힘은 동일
  ㉣ 선회량은 수평양력분력의 크기에 좌우
③ 스키드(Skid) : 외활
  ㉠ 경사각과 양력이 평형을 이루지 못해 항공기가 선회반경 바깥쪽으로 밀려나는 현상

ⓒ 경사각이 작거나 러더 조작량이 클 경우에 발생
④ 슬립(Slip) : 내활
　ⓐ 경사각이 크고 구심력이 원심력보다 클 때 발생하며 선회반경 안쪽으로 들어오는 현상
　ⓒ 경사각이 너무 크거나 러더 조작량이 부족할 경우에 발생

6 항공기 안전을 위한 관리

(1) 항공기 감항증명의 대상

감항증명은 '항공기가 안전하게 비행할 수 있는 성능이 있다는 증명'으로 규정돼 있다. 감항증명은 항공기가 안전하고 신뢰할 수 있는 운송수단이라는 것을 입증하기 위한 목적에서 시행되는 것임.

① 한국 국적의 항공기로서 감항증명을 받아야만 하는 항공기
② 외국 국적을 갖고 있으면서 감항증명을 받을 수 있는 항공기

(2) 안전한 비행을 위한 기타 안전장치

① 동결방지장치　　　　② 외기온도계
③ 산소흡입장치　　　　④ 항공계기

(3) 항공종사자 제한나이

① 만 14세는 드론 조종자
② 만 16세는 자가용 활공기 조종자
③ 만 17세는 항공조종사 자격
④ 만 18세는 사업용 조종사, 항공사, 항공기관사, 항공정비사
⑤ 만 20세는 드론지도조종사
⑥ 만 21세는 운송용 조종사, 항공교통관제사, 항공공장정비사, 운항관리사

(4) 항공종사자가 취득해야 하는 자격증명의 종류

① 운송용 조종사　　　　② 사업용 조종사
③ 자가용 조종사　　　　④ 항공사
⑤ 항공기관사　　　　　⑥ 항공교통관제사
⑦ 항공정비사　　　　　⑧ 항공공장정비사
⑨ 운항관리사

(5) 자격증명을 받을 수 없는 결격 사유

① 금치산자, 한정치산자 또는 파산자로 복권되지 않은 자
② 항공법규를 위반해 금고 이상의 형을 선고 받고 그 집행이 종료되거나 그 집행을 받지 않기로 확정

된 후 2년이 경과되지 않은 자 또는 그 집행유예 기간 중에 있는 자
③ 자격증명의 취소처분을 받고 그 취소일로부터 2년이 경과되지 않은 자

(6) 초경량비행장치 조종자 증명
① 사업용으로 이용되는 자체중량 12kg 초과하는 비행장치
② 취미, 오락, 촬영용 드론으로 자체중량이 12kg 이하면 자격증 필요 없음.
③ 응시자격
  ㉠ 만 14세 이상으로 운전면허 또는 이에 갈음할 수 있는 신체검사증명 소지자
  ㉡ 해당 비행장치의 비행경력이 20시간 이상
  ㉢ 교관조종자격증명은 만 20세 이상
④ 무인멀티콥터 응시기준
  ㉠ 만 14세 이상인 사람
  ㉡ 실기시험 : 무인멀티콥터 조종시간 20시간, 무인헬리콥터 조종자 증명을 받은 경우 10시간

(7) 주류 등의 섭취 금지
① 주정성분이 있는 음료의 섭취로 혈중알코올농도가 0.02% 이상인 경우
② 「마약류관리에관한법률」제2조제1호에 따름 마약류를 사용한 경우
③ 「화학물질관리법」제22조제1호1항에 따른 환각물질을 사용한 경우

7 안전성 인증검사

(1) 정의와 대상
항공안전법 제124조에 따른 안정성 인증검사는 초경량비행장치의 비행안전을 확보하기 위한 기술상의 기준에 적합함을 증명하는 검사를 말함.
① 최대 이륙중량 25kg 초과 무인비행장치는 항공안전기술원으로부터 안전성 인증검사
② 초경량비행장치를 사용해 비행하려는 자는 비행안전을 위한 기술상의 기준에 적합

(2) 안전성 인증검사의 종류
① 초도검사
  비행장치 설계 및 제작 후 최초로 안전성인증을 받기 위해 행하는 검사
② 정기검사
  초도검사 이후 안전성인증서의 유효기간 1년이 도래되어 새로운 안전성인증서를 교부받기 위해 실시하는 검사
③ 수시검사
  비행장치의 비행안전에 영향을 미치는 엔진 및 부품의 교체 또는 수리 및 개조 후 비행장치안전기준에 적합한지를 확인하기 위해 행하는 검사

④ 재검사

정기검사 또는 수시검사에서 불합격 처분된 항목에 대해 보완 또는 수정 후 행하는 검사

(3) 안전성 인증검사의 대상이 되는 초경량비행장치

① 동력비행장치
② 행글라이더, 패러글라이더 및 낙하산류(항공레저스포츠사업에 사용되는 것만 해당)
③ 회전익 비행장치
④ 동력패러글라이더
⑤ 기구류(사람이 탑승하는 것에 한정)
⑥ 무인비행기, 무인헬리콥터 또는 무인멀티콥터 중에서 최대 이륙중량이 25kg을 초과하는 것
⑦ 무인비행선 중에서 연료의 중량을 제외한 자체 중량이 12kg을 초과하거나 길이가 7m를 초과하는 것

8 비행 전 안전관리

(1) 비행 전 기체 점검사항

① 기체의 전선, 부품 점검
② 기체 및 조종기 배터리 부식 등 점검
③ 기체 및 조종기 배터리 충전상태 점검
④ 프로펠러 체결 상태 점검
⑤ GPS가 7개 이상의 위성과 연결되는지 확인

(2) 비행 전 주변 환경 점검사항

① 안개, 구름 등 시정을 방해할 수 있는 기상상태
② 나무, 건물 등 시정을 방해할 수 있는 장애물
③ 고압송전선, 통신중계탑, 전선 등 인공 장애물
④ 재머(jammer) 등이 설치돼 있는지 여부
⑤ 새의 공격 가능성 여부

(3) 비행 전 조종기 점검사항

① 조종기의 버튼과 스틱이 off 위치에 있는지 확인
② 조종기의 스틱이 전 방향으로 움직이는지 확인
③ 조종기의 전원을 켠 후 이상유무와 전원상태 확인
④ 조종기의 트림이 중립에 있는지 확인

(4) 비행 전 로터 점검사항

① 프롭을 결합한 후 손으로 돌려봐서 원활하게 회전되는지 확인

② 블레이드 파손 및 유격을 점검
③ 베어링 체크
④ 윤활유 체크
⑤ 고정상태를 확인

(5) 레인지 모드(Range mode) 테스트
① 송수신기의 신호가 정상으로 작동하는 거리(Range)를 확인하는 절차
② 조종기의 배터리가 줄어드는 긴급 상황을 대비하기 위한 목적
③ 최대 수신거리를 테스트해 비상상황 대비

9 비행 중 안전관리

(1) 비행금지 행위 7가지
① 비행금지구역 또는 관제권(비행장으로부터 반경 9.3km) 내에서 비행금지 : 지방항공청장 또는 국방부장관 허가 필요
② 야간비행 금지
③ 150m 이상 고도에서 비행금지
④ 인명이나 재산에 위험을 초래할 우려가 있는 낙하물을 투하하는 행위 금지
⑤ 인구밀집지역이나 사람이 많이 모인 장소 상공에서 비행하는 행위
⑥ 안개 등으로 지상목표물을 식별할 수 없는 상태에서 비행 금지
⑦ 주류, 마약류, 환각물질 등을 섭취한 상태에서 비행금지

(2) 다른 비행체와 근접비행을 회피하기 위한 주의사항
① 충돌사고를 방지하기 위해 다른 비행체에 근접해 비행 금지
② 모든 유인 항공기에 진로를 양보해야 하며 발견 즉시 충돌을 회피할 수 있도록 조치할 것
③ 조종사는 운영자 또는 보조자를 배치해 다른 비행체 발견과 회피를 위해 외부경계를 지속적으로 유지
④ 군 작전 중인 전투기가 불시에 저고도 고속으로 나타날 수 있을 유의하고 군 방공비상사태 인지 시 즉시 비행을 중단하고 착륙해야 함.
⑤ 착륙 중이거나 착륙을 위한 최종 접근로 상에 있는 무인비행장치는 비행 중인 다른 무인비행장치 또는 지상에서 이동 중인 무인비행장치에 대해 통행우선권 보유
⑥ 무인비행장치가 2대 이상 착륙을 위해 비행장으로 접근 중일 때에는 더 낮은 고도에 있는 무인비행장치 또는 비상절차 중인 무인비행장치가 통행우선권 보유
⑦ 무인비행장치는 편대비행 금지

(3) 무인멀티콥터 비행 중 비상상황 발생 시 조치
① 인명피해가 발생하지 않도록 주변사람들에게 큰 소리로 위험을 알림.

② 기체를 신속하게 안전한 곳으로 착륙

10 비행 후 안전관리

(1) 비행 후 점검사항
① 기체의 점검
② 조종기의 점검
③ 배터리의 점검

(2) 비행 후 기체 점검사항
① 메인 블레이드, 테일 블레이드의 결합상태, 파손 등 점검
② 동력계통의 볼트 조임 상태 등 점검
③ 짐벌이나 방제용기의 장착상태를 확인
④ 송·수신기 배터리 잔량을 확인
⑤ 장기 보관할 경우에 배터리를 제거

(3) 무인비행장치의 안전관리사항
① 비행 전 장치신고　　　　　② 기체검사
③ 비행승인　　　　　　　　　④ 조종자 증명
⑤ 사업등록　　　　　　　　　⑥ 보험가입

(4) 무인비행장치의 안전관리 위반 시 벌칙
① 안전관리 위반 시 벌칙

종류			장치 신고	기체 검사	비행 승인	조종자 증명	사업 등록	보험 가입	조종사 준수사항
안전 관리 제도	12kg 초과	사업	O	O	O	O	O	O	O
		비사업	O	O	O				O
	12kg 이하	사업	O						
		비사업							
위반 시 처벌 기준	징역		6개월	–	–	–	1년	–	–
	벌금		500만원	–	200만원	–	3000만원	–	–
	과태료		–	500만원	200만원	300만원		500만원	200만원

② 과태료

위반행위	과태료(단위 : 만원)		
	1차 위반	2차 위반	3차 위반
말소신고를 하지 않은 경우	5	15	30
사고를 보고하지 않거나 거짓으로 보고한 경우	5	15	30
신고번호를 표시하지 않거나 거짓으로 표시한 경우	10	50	100
국토부령으로 정하는 장비를 장착하거나 휴대하지 않은 경우	10	50	100
신고하지 않고 비행제한구역을 비행한 경우	20	100	200
조종자 준수사항을 따르지 않고 비행한 경우	20	100	200
조종자 증명을 받지 않고 비행한 경우	30	150	300
안전성 인증을 받지 않고 비행한 경우	50	250	500

③ 벌금 등

위반행위	벌칙
변경신고, 이전신고, 말소신고를 하지 않은 자	벌금 30만원
신고번호를 표시하지 않거나 거짓으로 한 자	벌금 100만원
비행준수사항을 따르지 않고 비행한 자 초경량비행장치를 신고하지 않은 자 비행제한구역을 승인 없이 비행한 자	벌금 200만원
조종자 자격증명 없이 비행한 자	벌금 300만원
안전성 인증을 받지 않고 비행한 자	벌금 500만원
신고, 변경신고, 이전신고를 하지 않은 자 보험에 가입하지 않고 항공기 대여, 사용사업, 조종교육한 자	벌금 500만원 또는 징역 6개월

(5) 보험의 가입
① 초경량비행장치를 초경량비행장치 사용사업, 항공기대여업, 항공 레저스포츠사업 사용
② 경량항공기 소유자도 안전성 인증을 받기 전까지 보험이나 공제에 가입

STEP 3   드론의 비행승인

1 초경량비행장치의 비행승인

(1) 비행승인 방법

항공안전법 제127조제2에 따르면 초경량비행장치를 사용해 비행제한공역을 비행하고자 하는 자는 비행계획에 대해 지방항공청장의 승인을 받아야 함.

(2) 비행승인 제외 범위

① 비행장의 중심으로부터 반지름 3킬로미터 이내 지역의 고도 500피트 이내의 범위
② 이착륙장의 중심으로부터 반지름 3킬로미터 이내 지역의 고도 500피트 이내의 범위
③ 비행장의 경우에 군 비행장은 제외
④ 이착륙장은 해당 이착륙장을 관리하는 자와 사전에 협의된 경우에 한정

(3) 허가 신청서에 기재해야 하는 내용

① 성명, 주소 및 연락처
② 무인항공기의 형식, 최대이륙중량, 발동기 수 및 날개 길이
③ 무인항공기의 등록증명서 사본 및 식별부호
④ 무인항공기의 표준 감항증명서 또는 특별 감항증명서 사본
⑤ 무인항공기 조종사의 자격증명서 사본
⑥ 무인항공기의 무선국 허가증 사본
⑦ 비행의 목적, 일시 및 비행규칙의 개요, 육안식별운항계획, 비행경로, 이륙·착륙 장소, 순항고도·속도 및 비행주파수
⑧ 통신을 위한 주파수와 장비
⑨ 무인항공기의 항행장비 및 감시장비(SSR transponder, ADS-B 등)
⑩ 무인항공기의 감지·회피 성능
⑪ 항공교통관제기관, 무인항공기 통제소, 감시자 등과 통신이 두절될 경우를 대비한 비상절차
⑫ 하나 이상의 무인항공기 통제소가 있는 경우 그 수와 장소 및 무인항공기 통제소 간의 무인항공기 통제에 관한 이양절차
⑬ 소음기준적합증명서 사본
⑭ 해당 무인항공기 운항과 관련된 항공보안 수단을 포함한 국가항공보안계획 이행 확인서
⑮ 무인항공기의 적재 장비 및 하중 등에 관한 서류
⑯ 무인항공기의 보험 또는 책임범위 증명에 관한 서류

(4) 비행 시 유의사항

① 군 방공비상사태 인지 시 즉시 비행을 중지하고 착륙할 것
② 항공기의 부근에 접근하지 말 것, 특히 헬리콥터의 아래쪽에는 Down Wash가 있고 대형 고속항공기의 뒤쪽 부근에는 Turbulence가 있음을 유의할 것
③ 군 작전 중인 전투기가 불시에 저고도·고속으로 나타날 수 있음을 항상 유의할 것
④ 다른 초경량비행장치에 불필요하게 가깝게 접근하지 말 것
⑤ 비행 중 사주경계를 철저히 할 것
⑥ 태풍, 돌풍이 불거나 번개가 칠 때 또는 비나 눈이 내릴 때에는 비행하지 말 것
⑦ 비행 중 비정상적인 방법으로 기체를 흔들거나 자세를 기울이거나 급상승/급강하하거나 급선회하지 말 것
⑧ 이륙 전 제반 기체·엔진 안전점검을 철저히 할 것
⑨ 주변에 지상 장애물이 없는 장소에서 이착륙할 것
⑩ 야간에는 비행하지 말 것
⑪ 음주·약물복용 상태에서 비행하지 말 것
⑫ 초경량비행장치를 정해진 용도 이외의 목적으로 사용하지 말 것
⑬ 비행금지공역, 비행제한공역, 위험공역, 경계구역, 군부대 상공, 화재발생 지역 상공, 해상·화학공업단지, 기타 위험한 구역의 상공에서 비행하지 말 것
⑭ 공항, 대형 비행장 반경 약 10km 이내에서 관제탑의 사전승인 없이 비행하지 말 것
⑮ 고압 송전선 주위에서 비행하지 말 것
⑯ 추락, 비상착륙 시 인명·재산의 보호를 위해 노력할 것
⑰ 인명이나 재산에 위험을 초래할 우려가 있는 낙하물을 투하하지 말 것
⑱ 인구가 밀집된 지역 기타 사람이 운집한 장소의 상공을 비행하지 말 것

(5) 비행 후 점검사항

① 송신기를 Off
② 열이 발생한 부위는 식을 때까지 점검하지 않음
③ 기체의 이상 유무를 점검
④ 기체를 분해하거나 안전한 장소로 이동

2 드론의 비행절차와 승인서

(1) 드론의 비행절차

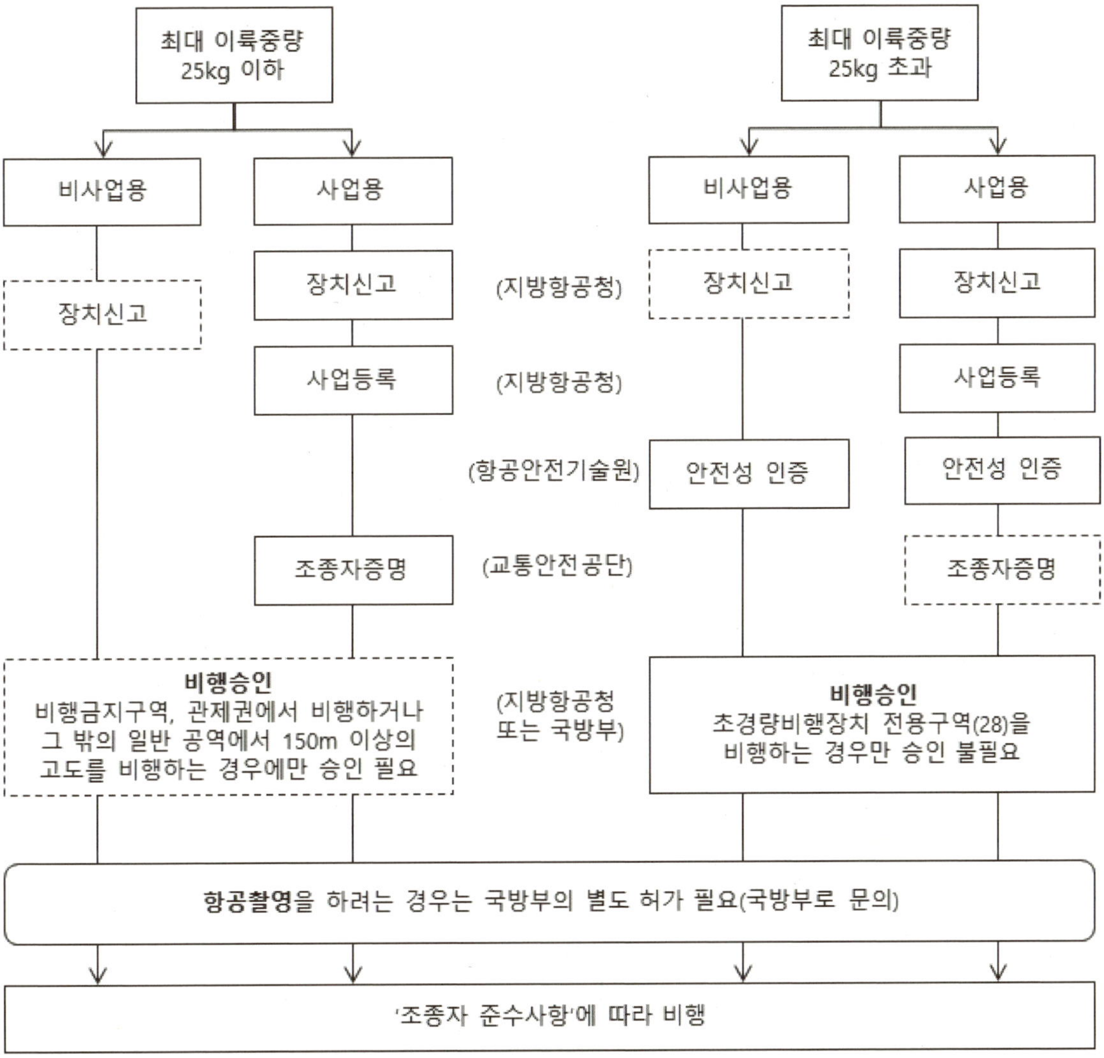

최대 이륙중량
25kg 이하
비사업용
사업용
장치신고
장치신고
(지방항공청)
사업등록
(지방항공청)
(항공안전기술원)
조종자증명
(교통안전공단)
비행승인
비행금지구역, 관제권에서 비행하거나
그 밖의 일반 공역에서 150m 이상의
고도를 비행하는 경우에만 승인 필요
(지방항공청
또는 국방부)
최대 이륙중량
25kg 초과
비사업용
사업용
장치신고
장치신고
사업등록
안전성 인증
안전성 인증
조종자증명
비행승인
초경량비행장치 전용구역(28)을
비행하는 경우만 승인 불필요
항공촬영을 하려는 경우는 국방부의 별도 허가 필요(국방부로 문의)
'조종자 준수사항'에 따라 비행

출처 : 국토교통부

(2) P-73 비행금지구역, R-75 비행제한구역 비행승인 요청절차

개인/기업
(비행승인요청서)
비행 4근무일 전
*A공역은 7일전
제출
수도방위사령부
(승인여부 검토)
비행 1~2근무일 전
승인

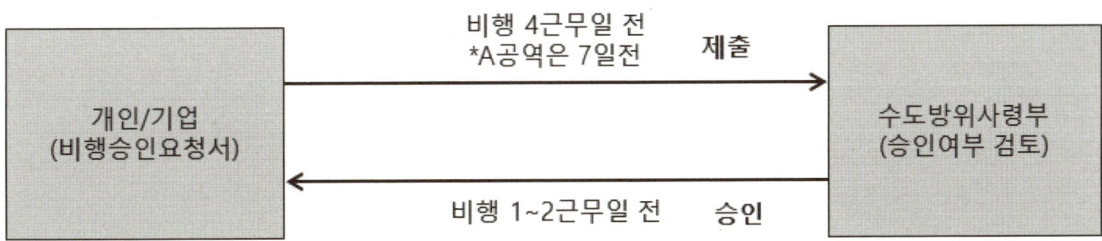

(3) 비행의 승인(항공안전법 제127조, 항공안전법 시행규칙 제307조)
   ① 최대 이륙중량이 25kg 이하 기체
      비행금지구역 및 관제권을 제외한 공역에서 고도 150m 이하는 비행승인 없이 비행
   ② 최대 이륙중량이 25kg 초과 기체
      전 공역에서 사전 비행승인 후 비행 가능
   ③ 무게에 관계없이 비행금지구역, 관제권에서는 사전 비행승인 없이는 비행 불가능
   ④ 초경량비행장치 전용공역(UA)에서는 비행승인 없이 비행 가능
   ⑤ 비행승인기관

구분	비행금지구역	비행제한구역	민간관제권	군관제권	그 외 지역
촬영허가(국방부)	O	O	O	O	O
비행허가(군)	O	O	×	O	×
비행승인(국토부)	×	×	O	×	×
공통	<ul><li>최대 이륙중량 25kg 이하의 기체, 고도 150m 이하</li><li>공역이 2개 이상 겹칠 경우에는 각 기관의 허가를 받아야 함.</li><li>고도 150m 이상 비행이 필요한 경우에는 공역에 관계없이 국토부 승인</li></ul>				

(4) 항공사진 촬영
   ① 모든 항공사진 촬영은 국방부로부터 사전승인을 받아야 함.
   ② 항공사진 촬영이 금지된 곳
      ㉠ 국가 및 군사보안목표시설, 군사시설(군부대, 댐, 항만, 공항 등)
      ㉡ 군수산업시설 등 국가보안 상 중요한 시설 및 지역
      ㉢ 비행금지구역(공익목적인 경우에는 제한적으로 허용)
   ③ 항공사진 촬영허가를 받았더라도 비행승인은 별도로 받아야 함.

(5) 비행금지 시간 및 장소(항공안전법 제129조, 시행규칙 제310조)
   ① 비행금지시간 : 일몰 이후 일출 이전의 야간
   ② 비행금지 장소
      ㉠ 비행장으로부터 반경 9.3km 이내인 곳
      ㉡ 비행금지구역 : 휴전선 인근, 서울 도심상공 일부
      ㉢ 150m 이상의 고도
      ㉣ 인구밀집지역 또는 사람이 많이 모인 곳의 상공

3 드론 비행금지구역과 비행허가지역

(1) 전국 비행금지구역 현황

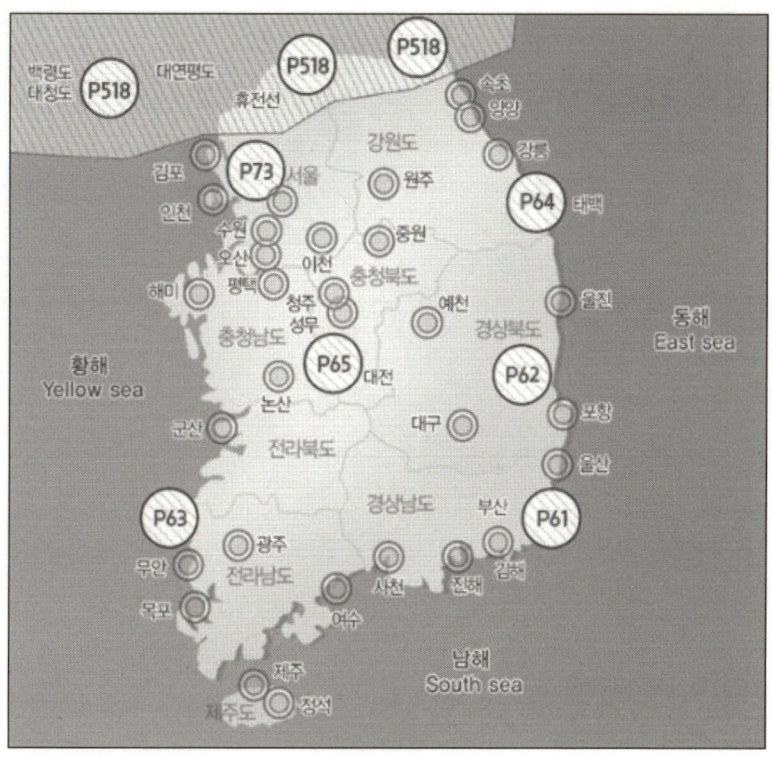

출처 : 국토교통부

① 서울 강북 일부 지역(P-73)과 휴전선 주변(P-518), 원전 주변 등은 비행금지구역
② 비행장 주변 반경 9.3km 이내도 관제권으로 비행금지구역

(2) 비행금지구역과 관할기관

구분	지역		관할기관
1	P73	서울 도심	수도방위사령부(화력과)
2	P518	휴전선 지역	합동참모본부(항공작전과)
3	P61A	고리원전	합동참모본부(공중종심작전과)
4	P62A	월성원전	
5	P63A	한빛원전	
6	P64A	한울원전	
7	P65A	원자력연구소	
8	P61B	고리원전	부산지방항공청(항공운항과)
9	P62B	월성원전	
10	P63B	한빛원전	
11	P64B	한울원전	
12	P65B	원자력연구소	서울지방항공청(항공안전과)

(3) 수도권 드론 비행 제한 및 가능구역

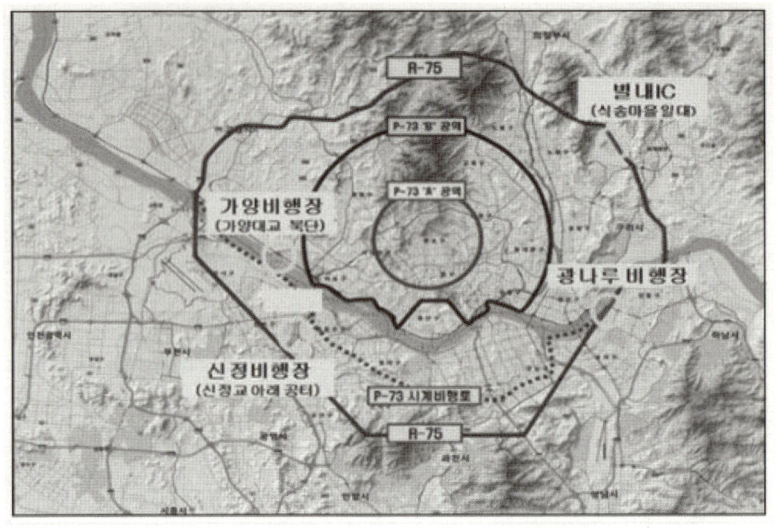

출처 : 국토교통부

① 수도권은 가양대교 북단, 신정교, 광나루, 별내 IC 등 4곳에서 드론 운행 가능
② 전국 약 30개소에 초경량비행장치 전용공역

(4) 전국 초경량비행장치 비행구역(UA)

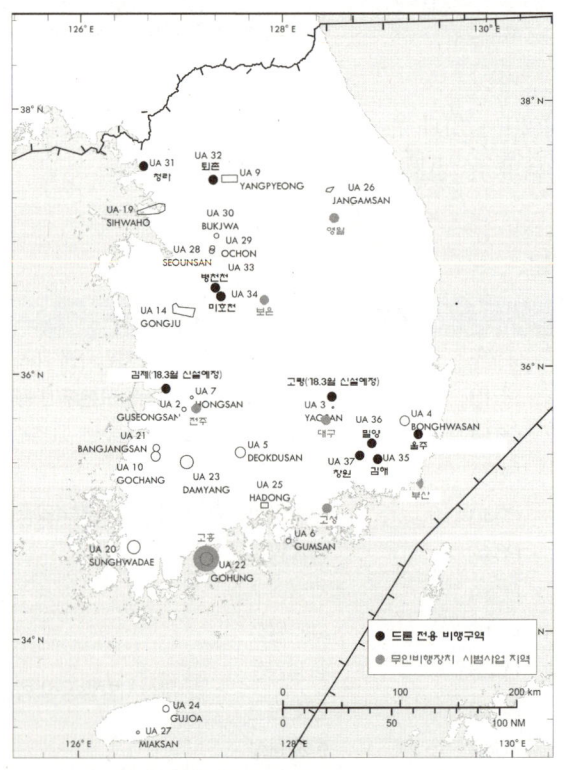

출처 : 국토교통부

4 특별비행승인(2017년 11월 시행)

(1) 주요 용어 정의
① 특별비행
   야간 비행 및 가시권 밖 비행 관련 전문검사기관의 검사 결과 국토교통부장관이 고시하는 무인비행장치 특별비행을 위한 안전기준에 적합하다고 판단되는 경우에 범위를 정해 승인하는 비행
② 야간비행 : 일몰 후부터 일출 전까지의 야간에 비행하는 행위
③ 가시권 밖 비행 : 무인비행장치 조종자가 해당 무인비행장치를 육안으로 확인할 수 있는 범위의 밖에서 조종하는 행위
④ 자동안전장치(Fail-Safe)
   무인비행장치 비행 중 통신두절, 저 배터리, 시스템 이상 등이 발생하는 경우에 해당 무인비행장치가 안전하게 귀환(return to home)하거나 낙하(낙하산·에어백 등)할 수 있게 하는 장치
⑤ 충돌방지기능
   비행 중인 무인비행장치가 장애물을 감지해 장애물을 회피할 수 있도록 하는 기능
⑥ 충돌방지등
   비행 중인 무인비행장치의 충돌방지를 위해 주변의 다른 무인비행장치나 항공기 등에서 해당 무인비행장치를 인식할 수 있도록 하는 무선 표지 장치
⑦ 시각보조장치(First Person View)
   영상송신기를 통해 무인비행장치 시점에서 촬영한 영상을 해당 무인비행장치의 조종자 등이 실시간으로 확인할 수 있도록 하는 장치

(2) 특별비행 안전기준

구분		주요 내용
공통사항		• 이/착륙장 및 비행경로에 있는 장애물이 비행 안전에 영향을 미치지 않아야 함 • 자동안전장치(Fail-Safe)를 장착함 • 충돌방지기능을 탑재함 • 추락 시 위치정보 송신을 위한 별도의 GPS 위치 발신기를 장착함 • 사고 대응 비상연락·보고체계 등을 포함한 비상상황 매뉴얼을 작성·비치하고, 모든 참여 인력은 비상상황 발생에 대비한 비상상황 훈련을 받아야 함
개별 사항	야간 비행	• 야간 비행 시 무인 비행장치를 확인할 수 있는 한 명 이상의 관찰자를 배치해야 함 • 5km 밖에서 인식가능한 정도의 충돌방지등을 장착함 • 충돌방지등은 지속 점등 타입으로 전후좌우를 식별 가능 위치에 장착함 • 자동 비행 모드를 장착함 • 적외선 카메라를 사용하는 시각보조장치(FPV)를 장착함 • 이/착륙장 지상 조명시설 설치 및 서치라이트를 구비함
	비가시 비행	• 조종자의 가시권을 벗어나는 범위의 비행 시, 계획된 비행경로에 무인 비행장치를 확인할 수 있는 관찰자를 한 명 이상 배치해야 함 • 조종자와 관찰자 사이에 무인비행장치의 원활한 조작이 가능할 수 있도록 통신이 가능해야 함 • 조종자는 미리 계획된 비행과 경로를 확인해야 하며, 해당 무인비행장치는 수동/자동/반자동 비행이 가능하여야 함 • 조종자는 CCC(Command and Control, Communication) 장비가 계획된 비행 범위 내에

　　　　　　서 사용가능한지 사전에 확인해야 함
　　　　• 무인비행장치는 비행계획과 비상상황 프로파일에 대한 프로그래밍이 되어 있어야 함
　　　　• 무인비행장치는 시스템 이상 발생 시, 조종자에게 알림이 가능해야 함
　　　　• 통신(RF 통신 및 LTE 통신 기간망 사용 등)을 이중화함
　　　　• GCS(Ground Control System) 상에서 무인비행장치의 상태 표시 및 이상 발생 시 GCS
　　　　　알림 및 외부 조종자 알림을 장착함
　　　　• 시각보조장치(FPV)를 장착함

출처 : 국토교통부

(3) **특별비행의 승인**
　① 특별비행안전기준 검사결과가 적합한 경우에 국토교통부장관이 특별비행승인서 발급
　② 특별비행승인의 유효기간은 신청자가 제출한 비행계획서 상의 기간으로 하되 최대 6개월
　③ 유효기간의 변경 및 연장도 신청 시 제출한 비행계획서 상의 기간으로 하되 최대 6개월
　④ 국토교통부장관이 특별비행승인을 하면서 제한할 수 있는 사항
　　㉠ 비행 일시, 이착륙 시간 및 비행 횟수
　　㉡ 비행 장소, 조명기구 설치, 장애물 제거
　　㉢ 비행방법, 절차, 경로, 고도
　　㉣ 사용되는 기체 및 장착물의 종류, 기능 및 상태
　　㉤ 비행 책임자 및 운영인력
　　㉥ 그 밖에 비행 안전을 위해 필요하다고 인정되는 사항

STEP 4　초경량비행장치 안전운항

1 운항임무 단계별 참고사항

(1) 비행 시 일반사항
① 조종자는 비행 중 연료량 지시계 관찰
② 조종자는 비행 중 잔여 연료량을 확인해 계획된 비행을 안전하게 수행
③ 조종자는 비행 중 계기 등의 이상이 있음을 인지하는 경우에는 즉시 가장 가까운 이착륙장에 안전하게 착륙
④ 지상안전 요원은 비행장치로 접근하는 내·외부인의 부주의한 접근을 통제
⑤ 조종자는 착륙지에 접근해 저고도 저속비행으로 최소 1회 이착륙장을 확인하고 착륙 시도
⑥ 조종자는 전신주 주위 및 그 연장성 부근에 저고도 미식별 장애물이 존재한다는 의식 하에 회피기동
⑦ 조종자는 전신주 통과 시 당해 전신주 직상공을 통과할 수 있도록 비행계획을 수립하고 전신주 사이를 통과하는 것을 자제

(2) 비행계획(Flight Planning) 시 고려사항
① 항로기상
② 목적지 공항, 교체공항 기상
③ 지표면 기상도

(3) 비행계획의 제출
① 비행정보구역 안에서 비행하려면 비행계획을 수립해 항공교통업무기관에 제출
② 비행계획은 구술, 전화, 서류, 전문(電文), 팩스 또는 정보통신만 이용
③ 항공운송사업에 사용되는 항공기의 비행계획을 제출하는 경우에는 반복비행계획서 제출
④ 국토교통부장관이 정해 고시하는 작성방법에 따라 작성
⑤ 지방항공청장은 신고서 및 첨부서류에 흠이 없고 형식적 요건을 갖출 경우 지체 없이 접수

(4) 비행계획에 포함돼야 하는 사항
① 항공기 식별부호
② 비행의 방식 및 종류
③ 항공기의 대수·형식 및 최대이륙중량 등급
④ 탑재장비
⑤ 출발비행장 및 출발 예정시간
⑥ 순항속도, 순항고도 및 예정항공로
⑦ 최초 착륙예정 비행장 및 총 예상소요 비행시간

⑧ 교체비행장
⑨ 시간으로 표시한 연료 탑재량
⑩ 출발 전에 연료탑재량으로 인해 비행 중 비행계획의 변경이 예상되는 경우에는 변경될 목적 비행장 및 비행경로에 관한 사항
⑪ 탑승 총인원(탑승수속 불가피한 경우에는 해당 항공기가 이륙한 직후에 제출 가능)
⑫ 비상 무선주파수 및 구조장비
⑬ 기장의 성명(편대비행의 경우에는 편대 책임기장의 성명)
⑭ 낙하산 강하의 경우에는 그에 관한 사항
⑮ 그 밖에 항공교통관제와 수색 및 구조에 참고가 될 수 있는 사항

(5) 비행 전 준비사항
① 현재 기상 및 예보(경로 및 목적지)
② NOTAM
③ 연료소모량
④ 대체비행계획
⑤ 항로상/임무지역 비행절차
⑥ 비상절차
⑦ 주의 및 제한사항
⑧ 구명/생환장구 사용법
⑨ 비행계획 통보 확인

(6) 시동 및 지상 활주
① 시동
   엔진시동은 자격증이 있는 조종자가 조종석에서 작동
② 시동 시 안전사항
   ㉠ 엔진 시동 전에는 즉시 이용 가능한 소화기와 소화요원을 배치
   ㉡ 시동 전에 비행장치의 바퀴는 고임목에 의해 고정되고, Parking Brake는 SER함
   ㉢ 시동 전 지상 외부장애물에 의한 비행장치 손상방지를 위해 안전점검을 실시
③ 시동절차
   ㉠ 시동은 절차(점검표)에 따라 실시
   ㉡ 조종석 내 시동자(조종자)와 외부 감시자는 상호 통신수단이 강구되고 표준 신호를 숙지
④ 지상 활주
   ㉠ 장애물이나 타 비행장치 가까이 활주 시에는 지상안전요원이 비행장치를 유도
   ㉡ 표준 수신호 절차를 상호 숙지
⑤ 이륙 및 비행
   ㉠ 이륙 전 점검은 해당 기종 점검표에 의해 수행돼야 하며 주요 계통에 대해서는 이중점검
   ㉡ 비행 중 조종간 인수인계는 확실한 방법으로 수행

(7) 비행계획의 종료
① 항공기는 도착비행장에 착륙하는 즉시 관한 항공교통업무기관에 보고
   ㉠ 항공기의 식별부호

ⓛ 출발비행장
ⓒ 도착비행장
ⓒ 목적비행장(목적비행장이 따로 있는 경우)
ⓜ 착륙시간
② 도착비행장에 착륙한 후 도착보고를 할 수 있는 적절한 통신시설 등이 제공되지 않는 경우에는 착륙 직전에 관한 항공교통업무기관에 도착보고

2 운항지역별 준수사항

(1) 산악지대 비행
① 계획된 비행으로 지정된 지역 내에서만 실시
② 산악지대 비행 시에는 수립된 절차와 제한치를 반드시 준수

(2) 해상비행
① 탑승자는 개인 구명장구를 착용
② 탑승자 수만큼 개인 구명장구를 탑재

(3) 뇌우 근처에서 비행
① 비행경로 상에 뇌우가 관측되었거나 예보되었다면 조종자는 최대한 안전을 고려해 비행계획을 지연
② 비행경로 상에 뇌우가 관측되었거나 예보되었다면 조종자는 뇌우 지역을 피해 비행계획을 수립

(4) 고속도로 상공비행
① 고속도로를 따라 비행할 경우에는 우측을 따라 비행
② 고속도로를 횡단할 경우를 제외하고는 직상공으로 비행은 금지

3 운항안전

(1) 비행
① 조종자는 항상 경각심을 갖고 사고를 예방할 수 있는 방법으로 비행
② 조종자는 비행 중 비상사태에 대비해 비상절차를 숙지
③ 조종자는 비행 중 비상사태에 직면하면 비행장치에 의해 인명과 재산에 손상을 줄 수 있는 가능성을 최소화할 수 있도록 고려
④ 비행은 반드시 규정 및 절차에 의한 것이어야 하며 인가되지 않은 조작은 금지

(2) 비행장치 내부정돈
   ① 비행장치 내 탑재물을 안전하게 고정
   ② 비행 중 탑재물에 의한 비행장치 손상을 방지하기 위한 목적

(3) 안전벨트
   ① 조종자는 비행이 종료될 때까지 좌석벨트를 착용
   ② 조종자는 동승자가 비행이 종료될 때까지 좌석벨트를 착용하도록 유도

4 동승자 관련 주의사항 및 기내흡연 제한

(1) 동승자 관련 주의사항
   ① 동승인원은 정원의 초과 금지
   ② 동승자에게 영향을 줄 수 있는 모의 비상훈련의 금지
   ③ 동승자에게 필요한 안전사항과 생환장구 사용법 및 생환절차를 사전에 브리핑

(2) 기내흡연 제한
   ① 연료공급 및 배출시
   ② 이륙 중 및 이륙 직후
   ③ 착륙 직전 및 착륙 중
   ④ 어떤 종류든 기내에 GAS 존재 감지 시
   ⑤ 모든 지상운용 중
   ⑥ 기내의 밀폐된 공간 내

CHAPTER 04 항공법규 연습문제

001 다음 중 항공법을 제정한 목적에 포함되지 않는 것은?
① 항공기 항행의 안전을 도모한다.
② 항공시설의 설치와 관리를 효율적으로 한다.
③ 항공의 발전과 공공복리 증진에 이바지한다.
④ 국제민간항공기구(ICAO)에 대응한 국내 항공 산업을 보호하기 위한 것이다.

[해설] 국제민간항공기구의 규정에 협력해 국내 항공산업을 발전시키기 위한 목적이다.

002 다음 중 항공법을 제정한 목적에 포함되지 않는 것은?
① 항공기의 안전운항을 도모한다.
② 국제적 표준과 방식에 기반한다.
③ 자국의 권익만 보호한다.
④ 항공운송사업의 질서를 확립한다.

[해설] 국제표준에 따라 항공기 등이 안전하게 항행하기 위한 방법을 정하기 위한 목적이지 자국의 권익만을 보호하는 것이 아니다.

003 다음 중 항공안전법에 대한 설명으로 올바르지 않은 것은?
① 국제민간 항공조약의 규정과 동 조약의 부속서로서 채택된 표준과 방식에 따른다.
② 항공기 항행의 안전을 도모하기 위한 방법을 정한 것이다.
③ 시행령과 시행규칙은 국토부령으로 제정됐다.
④ 기존의 항공법을 세분화해 제정됐다.

[해설] 항공안전법 시행령은 대통령령, 시행규칙은 국토교통부령으로 제정됐다.

004 다음 중 우리나라 항공법의 기본이 되는 국제법은?
① 일본 동경협약
② 국제민간항공조약 및 같은 조약의 부속서
③ 미국의 항공법
④ 중국의 항공법

[해설] 항공안전법 제1조의 목적에 '이 법은 국제민간항공협약 및 같은 협약의 부속서에서 채택된 표준과 권고되는 방식에 따른다'고 명시돼 있다.

001 ④ 002 ③ 003 ③ 004 ②

005 다음 중 한국의 항공 관련 법을 제정한 목적으로 올바른 것은?

① 항공기의 안전한 항행과 항공운송사업 등 질서를 확립한다.
② 항공기 등 안전항행 기준을 법으로 정한다.
③ 국제민간항공의 안전한 항행과 발전을 도모한다.
④ 국내 민간항공의 안전한 항행과 발전을 도모한다.

> **해설** 한국 항공안전법은 항공기 등이 안전하게 항행하기 위한 방법을 정함으로서 생명과 재산을 보호하고 항공기술 발전에 도모하기 위해 제정됐다.

006 다음 중 우리나라 항공기 국적기호로 올바른 것은?

① KAL　　② HL
③ K　　　④ N

007 다음 중 항공기 소음 피해방지 대책을 수립해 시행하는 곳은?

① 국토교통부장관　　② 지방자치단체장
③ 공항공사　　　　　④ 항공안전본부

008 다음 중 항공기의 정의로서 올바른 것은?

① 민간항공에 사용되는 대형항공기를 말한다.
② 민간항공에 사용할 수 있는 비행기, 비행선, 활공기, 회전익 항공기 기타 대통령령으로 정하는 것으로서 비행에 사용하는 항공 우주선
③ 민간항공에 사용하는 비행선과 활공기를 제외한 모든 것
④ 활공기, 회전익항공기, 비행기, 비행선을 말한다.

> **해설** 우주선은 항공기가 아니다.

009 다음 중 우리나라 항공법의 기본이 되는 국제법은?

① 일본의 항공법　　② 국제민간항공조약
③ 미국의 항공법　　④ 중국의 항공법

010 다음 중 항공안전법의 제정목적에 포함되지 않는 것은?

① 항공 운송사업의 통제
② 항공 항행의 안전도모
③ 항공시설 설치·관리의 효율화
④ 항공의 발전과 복리증진

011 다음 중 우리나라 항공안전법의 제정 목적은?

① 항공기의 안전한 항행과 항공운송사업 등의 질서 확립
② 항공기 등 안전항행 기준을 법으로 정함
③ 국제민간항공의 안전 항행과 발전 도모
④ 국내 민간항공의 안전 항행과 발전 도모

> **해설** 항공안전법 제1조(목적) : 이 법은 「국제민간항공협약」 및 같은 협약의 부속서에서 채택된 표준과 권고되는 방식에 따라 항공기, 경량항공기 또는 초경량비행장치가 안전하게 항행하기 위한 방법을 정함으로써 생명과 재산을 보호하고, 항공기술 발전에 이바지함을 목적으로 한다.

012 다음 중 공항시설법이 정하는 비행장의 정의로 올바른 것은?

① 항공기의 이·착륙을 위해 사용되는 육지 또는 수면
② 항공기를 계류시킬 수 있는 곳
③ 항공기의 이 착륙을 위하여 사용되는 활주로
④ 항공기의 승객을 탑승시킬 수 있는 곳

013 다음 중 항공안전법에서 정한 용어의 정의에 대한 설명으로 올바른 것은?

① 관제구라 함은 평균 해수면으로부터 500미터 이상 높이의 공역으로서 항공 교통의 통제를 위하여 지정된 공역을 말한다.
② 항공등화라 함은 전파, 불빛, 색체 등으로 항공기 항행을 돕기 위한 시설을 말한다.
③ 관제권이라 함은 비행장 및 그 주변의 공역으로서 항공교통의 안전을 위하여 지정된 공역을 말한다.
④ 항행안전시설이라 함은 전파에 의해서만 항공기 항행을 돕기 위한 시설을 말한다.

> **해설** 관제구는 평균해수면으로부터 200m 이상의 상공에 설정된 공역. 항공등화에는 전파와 색채는 포함되지 않는다. 항행안전시설은 항공기가 항행하는 데 이용되는 항행 보조시설의 총칭이다.

005 ① 006 ② 007 ① 008 ④ 009 ② 010 ① 011 ① 012 ① 013 ③

014 다음 중 항공안전법에서 규정하는 항공업무에 포함되지 않는 것은?

① 항공교통관제
② 운항관리 및 무선설비의 조작
③ 정비, 수리, 개조된 항공기, 발동기, 프로펠러 등의 장비나 부품의 안전성 여부 확인 업무
④ 항공기 탑승해 실시하는 조종연습 업무

015 다음 중 항공기의 정의에 대한 설명으로 올바른 것은?

① 민간항공에 사용되는 대형항공기를 말한다.
② 민간항공에 사용할 수 있는 비행기, 헬리콥터, 비행선, 활공기를 말한다.
③ 민간항공에 사용하는 비행선과 활공기를 제외한 모든 것을 말한다.
④ 활공기, 회전익항공기, 비행기, 비행선을 말한다.

> [해설] 항공안전법 제2조에 항공기란 공기의 반작용으로 뜰 수 있는 기기로서 비행기, 헬리콥터, 비행선, 활공기 등을 말한다.

016 다음 중 항공안전법에서 규정하는 항공기의 정의는?

① 공기보다 가벼운 기기로 조종에 의해서 비행할 수 있는 날틀
② 국토부령으로 정하는 것으로 항공에 사용할 수 있는 것
③ 공기의 반작용으로 뜰 수 있는 기기로 비행기, 헬리콥터, 비행선, 활공기
④ 사람이 탑승하여 항공의 용으로 사용할 수 있는 기기

> [해설] 항공안전법은 항공기를 공기의 반작용으로 뜰 수 있는 기기로 정의한다.

017 다음 중 비행정보구역(FIR)을 지정하는 목적에 포함되지 않는 것은?

① 영공통과료 징수를 위한 경계설정
② 항공기 수색·구조에 필요한 정보제공
③ 항공기 안전을 위한 정보제공
④ 항공기 효율적인 운항을 위한 정보제공

> [해설] 비행정보구역은 항공기, 경량항공기 또는 초경량비행장치의 안전하고 효율적인 비행과 수색 또는 구조에 필요한 정보를 제공하기 위한 공역을 말한다.

018 다음 중 비행장의 정의로 가장 올바른 것은?

① 이착륙할 수 있는 지표면과 착륙대
② 항공기가 운항에 필요한 일정 지표면과 공역
③ 항공기 운항에 필요한 특정 시설을 갖춘 공항
④ 항공기 이착륙에 사용되는 육지 또는 수면

해설 비행장은 항공기 등이 이착륙을 위해 사용되는 육지 또는 수면의 일정한 구역을 말한다.

019 다음 중 공공용 비행장으로 명칭, 위치 및 구역이 고시된 지역을 무엇이라 하는가?

① 비행장   ② 활주로   ③ 공항   ④ 공공비행장

해설 공항은 공공시설을 갖춘 공공용 비행장이다.

020 다음 중 항공기 이착륙에 사용되는 육지 또는 수면은 무엇인가?

① 유도로   ② 착륙대   ③ 비행장   ④ 비행지역

해설 비행장은 항공기, 경량항공기, 초경량비행장치의 이륙, 착륙을 위해 사용되는 육지 또는 수면의 일정한 구역을 말한다.

021 다음 중 초경량비행장치가 비상착륙 시 적합하지 않은 장소는?

① 해안선   ② 평야지대   ③ 웅덩이   ④ 간헐지

해설 웅덩이, 저수지, 강, 바다 등은 초경량비행장치가 비상착륙하기에는 적합하지 않은 장소이다.

022 다음 중 공항시설의 기본시설로 볼 수 없는 것은?

① 공항 이용객 편의시설   ② 항공보안시설
③ 항공기의 이착륙 시설   ④ 기상관측시설

해설 공항의 기본시설은 활주로, 유도로, 주기장, 항공안전시설 등이 있다.

014 ④ 015 ② 016 ③ 017 ① 018 ④ 019 ③ 020 ③ 021 ② 022 ①

023 다음 중 비행금지구역을 지정하는 사람은?

① 해당 지역 지방항공청장　　② 국무회의
③ 국토교통부장관　　　　　　④ 국회의 동의 사항

> 해설　비행금지구역은 국토교통부 장관이 지정하고 금지구역 내 비행허가는 지방항공청장의 권한에 속한다.

024 다음 중 항공로를 지정하는 권한을 가진 사람은?

① 국토교통부장관　　　② 대통령
③ 지방항공청장　　　　④ 국제민간항공기구

> 해설　국토교통부 장관은 항공기의 항행에 적합한 공중의 통로를 항공로로 지정해 이를 공고한다. 항공로란 항공기의 항행에 적합한 공중의 통로를 말하며 기상, 지형조건, 항공보안시설의 종류와 상태 등에 따라 결정한다.

025 다음 중 항공기의 비행이 그 상공에 있어서 전면적으로 금지되는 구역은?

① 비행통제구역　　② 비행제한구역
③ 비행금지구역　　④ 비행경고구역

> 해설　비행금지구역은 안전, 국방, 그 밖의 이유로 항공기의 비행을 금지하는 육지, 영해 상공에 설정된 일정범위의 공역을 말한다.

026 다음 비행정보구역 중 통제공역에 포함되지 않는 구역은?

① 비행금지구역　　　② 비행제한구역
③ 훈련구역　　　　　④ 초경량비행장치 비행제한구역

> 해설　훈련구역은 주의공역에 포함된다.

027 다음 비행정보구역 중 주의공역에 포함되지 않는 구역은?

① 훈련구역　　② 군작전구역
③ 위험구역　　④ 정보구역

> 해설　주의공역은 항공기의 비행 시 조종사의 특별한 주의, 경계, 식별 등이 필요한 공역으로 훈련구역, 군작전구역, 위험구역, 경계구역 등이 있다. 정보구역은 비관제공격에 해당된다.

028 다음 중 비행정보구역(FIR)을 지정하는 목적과 거리가 먼 것은?

① 영공 통과료 징수를 위한 경계설정
② 항공기 수색 구조에 필요한 정보제공
③ 항공기 안전을 위한 정보제공
④ 항공기의 효율적인 운항을 위한 정보제공

> **해설** 영공통과료는 최소한의 서비스를 제공하기 위한 예산을 확보하기 위해 부과하는 것이다.

029 다음 중 완전히 비행이 금지된 곳은 아니지만 대공포사격, 유도탄 사격 등으로 항공기에게 보이지 않는 위험이 존재하므로 민간비행기의 비행이 금지되어 있는 공역은?

① 금지공역
② 제한공역
③ 경고공역
④ 군사작전/훈련공역

030 다음 중 공역의 설정기준에 대할 설명으로 올바르지 않은 것은?

① 국가 안전보장과 항공 안전을 고려한다.
② 항공교통에 관한 서비스의 제공여부를 고려해야 한다.
③ 공역의 구분이 이용자보다는 설정자가 쉽게 설정할 수 있어야 한다.
④ 공역의 활용에 효율성과 경제성이 있어야 한다.

> **해설** 항공공역은 이용자의 편의에 적합하게 구분해야 한다.

031 다음 공역 중 주의공역에 포함되지 않는 것은?

① 훈련구역
② 비행제한구역
③ 위험구역
④ 경계구역

> **해설** 주의공역은 비행 시 조종사의 특별한 주의, 경계, 식별 등이 필요한 공역을 말한다. 훈련구역, 군작전구역, 위험구역, 경계구역이 포함된다.

032 다음 비 관제 공역 중 모든 항공기에 비행정보 업무만 제공되는 공역은?

① A등급
② C등급
③ E등급
④ G등급

033 다음 중 비행장 및 그 주변의 공역으로서 항공 교통의 안전을 위해 지정한 공역은?

① 관제구　　　　　　　　② 항공공역
③ 관제권　　　　　　　　④ 항공로

해설　비행정보구역 중 관제공역은 관제권과 관제구로 구분된다.

034 다음 중 국가 안전상 비행이 금지된 공역으로 항공지도에 표시되어 있으며 특별한 인가 없이는 절대 비행이 금지되는 지역은?

① P-73　　② R-110　　③ DW-99　　④ MOA

해설　P-73은 서울지역 상공으로 비행이 금지돼 있다.

035 다음 중 사격, 대공사격 등으로 인한 위험으로부터 항공기의 안전을 보호하거나 그 밖의 이유로 비행 허가를 받지 아니한 항공기의 비행을 제한하는 공역은?

① 비행금지구역　　　　　② 비행제한구역
③ 군작전구역　　　　　　④ 위험구역

해설　통제공역은 비행금지구역, 비행제한구역, 초경량비행장치 비행제한구역으로 구분되며 비행제한구역이 항공사격, 대공사격의 위험이 있는 지역이다.

036 다음 공역 중 주의공역에 포함되지 않는 것은?

① 훈련 구역　　　　　　② 비행제한구역
③ 위험 구역　　　　　　④ 경계 구역

해설　주의공역은 비행 시 조종사의 특별한 주의/경계/식별 등이 필요한 공역으로 훈련구역, 군작전구역, 위험구역, 경계구역이 있다.

037 다음 중 초경량비행장치가 비행하고자 할 때의 설명으로 올바른 것은?

① 주의공역은 지방항공청장의 비행계획 승인만으로 가능하다.
② 통제공역의 비행계획 승인을 신청할 수 없다.
③ 관제공역, 통제공역, 주의공역은 관할 기관의 승인이 있어야 한다.
④ CTA(CIVIL TRAINING AREA) 비행승인이 없이 비행이 가능하다.

해설　관제공역, 통제공역, 주의공역에서 비행을 하고자 하면 관할 기관의 비행승인을 받아야 한다.

038 다음 중 초경량 비행장치의 비행 가능한 지역은?

① R-14
② UA
③ MOA
④ P65

[해설] 항공정보간행물(AIP)에서 고시된 18개 공역에서 지상고 500ft 이내는 비행계획승인 없이 비행가능한 공역이다. 초경량비행장치 전용공역은 UA2~UA7, UA9, UA10, UA14, UA19~UA27 등이다.

039 다음 항공기가 비행하는 공역 중 주의공역에 포함되지 않는 것은?

① 훈련구역
② 비행제한구역
③ 위험구역
④ 군작전구역

[해설] 주의공역은 훈련구역, 군작전구역, 위험구역, 경계구역 등이 있으며 비행제한구역은 통제공역에 해당된다.

040 다음 중 항공교통의 안전을 위하여 항공기의 비행순서, 시기 및 방법 등에 관해 국토교통부장관의 지시를 받아야 할 필요가 있는 공역은?

① 관제공역
② 비관제공역
③ 통제공역
④ 주의공역

[해설] 관제공역은 관제권과 관제구로 나눠진다. 비관제공역은 조언구역과 정보구역이 있다.

041 항공교통관제소장이 인천비행정보구역(인천 FIR) 내에서 다음과 같은 사유가 발생해 항공정보를 제공하고자 한다. 다음 중 항공정보 제공이 필요하지 않은 경우는?

① 수평표면을 초과하는 높이의 공역에서 무인 기구를 계류할 때
② 항공로안의 150미터 이상 높이의 공역에서 무인 기구를 계류할 때
③ 항공로 이외 지역의 250미터 이상 높이의 공역에서 무인 기구를 계류할 때
④ 진입표면 내에서 기상관측용 무인 기구를 부양할 때

[해설] 진입표면 내에서 하는 행위는 항공정보가 필요하지 않다.

033 ③ 034 ① 035 ② 036 ② 037 ③ 038 ② 039 ② 040 ② 041 ④

042 동력비행장치를 사용하여 초경량비행장치 비행제한공역을 비행하고자 할 경우 필요한 사항이다. 다음 중 해당되지 않는 것은 무엇인가?

① 초경량비행장치비행제한공역을 비행하고자 하는 자는 미리 비행계획을 수립하여 국토교통부 장관의 승인을 얻어야 한다.
② 교통안전공단에서 발행한 자격증명이 있어야 한다.
③ 초경량비행장치가 건설교통부장관이 정하여 고시하는 비행안전을 위한 기술상의 기준에 적합하다는 안정성인증 증명이 있어야 한다.
④ 국토 교통부령이 정하는 인력 설비 등의 기준을 갖췄다고 인정해 지정한 전문 교육기관에서 비행을 승인해야 한다.

[해설] 비행승인은 지방항공청장이 한다.

043 다음 중 항공기의 항행안전을 저해할 우려가 있는 장애물 높이가 지표 또는 수면으로부터 몇 미터 이상이면 항공장애 표시등 및 항공장애 주간표지를 설치해야 하는가?

① 50미터
② 100미터
③ 150미터
④ 200미터

[해설] 항공장애표시등은 건물의 높이가 150m 이상이면 의무적으로 설치해야 한다.

044 다음 중 항공법에 의해 설치된 항공장애등 및 주간 장애 표식을 관리하는 책임이 있는 자는?

① 항공장애등 및 주간 장애표식 설치자
② 국토교통부장관
③ 비행장 소유자 또는 점유자
④ 해당 지방 항공청

[해설] 항공장애등 및 주간 장애표식은 500ft(AGL), 지표 또는 수면으로부터 30m 이상 높이의 구조물. 야간 항공에 장애가 될 염려가 있는 높은 건축물이나 위험물의 존재를 알리기 위한 등을 말한다.

045 다음 중 항공장애등에 포함되지 않는 것은?

① 저광도 항공장애등
② 중광도 항공장애등
③ 고광도 항공장애등
④ 주간 장애표식

[해설] 항공장애등은 광도에 따라 저광도 표시등, 중광도 표시등, 고광도 표시등으로 구분된다.

046 다음 중 항공안전법 상 항행안전시설에 포함되지 않는 것은?

① 항공등화
② 항공교통 관제시설
③ 항행안전무선시설
④ 항공정보통신시설

> **해설** 항행안전시설은 유선통신, 무선통신, 인공위성, 불빛, 색채 또는 전파를 이용해 항공기의 항행을 돕기 위한 시설로서 항공등화, 항행안전무선시설 및 항공정보통신시설을 말한다.

047 다음 중 비행장에 설정해야 할 장애물 제한 표면과 관계가 없는 것은?

① 기초표면
② 전이표면
③ 수평표면
④ 진입표면

048 다음 중 항공안전법 상 유도로등의 색은?

① 황색
② 백색
③ 청색
④ 적색

049 다음 중 항공기의 항행안전을 저해할 우려가 있는 장애물 높이가 지표 또는 수평으로부터 몇 미터 이상이면 항공장애표시등 및 항공장애 주간표지를 설치해야 하는가?

① 50미터
② 100미터
③ 150미터
④ 200미터

> **해설** 항공기의 비행항로가 설치된 공역인 150m 이상의 고도에 설치해야 한다.

050 다음 중 항공안전법 상 항공등화에 포함되지 않는 것은?

① 진입각지시등
② 지향신호등
③ 위험항공등대
④ 비행장등대

> **해설** 항공등화시설은 공항 등화시설, 항공로 등화시설, 항공장애물 등화시설, 항공기 등화시설로 분류된다.
> 공항 등화시설은 비행장 등화라고도 하며, 공항 또는 주변에 설치된 시설로서 이·착륙 또는 지상주행을 위해 사용되는 시설이다.

042 ④ 043 ③ 044 ① 045 ④ 046 ② 047 ① 048 ④ 049 ③ 050 ②

051 다음 중 전파에 의해 항공기의 항행을 돕는 시설은?
① 항공등화
② 항행안전무선시설
③ 풍향등
④ 착륙방향지시등

052 다음 중 초경량비행장치를 영리목적으로 사용을 할 경우 보험에 가입할 필요가 없는 것은?
① 항공기대여업에 사용
② 초경량비행장치 사용사업에 사용
③ 초경량비행장치 조종교육에 사용
④ 초경량비행장치의 판매 시 사용

> 해설) 초경량비행장치를 판매하는 것은 초경량비행장치를 영리목적으로 이용하는 행위에 포함되지 않는다.

053 다음 중 항공기의 활주로 이탈을 대비하여 설치된 직사각형 형태의 안전지대는?
① 진입표면
② 안전표면
③ 착륙대
④ 기본표면

054 다음 중 장주비행에 관한 사항으로 올바른 것은?
① 장주는 이륙 활주로를 기준으로 좌측 장주가 표준이다.
② 장주는 이륙 활주로를 기준으로 우측 장주가 표준이다.
③ 장주 방향은 상황에 따라 조종사의 판단에 따라서 행해진다.
④ 조종사가 왼손잡이일 경우에는 우측장주가 표준이다.

055 다음 중 항공교통의 안전을 위하여 지정 고시한 비행장 및 그 주변의 공역은?
① 항공로
② 관제권
③ 관제구
④ 항공교통구역

> 해설) 관제권은 비행장과 그 주변의 공역으로서 항공 교통의 안전을 위해 지정한 공역을 말한다.

056 다음 중 항공기의 등록사항에 포함되지 않는 것은?

① 항공기 형식
② 항공기 제작자
③ 항공기 제작번호
④ 항공기 감항성

해설 항공기의 감항성은 항공기가 안전하게 운용될 수 있는 최적의 성능을 유지하는 것을 말한다.

057 다음 중 용어의 정의가 올바르지 않은 것은?

① 관제공역은 항공교통의 안전을 위해 항공기의 비행순서·시기 및 방법 등에 관해 국토교통부 장관의 지시를 받아야 할 필요가 있는 공역으로서 관제권 및 관제구를 포함하는 공역
② 비관제공역은 관제공역 외의 공역으로서 항공기에게 비행에 필요한 조언·비행정보 등을 제공하는 공역
③ 통제공역은 항공교통의 안전을 위하여 항공기의 비행을 금지 또는 제한할 필요가 있는 공역
④ 경계공역은 항공기의 비행 시 조종사의 특별한 주의·경계·식별등을 요구할 필요가 있는 공역

해설 ④에 대한 설명은 경계공역이 아니라 주의공역에 해당된다.

058 다음 중 항공사업법에서 규정한 항공기 사용사업이란?

① 사용자를 위해 여객 또는 화물을 운송하는 사업
② 항공기를 사용해 유상으로 여객 또는 화물을 운송하는 사업
③ 항공기를 사용해 유상으로 여객 또는 화물의 운송 외의 사업
④ 항공기를 정비, 급유, 하역하는 사업

해설 항공사업법 제2조는 항공기 사용사업을 항송운송 외의 사업으로 타인의 수요에 맞춰 항공기를 사용해 유상으로 농약살포, 건설자재 등의 운반, 사진촬영, 항공기를 이용한 비행훈련 등 국토교통부령으로 정하는 업무로 규정했다.

059 다음 중 반드시 등록을 필해야 하는 항공기는?

① 군용기
② 세관이나 경찰용 항공기
③ 외국에 임대할 목적으로 도입한 항공기
④ 대통령 전용기로 사용되는 민간항공기

해설 국내에서 사용하는 민간 항공기는 반드시 등록해야 한다.

051 ② 052 ④ 053 ③ 054 ① 055 ② 056 ④ 057 ④ 058 ③ 059 ④

060 다음 중 유선통신, 무선통신, 불빛, 색채 또는 형상을 이용해 항공기의 항행을 돕기 위한 시설은?

① 항공등화
② 무지향표지시설
③ 항공보안시설
④ 항행안전시설

해설 항행안전시설은 항공기의 안전한 항행을 돕기 위한 시설이다.

061 다음 중 관제구의 높이는 지표면으로부터 몇 미터인가?

① 200m이상   ② 250m이상   ③ 300m이상   ④ 350m이상

해설 관제구는 지표면 또는 수면으로부터 200m 이상 높이의 공역을 말한다.

062 다음 중 항공등대의 종류에 포함되지 않는 것은?

① 비행장 등대
② 항공로 등대
③ 위험항공 등대
④ 신호항공 등대

해설 항공등대는 등화(등대), 항공로 등대, 지표 등대, 위험항공 등대 등이 있다.

063 다음 중 항행안전시설에 포함되지 않는 것은?

① 불빛으로 항공기 항행을 유도하는 시설
② 전파를 이용하여 항행을 유도하는 시설
③ 전파를 이용하여 항공기를 관제하는 시설
④ 색채에 의해 항공기의 항행을 유도하는 시설

해설 항공기를 관제하는 것은 포함되지 않는다.

064 다음 중 지표면 또는 수면으로부터 200미터 이상 높이의 공역으로 항공교통의 안전을 위해 지정한 공역은?

① 항공로
② 관제권
③ 관제구
④ 비행정보구역

해설 관제구는 지표면 또는 수면으로부터 200미터 이상 높이의 공역으로 항공교통의 안전을 위해 지정한 공역이다.

065 다음 중 항공업무로 볼 수 없는 것은?

① 항공기운항　　　　　　② 조종연습
③ 항공교통관제　　　　　④ 운항관리

> 해설　조종연습은 항공업무에 포함되지 않는다.

066 다음 중 정면 또는 가까운 각도로 비행 중인 동 순위의 항공기 상호간에 있어서 항로는?

① 상방으로 바꾼다.　　　② 하방으로 바꾼다.
③ 우측으로 바꾼다.　　　④ 좌측으로 바꾼다.

067 다음 중 전방에서 비행 중인 항공기를 다른 항공기가 추월하고자 하면?

① 후방의 항공기는 전방의 항공기 좌측으로 추월한다.
② 후방의 항공기는 전방의 항공기 상방으로 통과한다.
③ 후방의 항공기는 전방의 항공과 하방으로 통과한다.
④ 후방의 항공기는 전방의 항공기 우측으로 통과한다.

068 다음 중 항공기 상호 간의 교차 또는 접근하는 경우, 통행 우선순위는?

① 활공기, 비행선, 회전익 항공기, 물건을 예항하고 있는 비행기, 비행기 순
② 활공기, 물건을 예항하고 있는 비행기, 비행선, 회전익 항공기, 비행기 순
③ 회전익 항공기, 활공기, 비행기, 비행선, 물건을 예항하고 있는 비행기 순
④ 활공기, 비행선, 물건을 예항하고 있는 비행기, 회전익 항공기, 비행기 순

> 해설　항공기의 우선통행 순위는 기구류, 활공기, 비행선, 예항기, 항공기, 동력항공기 등의 순이다.

069 다음 중 항공기의 진로 양보에 대한 설명으로 올바르지 않은 것은?

① 다른 항공기를 우측으로 보는 항공기가 진로를 양보한다.
② 착륙을 위하여 최종 접근 중에 있거나 착륙중인 항공기에 진로를 양보한다.
③ 상호 간 비행장에 접근 중일 때는 높은 고도에 있는 항공기에 진로를 양보한다.
④ 발동기의 고장, 연료의 결핍 등 비정상상태에 있는 항공기에 대해서는 모든 항공기가 양보한다.

060 ④　061 ①　062 ④　063 ③　064 ④　065 ②　066 ③　067 ④　068 ④　069 ③

070 다음 보기에서 항공기의 진로 우선순위 중 올바른 것은?

> A. 지상에 있어서 운행 중인 항공기
> B. 착륙을 위해 최종 진입의 진로에 있는 항공기
> C. 착륙 조작을 행하고 있는 항공기
> D. 비행 중의 항공기

① D-C-A-B
② B-A-C-D
③ C-B-A-D
④ B-C-A-D

해설 항공기의 우선통행 순위는 기구류, 활공기, 비행선, 예항기, 항공기, 동력항공기 등의 순이다. 또한 착륙 중, 착륙접근 중, 지상이동 중, 비행 중으로 우선순위가 정해진다.

071 다음 중 비행장 부근 비행방법에 대한 설명으로 올바르지 않은 것은?

① 이륙하고자하는 항공기는 안전고도 미만의 고도에서는 선회하지 않는다.
② 당해 비행장의 착륙기상 최저치 미만의 기상상태에서는 시계비행방식에 의해 착륙
③ 이륙하고자하는 항공기는 안전속도 미만의 속도에서는 선회하지 않는다.
④ 당해 비행장의 이륙기상 최저치 미만의 기상상태에서는 이륙하지 않는다.

072 다음 중 등록된 항공기의 소유권을 이전하는 경우는?

① 이전등록
② 임차등록
③ 변경등록
④ 임대등록

073 다음 중 항공기의 운송금지 물건에 포함되지 않는 것은?

① 화약류
② 고압가스
③ 인화성 물질
④ 중요 기밀서류

해설 운송금지 물건은 화재나 테러위험이 있는 것으로 중요 기밀서류를 포함되지 않는다.

074 초경량비행장치를 소유한 자는 지방항공청장에게 신고해야 한다. 다음 중 이때 첨부해야 할 서류에 포함되지 않는 것은?

① 비행장치를 소유하고 있음을 증명하는 서류
② 비행장치의 제원 및 성능표
③ 비행장치의 사진
④ 비행장치의 안전을 입증할 수 있는 서류

해설 비행장치의 안전에 관한 서류요건은 삭제되고 보험가입을 증명할 수 있는 서류를 제출해야 한다.

075 다음 중 초경량비행장치를 사용해 비행하고자 하는 경우 자격증명이 필요한 것은?

① 회전익비행장치
② 패러글라이더
③ 계류식 기구
④ 낙하산

해설 자격증명은 동력비행장치, 회전익비행장치(자이로플레인, 초경량헬리콥터)에만 적용된다.

076 다음 중 영리를 목적으로 조종자 자격증명 없이 초경량비행장치에 타인을 탑승시켜 비행을 한 자의 처벌은?

① 1년 이하의 징역 또는 1천만원 이하의 벌금
② 500만원 이하의 과태료
③ 200만원 이하의 과태료
④ 2년 이하의 징역 또는 3천만원 이하의 벌금

해설 조종자 증명을 받지 않고 타인을 영리목적으로 탑승시켜 비행한 사람은 1년 이하의 징역 또는 1천만원 이하의 벌금에 처한다.

077 다음 중 초경량비행장치 조종자가 승인을 받지 않고 비행제한공역을 비행할 경우에 1차 과태료는?

① 10만원
② 20만원
③ 100만원
④ 200만원

해설 초경량비행장치 조종자가 승인을 받지 않고 비행제한공역을 비행할 경우에 과태료는 200만원 이지만 1차로 20만원, 2차로 100만원, 3차로 200만원을 부과한다.

070 ③ 071 ② 072 ① 073 ④ 074 ④ 075 ① 076 ① 077 ②

078 다음 중 초경량비행장치의 멸실 등 사유로 신고를 말소할 경우에 그 사유가 발생한 날부터 며칠 이내에 말소등록을 신청해야 하는가?

① 5일 ② 10일 ③ 15일 ④ 30일

해설) 초경량비행장치 신고요령에 따라 초경량비행장치가 멸실된 경우에는 사유가 있는 날부터 15일 이내에 관할 지방항공청장에게 말소신고를 해야 한다.

079 다음 중 초경량비행장치 소유자의 주소가 변경됐을 경우에 신고기간은?

① 10일 ② 20일
③ 30일 ④ 60일

해설) 초경량비행장치 소유자의 성명, 주소 등이 변경된 경우에 사유가 발생한 날로부터 30일 이내에 신고해야 한다.

080 다음 중 초경량비행장치의 말소신고를 하지 않았을 경우에 과태료는?

① 30만원 ② 100만원
③ 200만원 ④ 300만원

해설) 초경량비행장치의 말소신고를 하지 않은 초경량비행장치 소유자에게는 30만원의 과태료가 부과된다.

081 다음 중 초경량비행장치를 이용해 제한공역을 승인 없이 비행을 한 자의 처벌은?

① 과태료 500만원 이하
② 과태료 200만원 이하
③ 1년 이하의 징역 또는 1000만원 이하의 벌금
④ 과태료 300만원 이하

해설) 비행금지구역에서 허가 없이 비행할 경우 200만원 이하의 벌금 또는 과태료 처분을 받는다.

82 다음 중 항공기의 등록사항이 변경됐을 경우에 며칠 이내에 신청해야 하는가?

① 10일 ② 15일 ③ 20일 ④ 25일

해설) 항공안전법 제13조에 따라 항공기 등록사항이 변경됐을 경우 소유자 등은 15일 이내에 국토교통부장관에게 변경등록을 신청해야 한다.

083 다음 중 초경량비행장치 비행 중 음주를 한 자의 처벌은?

① 3년 이하의 징역 또는 3000만원 이하의 벌금
② 6개월 이하의 징역 또는 1000만원 이하의 벌금
③ 1년 이하의 징역 또는 1000만원 이하의 벌금
④ 1000만원 이하의 벌금

084 다음 중 초경량 무인멀티콥터 비행장치를 조종자 자격을 득하지 않고 비행한 경우 처벌은?

① 1000만원 이하 벌금
② 500만원 이하 벌금
③ 300만원 이하 과태료
④ 200만원 이하 과태료

해설) 초경량비행장치의 조종자 증명을 받지 않고 비행하면 1년 이하의 징역 또는 1000만원 이하의 벌금에 처한다.

085 다음 중 항공안전법상 신고하지 않아도 되는 초경량비행장치에 포함되지 않는 것은?

① 동력을 이용하지 않는 비행장치
② 낙하산류
③ 자체 무게가 12kg 이상인 무인비행기
④ 군사목적으로 사용하는 초경량비행장치

해설) 자체 무게가 12kg 이하인 무인비행장치는 신고하지 않아도 된다.

086 다음 중 초경량비행장치 사용사업의 범위에 포함되지 않는 것은?

① 비료 또는 농약살포 씨앗뿌리기 등 농업지원
② 사진촬영, 육상 및 해상 측량 또는 탐사
③ 산림 또는 공원 등 관측 및 탐사
④ 지방행사 시 시범비행

해설) 지방행사 시에 시범비행은 사용사업과는 관련이 없다. 지방행사의 개최자는 중앙정부, 지방자치단체를 불문한다.

078 ③ 079 ③ 080 ③ 081 ② 082 ② 083 ① 084 ① 085 ③ 086 ④

087 다음 중 초경량비행장치의 말소신고에 대한 설명으로 올바르지 않은 것은?

① 사유 발생일로부터 30일 이내에 신고해야 한다.
② 비행장치가 멸실된 경우 실시해야 한다.
③ 비행장치의 존재여부가 2개월 이상 불분명한 경우 실시한다.
④ 비행장치가 외국에 매도되는 경우 실시한다.

해설) 말소등록은 사유가 발생한 날로부터 15일 이내에 해야 한다.

088 다음 중 초경량비행장치의 신고 시 지방항공청장에게 제출할 서류가 아닌 것은?

① 초경량비행장치를 소유하고 있음을 증명하는 서류
② 초경량비행장치의 제원 성능표
③ 초경량비행장치의 가격표
④ 초경량비행장치의 보험가입을 증명할 수 있는 서류

해설) 초경량비행장치의 가격은 신고하지 않아도 된다.

089 다음 중 초경량비행장치 인증검사 종류 중 안전성인증서의 유효기간이 도래해 새로운 안전성 인증서를 교부받기 위해 실시하는 검사는?

① 정기검사   ② 초도검사
③ 수시검사   ④ 재검사

해설) 인증서의 유효기간이 만료돼 하는 검사를 정기검사이다.

090 다음 중 등록된 항공기의 소유권을 이전하는 경우는?

① 이전등록   ② 임차등록
③ 변경등록   ④ 임대등록

091 다음 중 초경량비행장치를 운용해 법규를 위반한 경우 벌칙에 대한 설명으로 올바르지 않은 것은?

① 장치신고, 변경신고, 이전신고를 하지 않고 운용한자는 6개월 징역 또는 500만원 벌금
② 조종자격 증명 없이 비행한 자는 200만원 과태료
③ 안전성 인증을 받지 않고 비행한 자는 500만원 과태료
④ 조종자 준수사항을 따르지 않고 비행한 자는 200만원의 과태료

해설) 조종자격 증명 없이 비행한 경우에는 300만원 이하의 과태료에 처한다.

092 다음 중 초경량비행장치를 운용해 법규를 위반한 경우 벌칙에 대한 설명으로 올바르지 않은 것은?

① 변경신고, 이전신고, 말소신고를 하지 않은 자는 30만원의 과태료
② 신고번호 표시를 하지 않거나 거짓으로 한 자는 100만원의 과태료
③ 안전성인증을 받지 않고 비행한 자는 500만원의 과태료
④ 비행제한구역을 승인 없이 비행한 자는 200만원 벌금

해설 안전성 인증을 받지 않고 비행한 경우에도 200만원 이하의 과태료에 처한다.

093 다음 중 안전성 인증검사를 받지 않은 초경량비행장치를 비행에 사용하다 적발됐을 경우 부과되는 과태료는?

① 200만원 이하의 과태료
② 300만원 이하의 과태료
③ 400만원 이하의 과태료
④ 500만원 이하의 과태료

094 다음 중 초경량비행장치 조종자 자격시험에 응시할 수 있는 최소 연령은?

① 만 12세 이상
② 만 14세 이상
③ 만 18세 이상
④ 만 20세 이상

해설 한국의 경우 만 14세 이상은 응시할 수 있다.

095 다음 중 초경량비행장치 조종 자격증명 시험 응시자의 자격에 대한 설명으로 올바른 것은?

① 나이에 관계없다.
② 나이가 만 14세 이상
③ 나이가 만 12세 이상
④ 나이가 만 20세 이상

096 다음 중 초경량 동력비행장치의 자격증명 응시자격 연령은?

① 만 12세
② 만 14세
③ 만 16세
④ 만 18세

087 ① 088 ③ 089 ① 090 ① 091 ② 092 ③ 093 ① 094 ② 095 ② 096 ②

097 다음 중 자격증명 취소처분 후 재응시할 수 있는 기간은?

① 2년　　　② 3년　　　③ 4년　　　④ 5년

> 해설　자격증명이 취소된 후 2년이 지나면 다시 응시할 수 있다.

098 다음 중 초경량비행장치를 신고할 때 지방항공청장에게 제출하는 서류에 포함되지 않는 것은?

① 비행장치의 보험증명서　　② 비행장치의 안전증명서
③ 비행장치의 제원 및 성능표　　④ 초경량비행장치의 사진

> 해설　과거에는 초경량비행장치가 안전하다는 기술 관련 증명서를 첨부해야 했는데 2013년 관련 규정을 개정하면서 삭제했다.

099 다음 중 초경량비행장치의 운행 시 위반할 경우 과태료 규정에 대한 설명으로 올바르지 않은 것은?

① 안전성인증검사를 받지 아니하고 비행한 자 : 500만원 이하
② 보험에 가입하지 아니하고 초경량비행장치를 사용해 비행한 자 : 500만원 이하
③ 초경량비행장치를 신고하지 아니하고 비행한 자 : 200만원 이하
④ 규정에 의한 비행승인을 받지 아니하고 비행한 자 : 200만원 이하

> 해설　초경량비행장치를 신고하지 않고 비행할 경우에는 징역 6개월 또는 500만원 벌금에 처한다.

100 다음 초경량비행장치에 관련된 법규를 위반할 경우 처분되는 벌금 중 가장 큰 것은?

① 변경신고, 이전신고, 말소신고를 하지 않은 자.
② 초경량비행장치를 신고하지 않은 자
③ 조종자 자격증명 없이 초경량비행장치를 비행한 자
④ 음주 후 초경량비행장치를 비행한 자

> 해설　음주 후 초경량비행장치를 비행하면 3년 이하의 징역 또는 3천만원 이하의 벌금에 처한다.

101 다음 중 초경량비행장치의 기체등록을 신청하는 기관은?

① 지방항공청장　　② 국토교통부장관
③ 국방부장관　　④ 지방경찰청장

> 해설　기체등록은 국토교통부, 비행승인은 지방항공청장이 한다.

102 다음 중 초경량비행장치 운영 시 범칙금으로 가장 높은 것은?

① 신고변경을 하지 않을 경우
② 음주 후 비행한 경우
③ 조종자 증명을 받지 않고 비행한 경우
④ 안전성 인증검사를 받지 않고 비행한 경우

> **해설** 초경량비행장치에 관련된 범죄행위 중 음주 후 비행한 경우에는 3년 이하의 징역 또는 3천만원 이하의 벌금에 처할 수 있다.

103 다음 중 국토교통부장관에게 소유신고를 하지 않아도 되는 초경량비행장치는?

① 동력을 이용하는 비행장치
② 초경량 헬리콥터
③ 초경량 자이로플레인
④ 계류식 무인비행장치

> **해설** 신고하지 않아도 되는 초경량비행장치는 행글라이더, 패러글라이더 등 동력을 이용하지 않는 비행장치와 계류식 기구류, 계류식 무인비행장치 등이 해당된다.

104 다음 초경량비행장치 중 건설교통부령으로 정하는 보험에 가입해야 하는 것은?

① 영리 목적으로 사용되는 인력활공기
② 개인의 취미생활에 사용되는 행글라이더
③ 영리목적으로 사용되는 동력비행장치
④ 개인의 취미생활에 사용되는 낙하산

> **해설** 보험가입은 영리목적으로 비행하는 동력, 회전익, 패러플레인, 유인자유기구에 적용된다.

105 다음 중 초경량비행장치 조종자 전문교육기관 지정 기준으로 적합한 것은?

① 비행시간이 100시간 이상인 지도조종자 1명 이상 보유
② 비행시간이 100시간 이상인 지도조종자 2명 이상 보유
③ 비행시간이 150시간 이상인 실기평가 조종자 1명 이상 보유
④ 비행시간이 150시간 이상인 실기평가 조종자 2명 이상 보유

> **해설** 비행시간이 100시간 이상인 지도조종자 1명 이상, 비행시간이 150시간 이상인 실기평가 조종자 1명 이상을 보유해야 한다.

097 ① 098 ② 099 ② 100 ④ 101 ② 102 ② 103 ④ 104 ③ 105 ①

106 다음 중 초경량비행장치를 사용해 비행할 때 자격증이 필요하지 않는 것은?

① 패러글라이더 ② 낙하산
③ 회전익 비행장치 ④ 행글라이더

> **해설** 초경량비행장지 중 자격증을 취득해야 하는 것은 동력 비행장치, 회전익 비행장치, 동력 패러글라이더, 무인비행기, 무인헬리콥터, 패러글라이더, 행글라이더 등이 있다.

107 다음 중 신고를 하지 않아도 되는 초경량비행장치는?

① 동력비행장치 ② 인력활공기
③ 회전익 비행장치 ④ 초경량헬리콥터

108 다음 중 초경량비행장치를 소유한 자가 신고해야 하는 기관은?

① 지방항공청장 ② 국토교통부 첨단항공과
③ 국토교통부 자격과 ④ 한국교통안전공단

> **해설** 초경량비행장치의 신고 및 비행승인은 국토부장관에게 해야 하지만 국토부장관이 지방항공청장에게 위임해 지방항공청장에게 신고해야 한다.

109 다음 중 항공기의 등록 일련번호 등은 부여하는 기관은?

① 국토교통부장관 ② 지방항공청장
③ 항공협회장 ④ 한국교통안전공단 이사장

> **해설** 항공기를 소유하거나 임차해 항공기를 사용할 수 있는 권리가 있는 자는 항공기를 국토교통부장관에게 등록해야 한다.

110 다음 중 초경량비행장치의 기체등록을 처리하는 기관은?

① 국토교통부 ② 교통안전공단
③ 지방항공청 ④ 공항공사

> **해설** 현행법상 12kg 초과 150kg 이하인 초경량비행장치(드론)는 지방항공청에 등록해야 한다.

111 다음 중 신고하지 않아도 되는 초경량비행장치에 포함되지 않는 것은?

① 행글라이더
② 계류식 기구류
③ 무게 12kg(연료 제외) 이하 무인비행선
④ 길이 8m 무인비행선

해설) 무인비행선 중에서 연료의 무게를 제외한 자체 무게가 12kg 이하이고 길이가 7m이하인 것은 신고가 필요하지 않다.

112 다음 초경량비행장치 중에서 반드시 신고해야 되는 것은?

① 초경량 헬리콥터
② 계류식 무인비행장치
③ 낙하산류
④ 패러글라이더

해설) 초경량 헬리콥터, 초경량 자이로플레인, 동력비행장치 등은 반드시 신고해야 한다.

113 다음 중 항공종사자의 주류에 대한 행정처분기준(혈중 알콜농도)은?

① 0.01%
② 0.02%
③ 0.03%
④ 0.04%

해설) 2016년 3월 22일 국토교통부 항공법시행령 및 시행규칙 입법예고에서 항공종사자 및 객실승무원의 주류에 대한 행정처분기준을 혈중알콜농도 0.03%에서 0.02%로 변경했다.

114 다음 중 항공종사자가 업무를 정상적으로 수행할 수 없는 혈중 알콜농도는?

① 0.02% 이상
② 0.03% 이상
③ 0.05% 이상
④ 0.5% 이상

해설) 기존에는 0.03%였지만 0.02%로 강화했다.

115 다음 중 항공기 종사자를 대상으로 음주여부를 판단하는 기준에 포함되지 않는 것은?

① 냄새파악
② 혈액검사
③ 호흡측정기
④ 육안검사

[해설] 음주여부를 파악한다고 냄새로 확인해야 하는 것은 아니다.

116 다음 중 항공기 종사자를 대상으로 음주여부를 측정해야 하는 경우에 포함되지 않는 것은?

① 주류 등을 섭취했다는 것을 인지한 경우
② 본인이 업무수행 전에 신고한 경우
③ 항공기사고 또는 항공기준사고를 유발한 경우
④ 움직임이나 행동이 부자연스러운 경우

[해설] 음주단속을 강화한다고 움직임이나 행동이 부자연스럽다고 모두 측정을 해야 하는 것은 아니다.

117 다음 중 초경량비행장치의 안전성 인증을 처리하는 기관은?

① 국토교통부
② 교통안전공단
③ 항공안전기술원
④ 도로교통공단

[해설] 안전성인증은 교통안전공단에서 담당했지만 2017년 11월 4일부 항공안전기술원으로 업무를 이관했다.

118 다음 중 초경량비행장치 조종자 전문교육기관이 확보해야 할 지도조종자의 최소비행시간은?

① 50시간
② 100시간
③ 150시간
④ 200시간

[해설] 지도조종사는 100시간, 실기평가 조종자는 150시간 이상을 요구한다.

119 국토교통부장관이 정하는 초경량동력비행장치를 사용하여 비행하고자 하는 자는 자격증명이 있어야 한다. 다음 중 초경량동력비행장치의 조종 자격증명을 발행하는 기관은?

① 항공안전본부
② 지방항공청
③ 교통안전공단
④ 국토교통부

[해설] 초경량동력비행장치 조종자격증명을 발행하는 기관은 교통안전공단이다.

120 다음 중 특별비행 미승인 및 허용범위 외 초경량비행장치를 운용할 때 부과하는 과태료는?

① 1차 10만원, 2차 50만원, 3차 100만원
② 1차 50만원, 2차 100만원, 3차 200만원
③ 1차 20만원, 2차 100만원, 3차 200만원
④ 1차 100만원, 2차 200만원, 3차 300만원

해설 항공안전법에 따라 비행장치의 불법운용 시 최대 200만원 이하의 과태료를 부과하고 있다.

121 다음 중 초경량비행장치의 야간비행승인을 위해 준비해야 할 서류 및 제출기관에 대한 설명으로 올바르지 않은 것은?

① 서류 : 드론의 성능 및 제원
② 서류 : 조작방법
③ 제출기관 : 국토교통부
④ 제출기관 : 항공안전기술원

해설 국토교통부는 2017년 11월 10일부로 드론 규제개선, 지원근거 마련 등 산업 육성을 위한 제도로 '드론 특별승인제'를 시행했다. 그동안 금지됐던 야간 시간대, 육안거리 밖 비행을 사례별로 검토 및 허용하는 제도이다. 야간비행승인을 위해서는 드론의 성능 및 제원, 조작방법, 비행계획서, 비상상황 매뉴얼 등 관련 서류를 국토교통부에 제출해야 한다. 제출된 서류를 바탕으로 안전기준 검사를 수행하는 곳이 항공안전기술원이다.

122 다음 등록증명서 등의 비치가 면제되는 것 중 국토교통부령이 정하는 것은?

① 비행기
② 활공기
③ 회전익 항공기
④ 초경량 비행장치

123 다음 중 초경량비행장치 운영에 관해 500만원 이하의 과태료 부과대상자가 아닌 사람은?

① 안전성 인증을 받지 않고 비행한 사람
② 인명을 위협할 수 있는 낙하물을 투하한 사람
③ 조종자 증명을 받지 않고 비행한 사람
④ 보험에 가입하지 않은 사람

해설 인명이나 재산에 위험을 초래할 우려가 있는 낙하물을 투하하면 200만원의 과태료가 부과된다.

124 다음 중 항공기 상호간의 우선 순위 중 가장 빠른 것은?
① 동력 활공기
② 비행선
③ 회전익 항공기
④ 활공기

해설) 항공기의 우선통행 순위는 기구류, 활공기, 비행선, 예항기, 항공기, 동력항공기 등의 순이다.

125 다음 중 초경량비행장치 조종 자격증명으로 조종이 가능한 것으로 올바른 것은?
① 초급활공기와 중급활공기
② 특수활공기와 동력비행장치
③ 동력비행장치와 회전익 비행장치
④ 초급활공기와 동력비행장치

해설) 초경량비행장치 조종 자격으로 동력비행장치, 회전익비행장치, 동력패러글라이더, 무인비행기나 무인헬리콥터, 멀티콥터, 패러글라이더, 행글라이더 등을 조종할 수 있다.

126 다음 중 항공기 사고를 보고해야 할 의무가 있는 자는?
① 기장
② 항공기 소유자
③ 정비사
④ 기장 및 항공기의 소유자

127 다음 중 초경량비행장치를 제한공역에서 비행하고자 하는 자가 비행계획 승인 신청서를 제출하는 곳은?
① 대통령
② 국토교통부장관
③ 국토교통부 항공국장
④ 지방항공청장

해설) 비행승인 신청서는 지방항공청장에 제출한다.

128 다음 중 초경량비행장치 자격증명 취소 사유에 포함되지 않는 것은?
① 자격증을 분실한 후 1년이 경과하도록 분실 신고를 하지 않은 경우
② 항공안전법을 위반해 벌금 이상의 형을 선고 받은 경우
③ 고의 또는 중대한 과실이 있는 경우
④ 항공안전법에 의한 명령을 위반한 경우

해설) 초경량비행장치 자격증을 분실했을 때는 재발급이 가능하다.

129 다음 중 초경량비행장치를 지방항공청에 신고한 후 조치사항으로 올바르지 않은 것은?

① 신고한 초경량비행장치의 측면사진(가로15센티미터×세로10센티미터)을 조종석 내에 부착해야 한다.
② 초경량비행장치 신고증명서는 비행 시 휴대해야 한다.
③ 초경량비행장치의 제원 및 성능이 변경된 경우 지방항공청장에게 통보해야 한다.
④ 신고증명서의 번호를 비행장치에 표시해야 한다.

230 다음 중 항공기 신고(등록)기호표의 크기로 올바른 것은?

① 가로 7cm, 세로 5cm
② 가로 5cm, 세로 7cm
③ 가로 7cm, 세로 4cm
④ 가로 4cm, 세로 7cm

131 다음 중 신고하지 않아도 되는 초경량비행장치는?

① 동력비행장치
② 인력활공기
③ 초경량헬리콥터
④ 자이로플레인

해설) 신고하지 않아도 되는 초경량비행장치는 행글라이더, 패러글라이더 등 동력을 이용하지 아니하는 비행장치, 계류식(繫留式) 기구류, 계류식 무인비행장치, 낙하산류, 무인동력비행장치 중에서 연료의 무게를 제외한 자체무게(배터리 무게를 포함한다)가 12킬로그램 이하인 것, 무인비행선 중에서 연료의 무게를 제외한 자체무게가 12킬로그램 이하이고, 길이가 7미터 이하인 것, 연구기관 등이 시험·조사·연구 또는 개발을 위하여 제작한 초경량비행장치, 제작자 등이 판매를 목적으로 제작하였으나 판매되지 아니한 것으로서 비행에 사용되지 아니하는 초경량비행장치, 군사목적으로 사용되는 초경량비행장치 등이다.

132 다음 중 초경량비행장치 자격증명 취소처분 후 재응시할 수 있는 기간은?

① 2년
② 3년
③ 4년
④ 5년

해설) 자격증명의 취소처분을 받고 그 취소일부터 2년이 경과되지 아니한 자는 응시할 수 없다.

133 다음 초경량비행장치 중 인력활공기에 포함되지 <u>않는</u> 것은?

① 비행선
② 패러플레인
③ 행글라이더
④ 자이로 플레인

> **해설** 제24조(신고를 필요로 하지 아니하는 초경량비행장치의 범위) 법 제122조제1항 단서에서 "대통령령으로 정하는 초경량비행장치"란 다음 각 호의 어느 하나에 해당하는 것으로서 「항공사업법」에 따른 항공기대여업·항공레저스포츠사업 또는 초경량비행장치사용사업에 사용되지 아니하는 것을 말한다.

134 다음 중 영리를 목적으로 초경량비행장치를 이용해 초경량비행장치 비행제한공역을 승인 없이 비행을 한 자에 대한 처벌은?

① 벌금 500만원 이하
② 벌금 200만원 이하
③ 1년이하의 징역 또는 1000만원이하의 벌금
④ 과태료 300만원 이하

135 항공안전 관련 중요임무 종사자는 알코올 및 약물의 오남용으로 사고나 인명 손상을 일으켜서는 안된다. 다음 중 관련 내용에 대한 설명으로 올바르지 <u>않은</u> 것은?

① 알코올 및 약물검사가 요구되는 경우 임무 종사 8시간 전부터 임무수행 직후까지 검사할 수 있다.
② 검사정보는 관계기관에 제공되어 법적 절차의 증거로 사용할 수 있다.
③ 알코올 테스트 결과 기록은 3년간 보관한다.
④ 해당 업무에 종사한 경우라도 사고와 관련이 없으면 알코올 테스트를 생략할 수 있다.

136 다음 중 초경량동력비행장치를 사용하면서 법으로 정한 보험에 가입해야 하는 경우는?

① 영리목적으로 사용하는 동력비행장치
② 동호인이 공동으로 사용하는 패러글라이더
③ 국제대회에 사용하고자 하는 행글라이더
④ 모든 초경량비행장치

> **해설** 영리목적으로 초경량동력비행장치를 사용하면 반드시 보험에 가입해야 하다.

137 다음 중 안전성인증검사를 받지 않은 초경량비행장치를 비행에 사용하다 적발되었을 경우 부과되는 과태료는?

① 200만원 이하의 과태료 ② 300만원 이하의 과태료
③ 400만원 이하의 과태료 ④ 500만원 이하의 과태료

138 다음 중 과태료 부과에 대한 설명으로 올바르지 않은 것은?

① 안정성인증검사를 받지 아니하고 비행한 자 500만원 이하의 과태료 부과
② 보험에 가입하지 아니하고 초경량비행장치를 사용하여 영리목적으로 비행한 자 500만원 이하의 과태료 부과
③ 초경량비행장치를 신고하지 아니하고 비행한 자 500만원 이하의 과태료 부과
④ 규정에 의한 비행승인을 받지 아니하고 비행한 자 200만원 이하의 과태료 부과

> 해설) 신고를 아니하고 비행 한 자는 6개월 이하의 징역 또는 500만원 이하의 벌금에 처한다.

139 다음 중 초경량 비행장치 운용제한에 대한 설명으로 올바르지 않은 것은?

① 인명 또는 재산에 위험을 초래할 우려가 있는 방법으로 비행하는 행위를 해서는 안 된다.
② 인명이나 재산에 위험을 초래할 우려가 있는 낙하물을 투여하는 행위를 하여서는 안 된다.
③ 안개 등으로 지상목표물을 육안으로 식별할 수 없는 상태에서 비행하는 행위를 해서는 안 된다
④ 일몰 후에 비행을 한다.

140 다음 중 초경량비행장치를 운용하여 위반 시의 벌칙 중 올바르지 않은 것은?

① 신고, 변경신고 이전신고를 하지 않고, 비행보험에 들지 않고 항공기 대여, 사용사업, 조종교육을 실시한 자는 6개월 징역 또는 500만원 벌금
② 조종 자격증명 없이 비행한 자는 100만원의 벌금
③ 안전성 인증을 받지 않고 비행한자는 500만원의 벌금
④ 조종 준수사항을 따르지 않고 비행한 자는 200만원 벌금

133 ③ 134 ② 135 ④ 136 ① 137 ④ 138 ③ 139 ④ 140 ②

141 다음 중 영리목적으로 자격증 없는 조종자가 초경량비행장치에 타인을 탑승시켜 비행을 한 자의 처벌은?

① 1년 이하의 징역 또는 1천만원 이하의 벌금
② 500만원 이하의 과태료
③ 200만원 이하의 과태료
④ 2년 이하의 징역 또는 3천만원 이하의 벌금

142 다음 중 초경량비행장치를 이용해 비행 시 유의사항에 포함되지 않는 것은?

① 군 방공비상상태 인지 즉시 비행을 중지하고 착륙해야 한다.
② 항공기 부근에는 접근하지 말아야 한다.
③ 유사 초경량비행장치끼리는 가까이 접근이 가능하다.
④ 비행 중 사주경계를 철저히 해야 한다.

143 다음 중 초경량비행장치를 이용해 비행정보구역(FIR) 내에서 비행 시 비행계획을 제출해야 하는데 포함되지 않는 것은?

① 항공기의 식별부호
② 항공기의 탑재 장비
③ 출발비행장 및 출발예정시간
④ 보안 준수사항

[해설] 항공기 수색과 구조에 필요한 정보, 항공기 안전을 위한 정보, 항공기 효율적인 운항을 위한 정보 등이 해당된다.

144 다음 중 초경량비행장치 조종자 전문교육기관 지정기준은?

① 비행시간이 100시간 이상인 지도조종자 1명 이상 보유
② 비행시간이 300시간 이상인 지도조종자 2명 보유
③ 비행시간이 200시간 이상인 실기평가 조종자 1명 보유
④ 비행시간이 300시간 이상인 실기평가 조종자 2명 보유

145 다음 중 항공기 등록기호표 부착해야 하는 시기는?

① 항공기 등록 시
② 안전성 인증검사 신청 시
③ 항공기 등록 후
④ 안전성 인증검사 받을 때

146 다음 중 초경량비행장치를 이용해 비행정보 구역 내에서 비행 시 제출하는 비행계획에 포함하지 않는 것은?

① 교체비행장
② 연료 재보급 비행장 또는 지점
③ 기장의 성명
④ 예상소요비행시간

해설   예상소요비행시간은 비행계획서에 포함되지 않는다.

147 다음 중 초경량비행장치를 이용하여 비행 시 유의사항에 포함되지 않는 것은?

① 정해진 용도 이외의 목적으로 사용하지 말아야 한다.
② 고압 송전선 주위에서 비행하지 말아야 한다.
③ 추락, 비상착륙 시는 인명, 재산의 보호를 위해 노력해야 한다.
④ 공항 및 대형 비행장 반경 5km를 벗어나면 관할 관제탑의 승인 없이 비행해도 된다.

148 다음 중 초경량비행장치의 신고 시 지방항공청장에게 제출하는 서류에 포함되지 않는 것은?

① 초경량비행장치를 소유하고 있음을 증명하는 서류
② 초경량비행장치를 운용할 조종사, 정비사 인적사항
③ 초경량비행장치의 제원 및 성능표
④ 초경량비행장치의 보험가입을 증명할 수 있는 서류

149 다음 중 항공안전법 상 초경량비행장치에 포함되지 않는 것은?

① 낙하산류에 추진력을 얻는 장치를 부착한 동력 패러글라이더
② 하나 이상의 회전익에서 양력을 얻는 초경량 자이로플랜
③ 좌석이 2개인 비행장치로서 자체 중량 115kg을 초과하는 동력비행 장치
④ 기체의 성질과 온도차를 이용한 유인 또는 계류식 기구류

150 다음 중 항공안전법 상 신고를 필요로 하지 않는 초경량비행장치에 포함되지 않는 것은?

① 동력을 이용하지 아니하는 비행장치
② 낙하산류
③ 무인비행기 및 무인회전익 비행장치 중에서 연료의 무게를 제외한 자체무게가 12kg 이하인 것
④ 군사 목적으로 사용되지 않는 초경량비행장치

해설   군사목적으로 사용할 경우에는 신고하지 않아도 된다.

141 ①   142 ③   143 ④   144 ①   145 ③   146 ④   147 ③   148 ②   149 ③   150 ④

151 국토교통부령으로 정하는 초경량비행장치를 사용해 비행하려는 사람은 비행안전을 위한 기술상의 기준에 적합하다는 안전성인증을 받아야 한다. 다음 중 안전성 인증대상에 포함되지 <u>않는</u> 것은?

① 무인기구류
② 무인비행장치
③ 회전익비행장치
④ 착륙장치가 없는 비행장치

152 초경량비행장치 사고를 일으킨 조종자 또는 소유자는 사고 발생 즉시 지방항공청에게 보고하여야 한다. 다음 중 사고 내용에 포함되지 <u>않는</u> 것은?

① 초경량비행장치 소유자의 성명 또는 명칭
② 사고가 발생한 일시 및 장소
③ 사고의 정확한 원인분석 결과
④ 초경량비행장치의 종류 및 신고번호

153 다음 중 국토교통부장관에게 소유신고하지 <u>않아도</u> 되는 장치는?

① 동력비행장치
② 초경량 헬리콥터
③ 초경량 자이로플레인
④ 계류식 무인비행장치

> [해설] 계류식 무인비행장치는 신고하지 않아도 된다.

154 다음 중 초경량비행장치 조종자 전문교육기관이 확보해야할 지도조종자의 최소비행시간은?

① 50시간
② 100시간
③ 150시간
④ 200시간

> [해설] 조종자는 20시간, 지도조종자는 100시간, 실기조종자는 150시간의 비행시간이 필요하다.

155 다음 중 초경량비행장치를 이용하여 비행정보구역(FIR) 내에서 비행 시 비행계획을 제출해야 하는 내용에 포함되지 <u>않는</u> 것은?

① 비행의 방식 및 종류
② 순항속도 순항고도 및 예정항로
③ 비상 무선주파수 및 구조방비
④ 기장의 연락처

> [해설] 비행계획은 안전사고가 발생할 경에 대비하기 위한 목적으로 기장의 연락처는 필요하지 않다.

156 다음 중 초경량비행장치 조종자의 준수사항에 대한 설명으로 올바르지 않은 것은?

① 일몰시부터 일출시까지의 야간에 비행해서는 안 된다.
② 초경량비행장치 조종자는 모든 항공기에 대하여 진로를 우선 한다.
③ 안개등으로 인하여 지상목표물을 육안으로 식별할 수 없는 상태에서 비행해서는 안 된다.
④ 항공교통관제기관의 승인을 얻지 않고 관제공역을 비행해서는 안 된다.

[해설] 초경량비행장치 조종자는 항공기 우선순위에 따라 진로를 양보해야 한다.

157 다음 초경량비행장치 중 국토교통부령으로 고시한 비행안전을 위한 기술상의 기준에 적합하다는 증명을 받지 않아도 되는 것은?

① 비행선
② 동력비행장치
③ 회전익비행장치
④ 패러플레인

158 다음 중 초경량비행장치 비행공역이 포함된 "G급" 공역 내에서 지표면 1,200피트 고도 이하로 비행하고자 하는 경우에 적용하는 최저비행시정 기준은?

① 1000m   ② 1600m   ③ 3000m   ④ 5000m

159 다음 중 초경량 비행장치의 범위에 포함되지 않는 것은?

① 차륜, 스키드 또는 후로트 등의 착륙장치가 장착된 고정익 비행장치
② 자체중량이 150kg 미만인 무인 비행기
③ 계류식 기구
④ 낙하산류에 추진력을 얻는 장치를 부착한 비행장치

160 다음 중 신고할 필요가 없는 초경량비행장치의 범위에 포함되지 않는 것은?

① 계류식 기구류
② 낙하산류
③ 동력을 이용하지 아니하는 비행장치
④ 프로펠러로 추진력을 얻는 것

[해설] 신고하지 않아도 되는 초경량비행장치는 행글라이더, 패러글라이더 등 동력을 이용하지 아니하는 비행장치, 계류식(繫留式) 기구류, 계류식 무인비행장치, 낙하산류, 무인동력비행장치 중에서 연료의 무게를 제외한 자체무게(배터리 무게를 포함한다)가 12킬로그램 이하인 것, 무인비행선 중에서 연료의 무게를 제외한 자체무게가 12킬로그램 이하이고, 길이가 7미터 이하인 것, 연구기관 등이 시험·조사·연구 또는 개발을 위하여 제작한 초경량비행장치, 제작자 등이 판매를 목적으로 제작하였으나 판매되지 아니한 것으로서 비행에 사용되지 아니하는 초경량비행장치, 군사목적으로 사용되는 초경량비행장치 등이다.

151 ① 152 ③ 153 ④ 154 ② 155 ④ 156 ② 157 ① 158 ② 159 ② 160 ④

161 다음 중 안전성 인증검사를 받아야 하는 초경량비행장치에 포함되지 않는 것은?
① 초경량 동력비행장치
② 초경량 회전익비행장치
③ 패러플레인
④ 무인자유기구

162 다음 중 초경량비행장치의 운용제한에 대한 설명으로 올바르지 않은 것은?
① 인명이나 재산에 위험을 초래할 우려가 있는 낙하물을 투하하는 행위를 해서는 안 된다.
② 인명 또는 재산에 위험을 초래할 우려가 있는 방법으로 비행하는 행위를 해서는 안 된다.
③ 지상목표물을 육안으로 식별할 수 없는 상태에서 비행하는 행위를 해서는 안 된다.
④ 동력비행장치 조종자는 동력을 사용하지 아니하는 비행장치에 대해 진로를 우선한다.

163 다음 중 국토교통부장관이 항공안전본부장에게 위임한 권한에 포함되지 않는 것은?
① 초경량비행장치 비행금지공역의 고시
② 초경량비행장치 조종자의 자격기준의 고시
③ 초경량비행장치의 비행안전을 위한 기술상의 기준 고시
④ 초경량비행장치 조종자 전문교육기관의 지정

164 다음 중 국토교통부장관이 지방항공청장에게 위임한 권한에 포함되지 않는 것은?
① 초경량비행장치의 신고의 수리 및 비행계획의 승인
② 곡기비행의 허가
③ 위규비행에 대한 과태료 처분
④ 초경량비행장치 조종자 전문교육기관의 지정

165 다음 중 초경량비행장치로 위규비행을 한 자가 지방항공청장이 고지한 과태료 처분에 대하여 불복이 있는 경우 이의 제기를 할 수 있는 기간은?
① 고지를 받은 날부터 10일 이내
② 고지를 받은 날부터 15일 이내
③ 고지를 받은 날부터 30일 이내
④ 고지를 받은 날부터 60일 이내

166 다음 중 신고번호 표시방법을 규정하는 것으로 올바르지 않은 것은?

① 오른쪽날개 윗면
② 오른쪽날개 아랫면
③ 수직꼬리날개 양쪽
④ 조종면 양쪽

167 다음 중 조종자가 비행 시 해서는 안되는 행위에 포함되지 않는 것은?

① 인명이나 재산에 위험을 초래할 우려가 있는 낙하물을 투하하는 행위
② 인명 또는 재산에 위험을 초래할 우려가 있는 방법으로 비행하는 행위
③ 승인을 얻지 않고 비행제한을 고시하는 구역 또는 관제공역 통제공역 주의공역에서 비행하는 행위
④ 안개등으로 인해 지상목표물을 육안으로 식별할 수 없는 상태에서 계기비행하는 행위

168 다음 중 초경량 비행장치 신고번호표 규격은?

① 3 × 5
② 5 × 7
③ 7 × 9
④ 9 × 11

169 다음 중 곡기비행에 포함되지 않는 것은?

① 항공기를 뒤집어서 하는 비행
② 항공기를 옆으로 세우거나 회전시키며 하는 비행
③ 항공기를 급강하 또는 급상승시키는 비행
④ 사람 또는 건축물이 밀집해 있는 지역의 상공에서의 비행

170 다음 중 초경량항공기로 인한 사람의 사상 또는 물건의 손괴 사고 시 항공조사단의 구성분야에 포함되지 않는 것은?

① 기체분야
② 엔진분야
③ 전기분야
④ 조종실 음성기록 장치 분야

> **해설** 비행에 절대적으로 필요한 장치의 오류 원인을 파악할 수 있으면 충분하다.

161 ④   162 ④   163 ①   164 ④   165 ③   166 ④   167 ④   168 ②   169 ④   170 ④

171 다음 중 표면에서 고도 1200피트 이하로 특별관제구역을 시계비행할 때 주간 최저 비행시정은?

① 800m　　　　　　　　② 1000m
③ 1200m　　　　　　　　④ 1600m

172 다음 중 비행장의 기동지역 내를 이동하는 사람, 차량 등을 통제하는 곳은?

① 공항시설공사　　　　　② 항공안전본부
③ 관제탑　　　　　　　　④ 청원경찰

173 다음 중 항공조사위원회가 항공사고조사보고서를 작성, 송부하는 기구 또는 국가가 <u>아닌</u> 곳은?

① NASA　　　　　　　　② ICAO
③ 항공기제작국　　　　　④ 항공기운영국

174 다음 중 초경량비행장치 비행공역이 포함된 E등급 공역 내에서 지표면 10000피트미만 고도이하로 비행하고자 하는 경우에 적용하는 최저비행시정 기준은?

① 1000M　　　　　　　　② 1600M
③ 3000M　　　　　　　　④ 5000M

175 다음 중 초경량비행장치를 사용해 비행제한공역을 비행하고자 하는 자가 비행계획승인신청서에 첨부해야 하는 서류는?

① 초경량비행장치 신고증명서　② 초경량비행장치의 사진
③ 초경량비행장치의 제원 및 제작 설명서　④ 초경량비행장치 설계도면

176 다음 중 시계비행을 하는 항공기가 갖춰야 할 항공계기에 포함되지 <u>않는</u> 것은?

① 나침반　　　　　　　　② 시계
③ 승강계　　　　　　　　④ 정밀 고도계

177 다음 비행 중 떨림 현상이 발견됐을 때 착륙 후 올바른 조치사항을 모두 고르시오.

> 가. rpm을 낮추고 낮게 비행한다.
> 나. 프로펠러와 모터의 파손 여부를 확인한다.
> 다. 조임쇠와 볼트의 잠김 상태를 확인한다.
> 라. 기체의 무게를 줄인다.

① 가, 나 ② 나, 다
③ 나, 라 ④ 다, 라

드론 무인멀티콥터 조종자 자격증 필기

CHAPTER

05

모의고사

- **STEP 1** 필기시험
- **STEP 2** 구술평가
- **STEP 3** 실기시험 평가순서

CHAPTER 05 모의고사

STEP 1 필기시험

기출 모의고사 1회

01 다음 중 시정의 종류 중 우시정(우세시정)에 대한 설명으로 올바르지 않은 것은?
① 방향에 따라 보이는 시정이 다를 때 다루는 시정 값이다.
② 국제적으로 사용되는 일반적인 시정이다.
③ 안개, 연기, 먼지 등이 시정을 방해한다.
④ 시정은 목표를 식별할 수 있는 최대거리를 말한다.

02 다음 중 받음각이 변하더라도 모멘트 계수의 값이 변하지 않는 점은?
① 공력 중심
② 중력 중심
③ 압력 중심
④ 풍판 중심

03 다음 중 일반 건축물의 항공장애등 설치기준은?
① 300ft(AGL)
② 300ft(MSL)
③ 500ft(AGL)
④ 500ft(MSL)

04 다음 중 무인멀티콥터용 배터리로 적당하지 않는 것은?
① Ni-CH
② Ni-MH
③ Li-Po
④ Ni-Cd

05 다음 중 무인멀티콥터의 비행전후 점검사항에 포함되지 않는 것은?

① 비행 전에 기체의 전선, 부품 등을 점검한다.
② 비행 전에 시정을 방해할 수 있는 장애물을 파악한다.
③ 비행 후에 배터리가 뜨거운 상태로 바로 제거한다.
④ 조종기에서 배터리를 제거한 후에 따로 보관한다.

06 다음 중 무인멀티콥터 조종기 테스트방법으로 올바른 것은?

① 레인지 모드로 기체와 30m로 떨어진다.
② 기체를 호버링 상태로 테스트를 진행한다.
③ 기체 바로 옆에서 테스트한다.
④ 기체를 최대한 멀리 떨어져 테스트한다.

07 다음 중 직원들의 스트레스 해소방안으로 올바르지 않은 것은?

① 주기적으로 직원 간 상호평가를 진행한다.
② 정기적으로 심리상담을 실시한다.
③ 적성에 따른 업무분장으로 만족도를 높인다.
④ 직무교육을 통해 업무이해도를 높인다.

08 다음 중 초경량비행장치 비행 중에 조작불능이 되면 가장 먼저 할 일은?

① 조종자 가까이 이동시켜 착륙시킨다.   ② 현 지점에서 급하게 착륙시킨다.
③ 안전하게 착륙시키기 위해 노력한다.   ④ 소리를 쳐서 주변인에게 알린다.

09 다음 중 무인멀티콥터의 기체 승인번호, 표시 등을 결정하는 기관은?

① 지방항공청장   ② 국토교통부장관
③ 항공안전기술원   ④ 교통안전공단

10 다음 중 신고하지 않아도 되는 초경량비행장치는 무엇인가?

① 자체 중량이 25kg 이상의 무인멀티콥터
② 자체 중량이 180kg 이상인 무인비행선
③ 자체 중량이 70kg 이상인 행글라이더
④ 자체 중량이 25kg 이상인 군사용 무인헬리콥터

01 ② 02 ① 03 ③ 04 ① 05 ③ 06 ① 07 ① 08 ④ 09 ① 10 ④

11 다음 중 베르누이정리에서 정압과 동압의 관계를 올바르게 설명한 것은?

① 전압은 정압에서 동압을 뺀 것을 말한다.
② 에너지 유체의 총량은 항상 변한다는 이론이다.
③ 정압은 공기가 흐르는 방향의 측면에 대한 압력이다.
④ 동압은 공기가 흐르는 방향의 뒷면에 대한 압력이다.

12 다음 중 프롭 피치각에 대한 설명으로 올바른 것은?

① 피치각을 변화시켜 전진과 후진을 결정한다.
② 피치각과 속도와는 관계가 없다.
③ 피치는 로터가 2회전할 때 나아가는 거리를 말한다.
④ 피치각도가 크다면 바람의 저항을 견디기 어렵다.

13 다음 중 한국에서 겨울철 영향을 주는 기단은 무엇인가?

① 오오츠크해기단　　② 시베리아기단
③ 양쯔강기단　　　　④ 북태평양기단

14 다음 중 항공 용어에 대한 설명으로 올바르지 않은 것은?

① 받음각은 공기의 흐름방향과 에어포일의 시위선이 만드는 각이다.
② 취부각은 비행기 동체의 기준선에서 날개를 조립한 각도를 말한다.
③ 에어포일은 비행기 날개를 수직으로 자른 단면을 말한다.
④ 시위선은 비행기 날개의 기울기를 말한다.

15 다음 중 무인멀티콥터에서 프롭의 최대 출력을 평가하는 방법은?

① 피치각을 조정한다.　　② 배터리를 충전한다.
③ 호버링을 한다.　　　　④ 무거운 화물을 탑재한다.

16 다음 중 회전익 항공기의 유도기류에 대한 설명으로 올바르지 않은 것은?

① 로터의 회전면을 따라 위에서 아래로 흐르는 공기를 말한다.
② 피치각이 커지면 유도기류는 감소한다.
③ 유도기류로 인해 지면효과가 발생한다.
④ 로터의 직경 1배 이하 고도에서 지면효과가 증가한다.

17 다음 중 초경량비행장치인 행글라이더와 패러글라이더의 한계 중량은?

① 70kg
② 115kg
③ 150kg
④ 180kg

18 다음 중 습도에 대한 설명으로 올바르지 않은 것은?

① 상대습도는 공기 속에 있는 수증기의 양과 포화수증기의 비율
② 이슬점은 공기가 냉각될 때 수증기가 응결되는 온도
③ 절대습도는 1㎥ 공기 속에 포함돼 있는 수증기 kg수
④ 수증기량은 건조공기 1kg에 대응하는 수증기 g수

19 다음 중 해수면의 표준기압을 나타낸 것으로 올바른 것은?

① 1013.25hPa
② 1,000hPa
③ 29.92hPa
④ 15hPa

20 다음 중 평균 해면에서 온도가 20℃일 때 고도 10,000피트에서 온도는?

① 20℃
② 0℃
③ -10℃
④ -20℃

21 다음 중 기압에 대한 설명으로 올바르지 않은 것은?

① 고기압은 주위보다 기압이 높은 곳이다.
② 저기압은 주위보다 기압이 낮은 곳이다.
③ 고기압은 바람이 시계방향으로 불어 나간다.
④ 저기압은 바람이 시계 반대방향으로 불어 나간다.

22 다음 중 안개가 발생하는 조건에 대한 설명으로 올바른 것은?

① 바람이 강함
② 다량의 수증기
③ 지표면의 공기역전
④ 차가운 건조한 공기

23 다음 중 착빙의 영향에 대한 설명으로 올바르지 않은 것은?

① 항공기 기체에 수증기가 응결돼 형성된다.
② 얼음 무게로 인해 중력이 증가한다.
③ 양력과 항력이 동시에 증가한다.
④ 항공기 성능이 떨어지고 출력이 감소한다.

24 다음 중 열대성 저기압과 발생 지역에 대한 연결이 올바르지 않은 것은?

① 태풍 – 태평양
② 허리케인 – 대서양
③ 싸이클론 – 인도양
④ 윌리윌리 – 남극

25 다음 중 초경량비행장치에 대한 설명으로 올바르지 않은 것은?

① 비상 장비를 제외한 자체중량이 70kg 이하 행글라이더
② 탑승 좌석이 2개인 동력비행장치
③ 연료를 제외한 자체 중량이 150kg 이상인 무인비행기
④ 연료의 중량을 제외한 자체 중량이 180kg 이하인 무인비행선

26 다음 중 초경량비행장치의 말소사유가 발생한 때에 신고해야 하는 기간은?

① 15일
② 20일
③ 25일
④ 30일

27 다음 중 초경량비행장치 조종자가 준수사항을 따르지 않을 경우에 부과되는 1차 과태료는?

① 20만원
② 30만원
③ 50만원
④ 200만원

28 다음 중 항공기 사고가 발생했을 때 사고조사를 진행하는 기관은?

① 국토교통부
② 항공안전기술원
③ 항공철도사고조사위원회
④ 지방항공청

29 다음 중 기상의 3대 요소에 포함되지 않는 것은?

① 기온
② 강수량
③ 바람
④ 뇌우

30 다음 중 항공업무가 불가능한 혈중알코올농도 기준은?
① 0.02% ② 0.03%
③ 0.04% ④ 0.05%

31 다음 중 무인멀티콥터 조종자가 기체검사를 받지 않고 비행했을 때 최대 과태료는?
① 200만원 ② 300만원
③ 500만원 ④ 3000만원

32 다음 중 항공고시보에 해당되는 용어는?
① AIC ② NOTAM
③ AIRAC ④ SIGMET

33 다음 중 무인멀티콥터 비행 중 이상을 발견했을 때에 조종자가 최초로 해야 할 일은?
① 큰소리로 주변에 알린다. ② 안전한 지역으로 착륙을 유도한다.
③ 조종기의 이상 유무를 확인한다. ④ 안전한 착륙지점을 찾는다.

34 다음 중 항공종사자가 아닌 사람은?
① 운항관제사 ② 운항관리사
③ 개인조종사 ④ 초경량무인항공기 조종사

35 다음 중 무인멀티콥터의 기체를 내리려면?
① 쓰로틀을 올린다. ② 엘리베이터를 전진한다.
③ 쓰로틀을 내린다. ④ 엘리베이터를 후진한다.

36 다음 중 무인멀티콥터의 엔진으로 가장 적합한 것은?
① 터보엔진 ② 로터리엔진
③ 전기모터 ④ 왕복엔진

23 ③ 24 ④ 25 ② 26 ① 27 ① 28 ③ 29 ④ 30 ① 31 ③ 32 ② 33 ① 34 ③ 35 ③ 36 ③

37 다음 중 뇌우가 성숙단계에서 나타나는 현상으로 올바르지 <u>않은</u> 것은?

① 상승기류와 하강기류가 교차한다.
② 강한 비가 내린다.
③ 강한 비와 번개가 발생한다.
④ 상승기류가 생기면서 적란운이 모여든다.

38 다음 중 비관제공역에 대한 설명으로 올바른 것은?

① 비행에 필요한 정보를 제공하는 공역이다.
② 비행장과 그 주변의 지정된 공역이다.
③ 항공기의 비행을 제한하는 공역이다.
④ 관제공역 외에 비행정보를 제공하는 공역이다.

39 다음 중 직원들의 스트레스 해소를 위한 방안으로 올바르지 <u>않은</u> 것은?

① 직무평가 도입
② 적성에 따른 직무 재배치
③ 정기적인 심리상담 실시
④ 정기적인 신체검사

40 다음 중 육풍에 대한 설명으로 가장 올바른 것은?

① 낮에 육지에서 해상으로 부는 바람
② 밤에 육지에서 해상으로 부는 바람
③ 낮에 해상에서 육지로 부는 바람
④ 밤에 육지에서 해상으로 부는 바람

37 ① 38 ④ 39 ① 40 ②

기출 모의고사 2회

01 다음 중 신고를 필요로 하지 않는 초경량비행장치에 포함되지 않는 것은?
① 계류식 기구류
② 낙하산류
③ 동력을 이용하지 아니하는 비행장치
④ 프로펠러로 추진력을 얻는 것

02 다음 중 프로펠러의 역할에 포함되지 않는 것은?
① 양력발생
② 추력발생
③ 항력발생
④ 중력발생

03 다음 중 항공종사자의 혈중 알코올농도 제한 기준으로 올바른 것은?
① 혈중 알코올 농도 0.02% 이상
② 혈중 알코올 농도 0.06% 이상
③ 혈중 알코올 농도 0.03% 이상
④ 혈중 알코올 농도 0.05% 이상

04 다음 중 왕복엔진의 윤활유의 역할에 포함되지 않는 것은?
① 윤활력
② 냉각력
③ 압축력
④ 방빙력

05 다음 중 멀티콥터 제어장치에 포함되지 않는 것은?
① GPS
② FC
③ 제어컨트롤
④ 프로펠러

06 다음 중 초경량비행장치 사고 발생 후 사고조사 담당 기관은?
① 철도·항공 사고 조사위원회
② 국토교통부
③ 검찰 및 경찰
④ 군·검찰 및 헌병

01 ④ 02 ④ 03 ① 04 ④ 05 ④ 06 ①

07 다음 중 리튬폴리머 배터리 보관 시 주의사항으로 올바르지 <u>않은</u> 것은?

① 더운 날씨에 차량에 배터리를 보관하지 말 것
② 배터리를 낙하, 충격, 파손 또는 인위적으로 합선 시키지 말 것
③ 손상된 배터나 전력 수준이 50% 이상인 상태에서 배송하지 말 것
④ 추운 겨울에는 화로나 전열기 등 열원 주변처럼 뜨거운 장소에 보관할 것

08 다음 중 신고를 필요로 하지 아니하는 초경량 비행장치의 범위에 포함되지 <u>않는</u> 것은?

① 계류식 기구류
② 낙하산류
③ 동력을 이용하지 아니하는 비행장치
④ 프로펠러로 추진력을 얻는 것

09 다음 중 리튬폴리머(Li-Po) 배터리 취급/보관방법으로 올바르지 <u>않은</u> 것은?

① 배터리가 부풀거나 누유 또는 손상된 상태일 경우에는 수리해 사용한다.
② 빗속이나 습기가 많은 장소에 보관하지 말아야 한다.
③ 정격 용량 및 장비별 지정된 정품 배터리를 사용해야 한다.
④ 배터리는 -10℃~40℃의 온도 범위에서 사용한다.

10 다음 중 시정 장애물의 종류에 포함되지 <u>않는</u> 것은?

① 황사
② 안개
③ 스모그
④ 강한 비

11 다음 중 초경량비행장치의 멸실 등의 사유로 신고를 말소할 경우에 그 사유가 발생한 날부터 며칠 이내에 지방항공청장에게 말소 신고서를 제출해야 하는가?

① 5일
② 10일
③ 15일
④ 30일

12 다음 중 리튬폴리머(Li-Po) 배터리 취급/보관방법으로 올바르지 <u>않은</u> 것은?

① 배터리가 부풀거나 누유 또는 손상된 상태일 경우에는 수리해 사용한다.
② 빗속이나 습기가 많은 장소에 보관하지 말아야 한다.
③ 정격 용량 및 장비별 지정된 정품 배터리를 사용해야한다.
④ 배터리는-10℃~40℃의 온도 범위에서 사용한다.

13 다음 초경량비행장치 중 프로펠러가 4개인 멀티콥터를 무엇이라 부르는가?

① 헥사콥터　　　　　　② 옥토콥터
③ 쿼드콥터　　　　　　④ 트라이콥터

14 다음 중 마찰항력을 설명한 것으로 가장 올바른 것은?

① 공기와의 마찰에 의해 발생하며 점성의 크기와 표면의 매끄러운 정도에 따라 영향을 받는다.
② 공기의 점성의 경계층에서 생기는 소용돌이에 영향을 받고 날개의 단면과 받음각 모양에 따라 다르다.
③ 날개 끝 소용돌이에 의해 발생하며 날개의 가로세로비에 따라 변한다.
④ 날개와는 관계없이 동체에서만 발생한다.

15 다음 중 신고를 필요로 하지 아니하는 초경량비행장치는?

① 계류식 무인비행장치
② 7미터를 초과하는 무인비행선
③ 초경량 헬리콥터
④ 사용하지 않고 보관해 놓은 무인비행기

16 다음 중 무인멀티콥터에 사용되는 브러시리스 모터에 대한 설명으로 올바른 것은?

① 코일과 연결된 브러시로 인해 수명이 짧은 편이다.
② 동일 무게의 엔진에 비해 출력이 큰 편이다.
③ 브러시의 마찰에 따라 열이 발생한다.
④ 고가의 전자속도제어기가 필요하지 않다.

17 다음 중 초경량비행장치의 기체를 등록하기 위해 신청하는 기관은?

① 지방항공청장　　　　② 국토교통부장관
③ 국방부장관　　　　　④ 지방경찰청장

18 다음 중 동체의 좌우 흔들림을 잡아주는 센서는?

① 자이로센서　　　　　② 지자계센서
③ 기압센서　　　　　　④ GPS

07 ④　08 ④　09 ①　10 ④　11 ③　12 ①　13 ③　14 ①　15 ①　16 ②　17 ①　18 ①

19 다음 중 초경량비행장치를 이용하여 비행정보구역(FIR) 내에서 비행 시 비행계획을 제출해야 하는데 포함해야 하는 내용이 <u>아닌</u> 것은?

① 항공기의 식별부호
② 항공기의 탑재 장비
③ 출발비행장 및 출발예정시간
④ 보안 준수사항

20 다음 드론에 사용되는 전자속도제어기(ESC)에 대한 설명으로 올바르지 <u>않은</u> 것은?

① 전기모터의 속도를 변화시키기 위해 만들어진 전기회로이다.
② 비행제어시스템의 명령값에 따라 전압과 전류를 제어한다.
③ 브러시리스 모터의 방향과 속도를 제어한다.
④ 브러시 모터의 속도를 제어하기 위해 반드시 필요하다.

21 다음 중 공기밀도에 대한 설명으로 올바르지 <u>않은</u> 것은?

① 온도가 높아질수록 공기밀도도 증가한다.
② 일반적으로 공기밀도가 하층보다 상층이 낮다.
③ 수증기가 많이 포함될수록 공기밀도는 감소한다.
④ 국제표준대기(ISA)의 밀도는 건조공기로 가정했을 때의 밀도이다.

22 다음 중 회전익 비행장치가 호버링 상태로부터 전진비행으로 바뀌는 과도적인 상태는?

① 전이성향
② 전이 양력
③ 자동 회전
④ 지면 효과

23 다음 중 초경량비행장치 조종자 전문교육기관이 확보해야할 지도조종자의 최소비행시간은?

① 50시간
② 100시간
③ 150시간
④ 200시간

24 다음 중 벡터량에 포함되지 <u>않는</u> 것은?

① 가속도
② 속도
③ 양력
④ 질량

25 다음 중 항공종사자의 음주제한 기준은?

① 0.02%   ② 0.05%
③ 0.07%   ④ 0.1%

26 다음 중 초경량비행장치 사고발생시 사고조사를 담당하는 기관은?

① 관할 지방항공청장   ② 항공교통관제소
③ 교통안전공단   ④ 철도항공사고조사위원회

27 다음 중 초경량 동력비행장치의 자격시험 응시자격 연령은?

① 만 14세   ② 만 16세
③ 만 18세   ④ 만 20세

28 다음 중 리튬 폴리머 배터리 취급/보관 방법으로 올바르지 않은 것은?

① 배터리가 부풀거나 누유 또는 손상된 상태일 경우에는 수리하여 사용한다.
② 빗속이나 습기가 많은 장소에 보관하지 않아야 한다.
③ 정격 용량 및 장비별 지정된 정품 배터리를 사용해야 한다.
④ 배터리는 -10℃~40℃의 온도 범위에서 사용한다.

29 다음 중 무인 멀티콥터의 비행이 가능한 지역은?

① 인파가 많고 차량이 많은 곳   ② 전파 수신이 많은 지역
③ 전기줄 및 장애물이 많은 곳   ④ 장애물이 없고 안전한 곳

30 다음 중 비행기 외부점검을 하면서 날개 위에 서리(frost)를 발견했다면?

① 비행기의 이륙과 착륙에 무관하므로 정상절차만 수행하면 된다.
② 날개를 두껍게 하는 원리로 양력을 증가시키는 요소가 되므로 제거해서는 안 된다.
③ 비행기의 착륙과 관계가 없으므로 비행 중 제거되지 않으면 제거될 때까지 비행하면 된다.
④ 날개의 양력감소를 유발하기 때문에 비행 전에 반드시 제거해야 한다.

19 ④ 20 ④ 21 ① 22 ② 23 ② 24 ④ 25 ① 26 ④ 27 ① 28 ① 29 ④ 30 ④

31 다음 중 프로펠러 이상 시 가장 먼저 나타나는 현상은? 1
① 프로펠러의 진동이 느껴진다. ② 모터가 속도가 늦어진다.
③ 기체가 떨린다. ④ 배터리가 열이 난다.

32 다음 중 비행정보구역(FIR)을 지정하는 목적과 거리가 먼 것은? 1
① 영공통과료 징수를 위한 경계설정
② 항공기 수색, 구조에 필요한 정보제공
③ 항공기 안전을 위한 정보제공
④ 항공기의 효율적인 운항을 위한 정보제공

33 다음 중 항공기에 포함되지 않는 것은?
① 우주선 ② 중량이 초과하는 비행기
③ 속도를 개조한 비행기 ④ 계류식 무인비행 장치

34 다음 중 평균 해수면에서 온도가 15도 일 때 1000ft에서의 온도는?
① 20℃ ② 18℃
③ 15℃ ④ 13℃

35 다음 중 1마력은 몇 kg인가?
① 30kg ② 50kg
③ 75kg ④ 90kg

36 다음 중 받음각이 변하더라도 모멘트의 계수 값이 변하지 않는 점은?
① 압력중심 ② 공력중심
③ 반력중심 ④ 중력중심

37 다음 중 태풍의 세력이 약해져서 소멸되기 직전 또는 소멸된 것은?
① 열대성 고기압 ② 열대성 저기압
③ 열대성 폭풍 ④ 편서풍

38 다음 중 비행 전 점검사항에 포함되지 않는 것은?

① 모터 및 기체의 전선 등 점검
② 조종기 배터리 부식 등 점검
③ 스로틀을 상승해 비행해 본다.
④ 기기 배터리 및 전선 상태 점검

39 다음 중 초경량비행장치 조종 자격시험 응시자의 자격은?

① 연령이 만12세 이상
② 연령이 만14세 이상
③ 연력이 만18세 이상
④ 연령이 만20세 이상

40 다음 중 멀티콥터의 기체를 내리려면?

① 엘리베이터를 전진한다.
② 엘리베이터를 후진한다.
③ 스로틀을 내린다.
④ 스로틀을 올린다.

기출 모의고사 3회

01 다음 중 국제민간항공기구에서 드론의 공식 용어로 사용하는 명칭은?
① UAV
② UAS
③ RPAS
④ RPAV

02 다음 중 피치(pitch)에 대한 설명으로 올바르지 않은 것은?
① 항공기의 속도를 높이는 것을 말한다.
② 꼬리날개에 부착된 엘리베이터로 조종한다.
③ 항공기가 이륙할 때 각도를 피치각이라고 한다.
④ 항공기를 선회할 때 사용한다.

03 다음 중 무인회전익 비행장치에 사용되는 엔진으로 가장 부적합한 것은?
① 왕복엔진
② 터보팬엔진
③ 로터리엔진
④ 가솔린엔진

04 다음 중 무인멀티콥터에 사용되는 브러시리스 모터에 대한 설명으로 올바른 것은?
① 코일과 연결된 브러시로 인해 수명이 짧은 편이다.
② 동일 무게의 엔진에 비해 출력이 큰 편이다.
③ 브러시의 마찰에 따라 열이 발생한다.
④ 고가의 전자속도제어기가 필요하지 않다.

05 다음 중 무인멀티콥터를 이륙하기 전에 로터의 점검방법으로 올바르지 않은 것은?
① 윤활유 체크한다.
② 베어링 체크한다.
③ 블레이드 파손 점검한다.
④ 유격 점검한다.

06 다음 중 무인멀티콥터를 착륙시킨 후에 모터를 점검하는 방법으로 올바르지 않은 것은?
① 뜨거우니까 물을 뿌린다.
② 열이 식을 때까지 기다린다.
③ 모터의 전선이 끊어졌는지 확인한다.
④ 모터의 부착상태에 이상이 없는지 확인한다.

07 다음 중 무인멀티콥터에 사용하는 리튬폴리머 배터리에 대한 설명으로 올바르지 않은 것은?

① 리튬이온 배터리에 비해 폭발 위험이 적다.
② 메모리 효과 때문에 완전방전 후 충전해야 한다.
③ 저전압 경보장치를 활용해 관리하면 손상을 막을 수 있다.
④ 기준전압이 3V 이하로 내려가면 배부름 현상이 발생한다.

08 다음 중 무인멀티콥터 조종기 테스트에 대한 설명으로 올바른 것은?

① 기체와 30m 떨어져 레인지 모드로 테스트한다.
② 기체와 100m 떨어져 일반 모드로 테스트한다.
③ 기체를 이륙해서 조종기를 테스트한다.
④ 기체 바로 옆에서 테스트한다.

09 다음 중 초경량비행장치를 소유할 경우에 신고하는 곳은?

① 국토교통부
② 지방항공청
③ 교통안전공단
④ 드론협회

10 다음 뉴턴의 법칙 중 회전익 비행장치의 토크현상과 관련이 있는 것은?

① 가속도의 법칙
② 만유인력의 법칙
③ 작용과 반작용의 법칙
④ 관성의 법칙

11 다음 중 무인멀티콥터가 지면효과를 받으면 나타나는 현상에 포함되지 않는 것은?

① 유도기류의 속도 감소
② 유도항력의 증가
③ 받음각의 증가
④ 수직양력의 증가

12 다음 중 무인멀티콥터를 비행한 후 조종기를 보관하는 방법에 대한 설명으로 올바른 것은?

① 배터리를 분리해 따로 보관함에 넣는다.
② 직사광선이 있는 밝은 곳에 보관한다.
③ 언제든지 사용할 수 있도록 배터리를 충전해 보관한다.
④ 조종기를 완전히 분리해 보관한다.

01 ③ 02 ④ 03 ② 04 ② 05 ② 06 ① 07 ② 08 ① 09 ② 10 ③ 11 ② 12 ①

13 다음 중 항공기 기체에 작용하는 외력에 포함되지 않는 것은?
① 항력
② 양력
③ 추력
④ 인장력

14 다음 중 무인멀티콥터에 장착된 GPS 에러가 발생할 때 나타나는 현상으로 올바른 것은?
① 기울기를 파악할 수 없다.
② 카메라의 균형을 유지할 수 없다.
③ 위치를 파악할 수 없다.
④ 진행방향을 파악할 수 없다.

15 다음 중 무인멀티콥터 비행 전 로터 점검사항으로 올바르지 않은 것은?
① 프롭을 결합한 후 원활하게 회전하는지 확인한다.
② 블레이드 파손 여부를 점검한다.
③ 베어링과 윤활유를 체크한다.
④ 고정상태를 확인할 필요는 없다.

16 다음 중 무인멀티콥터 비행 전 주변 환경 점검사항으로 올바르지 않은 것은?
① 안개, 구름 등 시정을 방해할 수 있는 기상이 있는지 확인한다.
② 건물, 강 등은 비행에 지장이 없으므로 확인하지 않아도 된다.
③ 비행을 방해하는 재머 등이 설치됐는지 확인한다.
④ 고압송전선, 통신중계탑 등 인공장애물도 파악한다.

17 다음 뉴턴의 1, 2, 3법칙 중 제3법칙인 관성의 법칙과 연관이 있는 것은?
① 양력
② 항력
③ 중력
④ 추력

18 다음 중 무인멀티콥터 비행 전 레인지 모드 테스트에 대한 설명으로 올바르지 않은 것은?
① 송수신기의 신호가 정상적으로 작동하는 거리를 확인하는 것이다.
② 최대 수신거리를 테스트해 비상상황을 대비한다.
③ 무인멀티콥터를 가시거리 내 비행하도록 하기 위한 목적이다.
④ 조종기의 배터리가 줄어드는 긴급상황을 대비하기 위한 목적이다.

19 다음 중 조종자 교육 시 논평(criticise)을 하는 목적으로 올바른 것은?

① 지도 조종자의 품위를 유지하기 위함.
② 문제점을 발굴해 개선하기 위함.
③ 잘못을 질책하기 위함.
④ 다른 교육생에게 경각심을 심어주기 위함.

20 다음 중 무인멀티콥터의 비행 후 기체 점검사항으로 올바르지 <u>않은</u> 것은?

① 메인 블레이드 등의 파손 여부를 점검한다.
② 장기 보관할 경우에는 배터리를 완충한다.
③ 짐벌이나 방제용기의 장착상태를 확인한다.
④ 송수신기 배터리 잔량을 확인한다.

21 다음 중 항공기의 기류박리에 대한 설명으로 올바른 것은?

① 항공기 날개 표면으로부터 공기가 떨어져 나가는 현상이다.
② 양력은 감소하고 항력은 증가한다.
③ 에어포일에 기류박리가 발생하면 실속상태에 빠진다.
④ 공기흐름이 정상적으로 흐르는 것을 말한다.

22 다음 중 X자형 무인멀티콥터의 전진비행 시 블레이드 회전속도에 대한 설명으로 올바른 것은?

① 진행 반대방향의 블레이드 속도를 높인다.
② 진행 방향의 블레이드 속도를 높인다.
③ 진행방향의 우측 블레이드 속도를 높인다.
④ 진행방향의 좌측 블레이드 속도를 높인다.

23 다음 중 X자형 무인멀티콥터의 우측으로 진행 시 블레이드 회전속도에 설명으로 올바른 것은?

① 블레이드 M1을 반시계방향으로 빠르게 회전시킨다.
② 블레이드 M4를 시계방향으로 빠르게 회전시킨다.
③ 블레이드 M3를 반시계방향으로 빠르게 회전시킨다.
④ 블레이드 M2를 시계방향으로 빠르게 회전시킨다.

13 ④ 14 ③ 15 ④ 16 ② 17 ① 18 ③ 19 ② 20 ② 21 ④ 22 ① 23 ②

24 다음 중 베르누이정리의 기계적 에너지에 포함되지 않는 것은?

① 운동에너지　　　　　　② 위치에너지
③ 이동에너지　　　　　　④ 압력에너지

25 다음 중 회전익 무인비행장치의 엔진으로 적합한 것은?

① 가솔린엔진　　　　　　② 디젤엔진
③ 제트엔진　　　　　　　④ 전기모터

26 다음 중 항공기에 작용하는 힘에 대한 설명으로 올바른 것은?

① 양력은 속도의 제곱에 비례한다.　　② 양력은 속도의 제곱에 반비례한다.
③ 항력은 속도의 제곱에 반비례한다.　④ 항력과 속도와 무관하다.

27 다음 중 회전익 항공기의 세로안정성과 관계있는 운동은?

① 피칭(pitching)　　　　　② 요잉(yawing)
③ 롤링(rolling)　　　　　　④ 양력(lift)

28 다음 중 복행에 대한 설명으로 올바른 것은?

① 항공기가 고도를 일정하게 유지하는 것.
② 착륙 중인 항공기가 착륙을 단념하고 상승하는 것.
③ 항공기가 선회반경 바깥쪽으로 밀려나는 현상
④ 항공기가 선회반경 안쪽으로 들어오는 현상

29 다음 중 벡터와 스칼라량과 관련이 없는 용어는?

① 힘　　　② 밀도　　　③ 소리　　　④ 속도

30 다음 중 항공기의 무게중심(CG)에 대한 설명으로 올바르지 않은 것은?

① 무게중심(CG) = TM /TW로 구한다.
② 무게는 기체, 승무원, 연료, 탑승객 등을 모두 포함한다.
③ 무게중심이 허용범위 앞에 있으면 기수가 숙여진다.
④ 무게중심이 허용범위 뒤에 있으면 착륙이 어려워진다.

31 다음 중 강우가 예상되는 구름은?

① 적운(Cu)   ② 층운(St)
③ 고층운(As)   ④ 권운(Ci)

32 다음 중 기상을 변화시키는 근본적인 원인은?

① 바람   ② 복사열
③ 수증기   ④ 기압

33 다음 중 착빙에 대한 설명으로 올바르지 않은 것은?

① 항공기 기체에 수증기가 응결되면서 형성된다.
② 항공기의 성능이 저하되고 출력이 감소한다.
③ 착빙에 조우하면 낮은 고도로 하강한다.
④ 양력이 감소하고 항력이 증가한다.

34 다음 중 시정의 종류에 포함되지 않는 것은?

① 기상학적 시정   ② 우세시정
③ 수직시정   ④ 기후시정

35 다음 중 온도에 사용되는 단위에 포함되지 않는 것은?

① 화씨온도(℉)   ② 섭씨온도(℃)
③ 상대온도(C)   ④ 절대온도(K)

36 다음 중 공기흐름 방향에 관계없이 모든 방향으로 작용하는 압력은?

① 전압   ② 정압
③ 동압   ④ 유압

37 다음 중 지면에서 약 11km까지 이며 대류가 발생해 기상현상이 나타나는 곳은?

① 대류권   ② 성층권
③ 열권   ④ 중간권

24 ③ 25 ④ 26 ① 27 ① 28 ② 29 ③ 30 ④ 31 ① 32 ② 33 ③ 34 ④ 35 ③ 36 ② 37 ①

38 다음 중 전선에 대한 설명으로 올바르지 <u>않은</u> 것은?
① 온난전선은 온난한 공기가 한랭한 공기 쪽으로 이동하는 전선을 말한다.
② 한랭전선은 찬 공기가 따뜻한 공기 쪽으로 파고들 때 형성되는 전선이다.
③ 폐색전선은 한랭전선과 온랭전선이 합쳐져 폐색상태가 된 전선을 말한다.
④ 정체전선은 상공의 풍향과 전선이 뻗쳐 있는 방향이 반대일 때 형성된다.

39 다음 중 난기류에 대한 설명으로 올바르지 않은 것은?
① 청정난기류는 고도와 관계없이 발생한다.
② 후류에 의한 난기류는 날개 끝에 형성된다.
③ 대류운 난기류는 적란운에서 생긴다.
④ 산악파는 산이 있는 곳이면 모두 생긴다.

40 다음 중 드론을 구성하고 있는 부문에 포함되지 <u>않는</u> 것은?
① 배터리 ② 모터
③ 전자속도제어기(ESC) ④ 주로터 블레이드

38 ④ 39 ④ 40 ④

기출 모의고사 4회

01 항공기가 일정고도에서 등속수평비행을 하고 있다. 다음 중 올바른 조건은?
① 양력 = 항력, 추력 > 중력
② 양력 = 중력, 추력 = 항력
③ 추력 > 항력, 양력 > 중력
④ 추력 = 항력, 양력 < 중력

02 다음 중 무인동력장치 Mode 2의 수직하강을 하기 위한 올바른 설명은?
① 왼쪽 조종간을 올린다.
② 왼쪽 조종간을 내린다.
③ 엘리베이터 조종간을 올린다.
④ 에이러론 조종간을 조정한다.

03 다음 중 국제민간항공기구(ICAO)에서 공식용어로 사용하는 무인항공기 용어는?
① Drone
② UAV
③ RPV
④ RPAS

04 다음 중 착빙에 대한 설명 중 올바르지 않은 것은?
① 양력과 무게를 증가해 추진력을 감소시키고 항력을 증가시킨다.
② 거친 착빙도 항공기 날개의 공기 역학에 심각한 영향을 줄 수 있다.
③ 착빙은 날개뿐만 아니라 Carburetor, Pitot관 등에도 발생한다.
④ 습한 공기가 기체 표면에 부딪치면서 결빙이 발생하는 현상이다.

05 다음 중 우리나라에 영향을 미치는 기단 중에 초여름 해양성 기단으로 불연속의 장마전선을 이루는 기단은?
① 시베리아 기단
② 양쯔강 기단
③ 오호츠크해 기단
④ 북태평양 기단

06 다음 중 초경량비행장치의 비행계획승인 신청 시 포함되지 않는 것은?
① 비행경로 및 고도
② 동승자의 자격 소지
③ 조종자의 비행경력
④ 비행장의 종류 및 형식

01 ② 02 ② 03 ④ 04 ① 05 ③ 06 ②

07 다음 중 해수면에서의 표준 온도와 표준기압은?

① 15℃, 29.92 "inch.Hg ② 59°F, 29.92 "Hg
③ 15°F, 1013.2 "inch.Hg ④ 15℃, 1013.2Hg

08 다음 중 초경량 비행장치의 비행 가능한 지역은?

① R-14 ② UA
③ MOA ④ P65

09 다음 중 표준대기 상태에서 해수면 상공 1000ft 당 상온의 기온은 몇 도씩 하락하는가?

① 1℃ ② 2℃ ③ 3℃ ④ 4℃

10 다음 중 토크작용과 관련된 뉴턴의 법칙은?

① 관성의 법칙 ② 가속도의 법칙
③ 작용과 반작용의 법칙 ④ 베르누이 법칙

11 다음 중 초경량무인비행장치 비행허가 승인에 대한 설명으로 올바르지 않은 것은?

① 비행금지구역(P-73, P-61)비행허가는 군에 받아야 한다.
② 공역이 두 개 이상 겹칠 때는 우선하는 기관에 허가를 받아야 한다.
③ 군 관제권 지역의 비행허가는 군에서 받아야 한다.
④ 민간 관제권 지역의 비행허가는 국토부의 비행승인을 받아야 한다.

12 다음 중 초경량비행장치 운영 시 범칙금으로 가장 높은 것은?

① 장치신고, 멸실신고 및 변경신고를 하지 않을 경우
② 조종자 증명 없이 비행한 경우
③ 조종자 비행준수사항을 위반한 경우
④ 안전성 인증검사를 받지 않고 비행한 경우

13 다음 중 자세를 잡기 위해 브러쉬리스 모터의 속도를 조종하는 장치는?

① ESC ② GPS
③ 자이로센서 ④ 가속도센서

14 다음 중 기압고도에 대한 설명으로 올바른 것은?

① 항공기와 지표면의 실측 높이이며, AGL 단위를 사용한다.
② 고도계 수정치를 표준대기압(29.92 inHg)에 맞춘 상태에서 고도계가 지시하는 고도
③ 기압고도에서 비표준온도와 기압을 수정해서 얻은 고도이다.
④ 고도계를 해당지역이나 인근 공항의 고도계 수정치 값에 수정 했을 때 고도계가 지시하는 고도

15 다음 중 태풍이 발생하는 조건으로 올바른 것은?

① 열대성 저기압
② 열대성 고기압
③ 열대성 폭풍
④ 편서풍

16 다음 중 6500ft 이하에서 발생하는 구름은?

① 권층운
② 고층운
③ 적운
④ 층운

17 다음 중 해풍의 설명으로 올바른 것은?

① 주간에 바다에서 육지로 분다.
② 야간에 바다에서 육지로 분다.
③ 주간에 육지에서 바다로 분다.
④ 야간에는 바람이 불지 않는다.

18 다음 안개 설명 중 알맞은 것을 고르시오.

> 차가운 지면이나 수면 위로 따뜻한 공기가 이동해 오면, 공기의 일부분이 냉각되어 응결이 일어나는 안개이다. 대부분 해안이나 해상에서 발생한다.

① 활승안개
② 복사안개
③ 이류안개
④ 증기안개

19 다음 중 비행승인을 받기 위해 필요하지 않은 것은?

① 비행경로와 고도
② 조종자의 비행경력
③ 비행장치의 제원
④ 조종자의 자격증의 소지 유무

07 ① 08 ② 09 ② 10 ③ 11 ② 12 ④ 13 ① 14 ② 15 ① 16 ④ 17 ① 18 ③ 19 ③

20 다음 중 무인 멀티콥터의 비행이 가능한 지역은?

① 인파가 많고 차량이 많은 곳　② 전파 수신이 많은 지역
③ 전기줄 및 장애물이 많은 곳　④ 장애물이 없고 안전한 곳

21 다음 중 블레이드 종횡비의 비율이 커지면 나타나는 현상에 포함되지 않는 것은?

① 유해항력이 증가한다.　② 활공성능이 좋아진다.
③ 유도항력이 감소한다.　④ 양항비가 작아진다.

22 다음 중 양력 받음각에 대한 설명으로 올바른 것은?

① 실속이 발생할 때의 받음각
② 실속이 발생하지 않을 때의 받음각
③ 양력이 발생할 때의 받음각
④ 양력이 발생하지 않을 때의 받음각

23 다음 중 어떤 조건하에서 진고도(true altitude)는 지시고도보다 낮게 지시하는가?

① 표준 공기 온도보다 추울 때　② 표준 공기 온도보다 더울 때
③ 밀도 고도가 지시고도 보다 높을 때　④ 기압고도와 밀도고도가 일치할 때

24 다음 중 민감한 고도계의 지시에서 온도의 영향에 대해 올바르게 설명한 것은?

① 표준 온도보다 더운 지역에서 항공기는 고도계 지시보다 낮은 위치에 있다.
② 표준 온도보다 추운 지역에서 항공기는 고도계 지시보다 낮은 위치에 있다.
③ 표준 온도보다 추운 지역에서 항공기는 고도계 지시보다 높은 위치에 있다.
④ 기압 고도계는 온도의 변화를 자체적으로 수정할 수 있기 때문에 고도의 변화는 없다.

25 다음 중 멀티콥터 조종기 테스트에 대한 설명으로 올바른 것은?

① 기체 바로 옆에서 테스트를 한다.
② 기체와 30m 떨어져서 레인지 모드로 테스트 한다.
③ 기체와 100m 떨어져서 일반 모드로 테스트 한다.
④ 기체를 이륙해서 조종기를 테스트 한다.

26 다음 중 항공장애등 설치기준은?
① 300ft(AGL) ② 500ft(AGL)
③ 300ft(MSL) ④ 500ft(MSL)

27 다음 중 멀티콥터의 기체를 내리려면?
① 엘리베이터를 전진한다. ② 엘리베이터를 후진한다.
③ 스로틀을 내린다. ④ 스로틀을 올린다.

28 다음 중 브러시모터와 브러시리스모터에 대한 설명으로 올바르지 않은 것은?
① 브러시리스 모터는 반영구적으로 사용 가능하다.
② 브러시리스 모터는 안전이 중요한 만큼 대형 멀티콥터에 적합하다.
③ 브러시 모터는 전자변속기(ESC)가 필요 없다.
④ 브러시 모터는 브러시가 있기 때문에 영구적으로 사용 가능하다.

29 다음 중 초경량비행장치 비행 중 조작불능 시 가장 먼저 할 일은?
① 큰 소리를 쳐서 알린다.
② 조종자 가까이 이동시켜 착륙시킨다.
③ 안전하게 착륙시킨다.
④ 급하게 불시착시킨다.

30 다음 중 비행금지구역, 제한구역, 위험구역 설정 등의 공역을 제공하는 것은?
① NOTAM ② AIC
③ AIP ④ AIRAC

31 다음 중 초경량 비행장치의 비행계획 제출 시 포함되지 않는 것은?
① 비행경로 및 고도 ② 동승자의 소지자격
③ 조종자의 비행경력 ④ 비행장치의 종류 및 형식

32 다음 중 북반구의 고기압 바람의 방향으로 올바른 것은?
① 시계방향으로 중심부에서 수렴한다.
② 반시계방향으로 중심부에서 수렴한다.
③ 시계방향으로 중심부에서 발산한다.
④ 반시계방향으로 중심부에서 발산한다.

33 다음 중 초경량비행장치 주소 변경 신고기한은?
① 10일 ② 15일
③ 30일 ④ 60일

34 다음 중 회전익 무인비행 장치의 동력장치로 가장 적합한 것은?
① 전기모터 ② 가솔린엔진
③ 로터리엔진 ④ 터보엔진

35 다음 중 나뭇잎과 가는 가지가 쉴 새 없이 흔들리고, 깃발이 흔들릴 때 나타나는 풍속은?
① 0.3~1.5m/sec ② 1.6~3.3m/sec
③ 3.4~5.4m/sec ④ 5.5~7m/sec

36 다음 중 지면에서 약 11km까지이며, 대류가 발생하여 기상현상이 나타나는 곳은?
① 성층권 ② 대류권
③ 중간권 ④ 열권

37 다음 중 멀티콥터의 구성요소에 포함되지 않는 것은?
① FC ② ESC
③ Propeller ④ GPS

38 다음 중 초경량비행장치를 소유한자가 신고해야 하는 기관은?
① 지방항공청장 ② 국토교통부장관
③ 교통안전공단이사장 ④ 한국드론협회장

39 다음 중 우리나라 여름철에 주요 기상현상을 초래하며 가장 큰 영향을 주는 기단은?

① 양쯔강기단 ② 시베리아기단
③ 적도기단 ④ 북태평양기단

40 다음 중 조종기 미사용 시 보관방법으로 올바르지 않은 것은?

① 배터리를 분리해서 보관한다. ② 서늘한 곳에 보관한다.
③ 전용케이스에 넣어서 보관한다. ④ 보관온도는 상관없다.

기출 모의고사 5회

01 다음 중 항력에 대한 설명으로 올바르지 않은 것은?
① 항공기 속도가 증가할수록 유해항력은 증가한다.
② 받음각이 증가하면 유도항력이 증가한다.
③ 항공기 속도가 증가하면 유도항력은 감소한다.
④ 항력은 속도제곱에 비례한다.

02 다음 중 기상변화가 일어나는 층으로 지상으로부터 11km까지를 일컫는 말은?
① 대류권   ② 성층권
③ 열권   ④ 중간권

03 다음 중 헬리콥터의 비행특징에 포함되지 않는 것은?
① 호버링   ② 수직이착륙
③ 배면비행   ④ 측방 비행

04 다음 중 무인멀티콥터의 기체를 내릴 대 조종기의 조작방법은?
① 엘리베이터를 후진한다.   ② 엘리베이터를 전진한다.
③ 스로틀을 올린다.   ④ 스로틀을 내린다.

05 다음 중 베르누이정리에 대한 설명으로 올바르지 않은 것은?
① 동압 + 정압 = 전압은 일정하다.
② 유체속도가 빨라지면 정압이 감소한다.
③ 동압이 커지면 정압은 감소한다.
④ 정압은 공기가 흐르는 방향에 대한 측면에 대한 압력이다.

06 다음 중 공기의 밀도와 습도, 기압에 대한 설명으로 올바르지 않은 것은?
① 밀도는 기압에 비례한다.   ② 밀도는 습도에 반비례한다.
③ 기압은 온도에 비례한다.   ④ 습도는 온도에 반비례한다.

07 다음 중 기상현상으로 발생하는 바람에 대한 설명으로 올바르지 <u>않은</u> 것은?

① 낮에 계곡에서 산을 타고 올라가는 바람은 곡풍
② 밤에 산에서 계곡으로 내려오는 바람은 산풍
③ 대륙에서 바다로 부는 바람은 육풍, 바다에서 대륙으로 부는 바람은 해풍
④ 겨울에는 대륙에서 해양으로, 여름에는 해양에서 대륙으로 부는 바람은 무역풍

08 다음 중 왕복엔진에서 윤활유의 역할에 포함되지 <u>않는</u> 것은?

① 기밀작용
② 윤활작용
③ 냉각작용
④ 방빙작용

09 다음 중 초경량비행장치 사용자가 보험에 가입해야 하는 경우는?

① 영리목적 동력비행장치
② 레저용 무인멀티콥터
③ 레저용 패러플레인
④ 개인용 낙하산

10 다음 중 항공기가 비행 중 접근하는 비행체를 피하는 방법으로 올바른 것은?

① 왼쪽으로 회피
② 오른쪽으로 회피
③ 위쪽으로 회피
④ 아래쪽으로 회피

11 다음 중 고도의 종류에 설명으로 올바르지 <u>않은</u> 것은?

① 기압고도 : 고도계를 표준대기압에 맞춘 상태에서 고도계가 지시하는 고도
② 지시고도 : 고도계를 해당지역 고도계 수정치 값으로 수정했을 때 고도계가 지시하는 고도
③ 절대고도 : 항공기와 평균 해수면의 실제 높이
④ 진고도 : 항공기와 평균 해면고도 위의 실제 높이

12 다음 중 고도계의 지침에 대한 설명으로 올바른 것은?

① 일정한 계기 고도를 유지하면서 기압이 낮은 곳에서 높은 곳으로 비행할 때는 실제고도보다 낮게 지시
② 일정한 계기고도를 유지하면서 기압이 낮은 곳에서 높은 곳으로 비행할 때는 실제보다 높게 지시
③ 기온이 표준보다 높은 지역에서는 지시고도는 진고도보다 높게 지시
④ 기온이 표준보다 낮은 지역에서 지시고도가 진고도보다 낮게 지시

01 ③　02 ①　03 ③　04 ④　05 ②　06 ④　07 ④　08 ④　09 ①　10 ②　11 ③　12 ①

13 다음 중 초경량비행장치의 종류에 포함되지 않는 것은?
① 초급활공기　　　　　　② 초경량헬리콥터
③ 자이로플레인　　　　　　④ 패러플레인

14 다음 중 해풍에 대한 설명으로 올바른 것은?
① 낮에 육지에서 바다로 부는 바람　② 낮에 바다에서 육지로 부는 바람
③ 밤에 육지에서 바다로 부는 바람　④ 밤에 바다에서 육지로 부는 바람

15 다음 중 초경량비행장치의 소유자가 변경신고를 해야 하는 기간은?
① 7일 이내　　　　　　② 15일 이내
③ 30일 이내　　　　　　④ 60일 이내

16 다음 중 초경량비행장치의 말소신고를 하지 않은 소유자에 부과되는 과태료는?
① 30만원　　② 200만원　　③ 500만원　　④ 1000만원

17 다음 중 초경량비행장치 무인멀티콥터를 비행할 수 있는 지역에 대한 설명으로 올바른 것은?
① UA로 시작하는 구역은 모두 가능하다.
② R-75 지역은 비행이 불가능하다.
③ 서울 이북 휴전선 지역도 승인을 받으면 가능하다.
④ 서울 도심의 비행허가는 국방부에서 받아야 한다.

18 다음 중 구름의 종류와 동반되는 기상현상이 올바르지 않은 것은?
① 적운 - 물방울　　　　　② 적란운 - 우박
③ 층적운 - 가랑비, 눈　　　④ 난층운 - 비

19 다음 중 초경량비행장치의 무게 기준에 대한 설명으로 올바르지 않은 것은?
① 동력비행장치는 자체 중량이 115kg 이하일 것
② 행글라이더는 자체 중량이 70kg 이하일 것
③ 무인동력장치는 자체 중량이 150kg 이하일 것
④ 무인비행선은 자체 중량이 150kg 이하일 것

20 다음 중 초경량비행장치 중 신고하지 않아도 되는 것은?

① 상업용 초경량비행장치
② 25kg 이상 무인멀티콥터
③ 12kg 이상 무인비행선
④ 계류식 무인비행장치

21 다음 중 관제구에 대한 설명으로 올바른 것은?

① 비행장과 주변 공역으로 항공 교통의 안전을 위해 지정한 공역
② 지표면으로부터 200미터 높이의 공역
③ 항공기의 항행에 적합하다고 지정한 공역
④ 항공기의 비행을 금지하거나 제한하는 공역

22 다음 중 무인멀티콥터 조종자 시험을 평가하는 평가관의 비행이수 시간은?

① 150시간
② 200시간
③ 300시간
④ 500시간

23 다음 중 전리층이 존재하며 전파방해가 심한 대기권은?

① 대류권
② 열권
③ 성층권
④ 중간권

24 다음 중 국제민간항공기구(ICAO)에서 사용하는 무인항공기 용어는?

① UAV
② UAS
③ RPAS
④ RPV

25 다음 중 주의공역에 포함되지 않는 것은?

① 통제공역
② 군작전구역
③ 경계구역
④ 위험구역

26 다음 중 회전익 비행장치의 특성에 포함되지 않는 것은?

① 제자리 비행이 가능하다.
② 측방 및 후방비행이 가능하다.
③ 최저속도가 제한된다.
④ 엔진이 정지해도 자동 활공이 가능하다.

13 ① 14 ② 15 ③ 16 ① 17 ① 18 ② 19 ④ 20 ④ 21 ② 22 ① 23 ② 24 ③ 25 ① 26 ③

27 다음 중 지면복사냉각으로 형성된 기상현상은?
① 바람　　　　　　　　　② 구름
③ 안개　　　　　　　　　④ 번개

28 다음 초경량비행장치 중 신고대상은?
① 무인동력비행장치 중에서 연료의 무게를 제외한 자체 무게가 12kg 이하
② 무인비행선 중에서 연료의 무게를 제외한 자체 무게가 12kg 이하
③ 군사목적으로 사용되는 초경량 비행장치
④ 연구기관이 판매를 목적으로 개발한 초경량비행장치

29 다음 중 무인멀티콥터를 구성하는 부품에 포함되지 않는 것은?
① 블레이드　　　　　　　② 배터리
③ 테일로터　　　　　　　④ GPS안테나

30 다음 중 무인멀티콥터의 기울기를 측정하는 장치는?
① 짐벌　　　　　　　　　② 자이로센서
③ 지자기센서　　　　　　④ 가속도센서

31 다음 중 무인멀티콥터 조종자의 준수사항에 포함되지 않는 것은?
① 일몰 후 야간비행을 하지 않는다.
② 음주 후 비행을 하지 않는다.
③ 비행 중에는 기체를 육안으로 확인할 수 있어야 한다.
④ 사람이 많이 모인 장소 상공은 비행이 가능하다.

32 다음 중 운량에 따른 분류와 설명으로 올바르지 않은 것은?
① FEW : 구름이 1/8 ~ 2/8　　② SCT : 구름이 3/8 ~ 4/8
③ BKN : 구름이 5/8 ~ 7/8　　④ OVR : 구름이 없음

33 다음 중 한국의 초여름 태백산맥을 넘어 영서지방으로 부는 고온 건조한 바람은?
① 태풍　　　　　　　　　② 산곡풍
③ 높새바람　　　　　　　④ 윈드시어

34 다음 중 윈드시어(wind shear)가 발생하는 조건에 포함되지 않는 것은?

① 저고도 기온역전 현상이 발생하는 지역
② 바람이 강하게 부는 지역
③ 제트기류가 있는 고고도에서 청천난류 지역
④ 두 개의 기단이 만나는 지역

35 다음 중 따뜻한 공기가 찬 공기 위로 오르면서 소나기, 뇌우 우박 등이 생기는 전선은?

① 한랭전선
② 온난전선
③ 정체전선
④ 폐색전선

36 다음 중 기후의 3요소에 포함되지 않는 것은?

① 기온　　② 바람　　③ 기압　　④ 강수

37 다음 중 초경량비행장치를 사용하는 사업범위에 포함되지 않는 것은?

① 영화촬영
② 산불조사
③ 야간정찰
④ 농약살포

38 다음 중 무인멀티콥터의 전원을 켠 후 조종기의 전원을 넣고 콘트롤러를 조작하는 과정은?

① 리셋
② 바인딩
③ 대기 모드
④ 캘리브레이션

39 다음 중 항공기에 작용하는 4가지 힘에 대한 설명으로 올바르지 않은 것은?

① 추력은 항공기가 앞으로 나아가게 하는 힘이다.
② 항력은 항공기가 앞으로 나가는 것을 방해하는 힘이다.
③ 중력은 항공기가 무게와 관계없이 지구중심으로 향하는 힘이다.
④ 양력은 항공기가 위로 뜨려는 힘이다.

40 다음 중 유해항력에 포함되지 않는 것은?

① 유도항력
② 형상항력
③ 마찰항력
④ 간섭항력

27 ③　28 ④　29 ③　30 ②　31 ④　32 ④　33 ③　34 ②　35 ①　36 ②　37 ③　38 ②　39 ③　40 ①

기출 모의고사 6회

01 다음 중 초경량비행장치의 비행계획서 제출 시 포함되지 않는 것은?
① 동승자의 소지자격증
② 비행경로 및 고도
③ 비행장치의 종류 및 형식
④ 조종자의 비행경력

02 다음 중 무인멀티콥터의 무게중심(CG)의 위치는?
① 동체의 중앙
② 로터의 중앙
③ 배터리 중앙
④ GPS 수신기

03 다음 중 무인멀티콥터의 비행 전 점검사항에 포함되지 않는 것은?
① 모터 및 기체의 전선 등 점검
② 배터리 및 전선 상태 점검
③ 조종기, 배터리 부식 점검
④ 시험비행으로 기체 점검

04 다음 중 엔진오일의 역할에 포함되지 않는 것은?
① 윤활작용
② 기밀작용
③ 냉각작용
④ 점화작용

05 다음 중 벡터(vector)와 관련된 용어에 포함되지 않는 것은?
① 속도
② 온도
③ 중량
④ 자기장

06 다음 중 초경량비행장치에 사용하는 배터리에 포함되지 않는 것은?
① Li-Po
② Ni-Cd
③ Ni-CH
④ Li-ion

07 다음 중 브러시 모터와 브러시리스모터의 특징으로 올바르지 않은 것은?

① 브러시리스 모터는 반영구적이다.
② 브러시리스 모터는 대형 멀티콥터에 적합하다.
③ 브러시모터는 전자변속기(ESC)가 필요하지 않다.
④ 브러시모터는 영구적으로 사용할 수 있다.

08 다음 중 초경량비행장치 종류에 대한 설명으로 올바르지 않은 것은?

① 무인비행장치는 사람이 탑승하지 않는 장치이다.
② 회전익비행장치는 동력비행장치의 요건을 갖춘 헬리콥터이다.
③ 기구류는 부력을 이용해 나는 장치이다.
④ 동력비행장치는 좌석과는 관계없이 무게가 115k 이하여야 한다.

09 다음 중 무인멀티콥터를 조종자 증명을 받지 않고 비행한 경우에 1차 과태료는?

① 20만원   ② 30만원
③ 50만원   ④ 100만원

10 다음 중 바람을 느끼고 나뭇잎이 흔들리기 시작할 때의 풍속은?

① 0.3~1.5m/sec   ② 1.6~3.3m/sec
③ 3.4~5.4m/sec   ④ 5.5~7.9m/sec

11 다음 중 비행금지구역, 제한구역, 위험구역 설정 등의 공역에 대한 정보를 제공하는 것은?

① AIC   ② AIP
③ NOTAM   ④ AIRAC

12 다음 중 무인멀티콥터가 비행 중 기체 흔들림 등의 문제가 있으면 어떤 센서의 문제인가?

① 지자기센서   ② 자이로센서
③ 짐벌   ④ GPS

01 ① 02 ① 03 ④ 04 ④ 05 ② 06 ③ 07 ④ 08 ④ 09 ② 10 ② 11 ③ 12 ②

13 다음 중 무인멀티콥터의 비행 전 기체점검에 포함되지 않는 것은?

① 기체의 배터리 부식상태를 점검한다.
② 기체의 전선이 끊어지지 않았는지 확인한다.
③ 프로펠러의 체결 상태를 확인한다.
④ 조종기의 배터리 충전은 확인하지 않아도 된다.

14 다음 중 착빙의 종류에 포함되지 않는 것은?

① 이슬착빙　　　　　　② 거친착빙
③ 혼합착빙　　　　　　④ 서리착빙

15 다음 중 무인멀티콥터의 비행자세를 제어하는 장치는?

① 가속도센서　　　　　② 자이로센서
③ 지자기센서　　　　　④ 짐벌

16 다음 중 소유자가 신고해야 하는 초경량비행장치는?

① 패러글라이더
② 계류식 기구류
③ 무인동력비행장치 중 연료의 무게를 제외한 자체무게가 12kg 이하
④ 무인비행선 중 자체 무게가 12kg이하이며 길이는 7m 이상

17 다음 중 한국의 여름 기후에 영향을 끼치는 기단은?

① 시베리아기단　　　　② 북태평양기단
③ 양쯔강기단　　　　　④ 오오츠크해기단

18 다음 중 항공기에 작용하는 후연와류에 의해 발생하는 항력은?

① 유해항력　　　　　　② 유도항력
③ 형상항력　　　　　　④ 마찰항력

19 다음 중 회전익 비행장치의 토크작용에 대한 설명으로 올바른 것은?

① 메인로터의 진행방향과 반대방향으로 기체가 돌아가려는 현상을 말한다.
② 단일 로터 헬리콥터는 주로터가 반토크 로터의 역할을 수행한다.
③ 동축 로터 헬리콥터는 2개의 로터가 같은 방향으로 회전한다.
④ 양측 로터 헬리콥터는 좌우 양쪽이 서로 같은 방향으로 회전한다.

20 다음 중 북반구에서 고기압이 부는 방향은?

① 시계방향으로 중심부로 수렴한다. ② 시계방향으로 중심부에서 발산한다.
③ 반시계방향으로 중심부로 수렴한다. ④ 반시계방향으로 중심부에서 발산한다.

21 다음 중 초경량비행장치 주소변경 신고기간은?

① 10일 ② 20일
③ 30일 ④ 60일

22 다음 중 구름의 양이 3/8~4/8일 때 표시하는 방법은?

① few ② scattered
③ broken ④ overcast

23 다음 중 지표면에서 지상 1000피트 올라갈 때마다 떨어지는 기온은?

① 1℃ ② 2℃ ③ 10℃ ④ 20℃

24 다음 중 상층운에 포함되지 않는 것은?

① 권운(Ci) ② 난층운(Ns)
③ 권적운(Cc) ④ 권층운(Cs)

25 다음 중 무인멀티콥터가 수행할 수 있는 비행에 포함되지 않는 것은?

① 전진비행 ② 회전비행
③ 배면비행 ④ 횡진비행

13 ④ 14 ① 15 ② 16 ④ 17 ② 18 ② 19 ① 20 ② 21 ③ 22 ② 23 ② 24 ② 25 ③

26 다음 중 초경량비행장치 조종자격증명 시험 응시자의 나이는?

① 만 12세 이상 ② 만 13세 이상
③ 만 14세 이상 ④ 만 15세 이상

27 다음 중 초경량비행장치 지도 조종자 자격시험에 응시 가능한 연령은?

① 만 13세 이상 ② 만 14세 이상
③ 만 16세 이상 ④ 만 20세 이상

28 다음 중 변하지 않는 북극성의 방향은?

① 자북 ② 도북 ③ 진북 ④ 정북

29 다음 중 무인멀티콥터 조종기를 사용하지 않을 때 배터리 보관방법으로 올바르지 않은 것은?

① 서늘한 장소에 보관한다.
② 전용케이스에 넣어서 보관한다.
③ 배터리는 분리해서 보관한다.
④ 직사광선이 비치는 밝은 곳에 보관한다.

30 다음 중 초경량비행장치 조종자가 준수사항을 위반했을 경우에 1차 과태료는?

① 10만원 ② 20만원
③ 30만원 ④ 50만원

31 다음 중 한반도에 영향을 미치는 기단과 계절의 연결이 올바르지 않은 것은?

① 봄가을 : 양쯔강기단 ② 초여름 : 북태평양기단
③ 여름(태풍) : 적도기단 ④ 겨울 : 오호츠크해기단

32 다음 중 착빙에 대한 설명으로 올바르지 않은 것은?

① 무게를 증가시켜 양력과 추진력은 감소한다.
② 표면마찰을 일으켜 항력은 증가한다.
③ 겨울철에만 발생하므로 조심하면 된다.
④ 기화기, 피토관에도 생긴다.

33 다음 중 초경량비행장치 사고발생 시 사고조사를 담당하는 기관은?
① 지방항공청장
② 교통안전공단
③ 항공철도사고조사위원회
④ 항공안전기술원

34 다음 중 받음각을 다르게 표현하는 명칭에 포함되지 않는 것은?
① 공격각
② 영각
③ 앙각
④ 붙임각

35 다음 중 뉴턴의 운동법칙에 포함되지 않는 것은?
① 관성의 법칙
② 베르누이법칙
③ 가속도의 법칙
④ 작용과 반작용의 법칙

36 다음 중 드론 조종사 교육을 진행할 때 교관이 논평을 실시하는 목적은?
① 문제점을 지적해 개선하도록 하기 위함.
② 잘못을 질책해 교관의 권위를 높이기 위함.
③ 지도 조종자의 능력을 과시하기 위함.
④ 다른 학습자에게 위협을 가하기 위함.

37 다음 중 섭씨(celsius) 0°C는 화씨(fahrenheit) 몇 도인가?
① 0°F
② 32°F
③ 64°F
④ 212°F

38 다음 중 국토교통부장관의 승인을 받지 않고 초경량비행장치를 이용해 비행한 후 1차 위반에 따른 과태료 부과금액은?
① 5만원
② 20만원
③ 50만원
④ 100만원

39 다음 중 무인멀티콥터의 조종기에 대한 설명으로 올바르지 않은 것은?
① 스로틀은 상승과 하강을 조정한다.
② 러더는 좌측과 우측 회전을 조정한다.
③ 엘리베이터는 이동 속도를 제어한다.
④ 에일러론은 좌측과 우측 이동을 조정한다.

40 다음 중 초경량비행장치의 안전성 인증 유효기간은?
① 6개월
② 1년
③ 2년
④ 3년

26 ③ 27 ④ 28 ③ 29 ④ 30 ② 31 ④ 32 ③ 33 ③ 34 ④ 35 ② 36 ① 37 ② 38 ② 39 ③ 40 ②

기출 모의고사 7회

01 다음 중 초경량비행장치 신고 시 첨부해야 되는 서류에 포함되지 않는 것은?
① 비행장치 소유증명 서류
② 제원 및 성능표
③ 보험가입 증명 서류
④ 비행장치 안전에 관한 서류

02 다음 중 초경량비행장치의 비행이 가능한 지역은?
① R-75
② UA
③ MOA
④ P-73

03 다음 중 초경량비행장치 무인멀티콥터 조종 자격시험에 응시할 수 있는 나이로 올바른 것은?
① 만 12세 이상
② 만 14세 이상
③ 만 20세 이상
④ 나이에 관계없이 응시할 수 있다.

04 다음 중 비행공역을 비행할 경우 허가를 받아야 하는 기관은?
① 지방항공청장
② 국방부장관
③ 국토교통부장관
④ 항공안전기술원장

05 다음 중 무인멀티콥터 배터리 점검방법으로 올바르지 않은 것은?
① 배터리 사용 전 배부름, 크랙, 누액, 파손여부를 확인한다.
② 배터리 연결 커넥터의 케이블 불량, 조임 불량을 확인한다.
③ 비행을 마친 후 배터리 표면에 열 발생 유무를 확인하기 위해 손으로 만져본다.
④ 전압, 전류를 확인해 배터리가 과충전, 과방전 되었는지 확인한다.

06 다음 중 무인멀티콥터 비행 후 배터리 관리방법으로 올바르지 않은 것은?
① 배터리 보관 시 습도가 높지 않은 곳에 보관하여야 한다.
② 리튬이온배터리는 비행 후 완전 충전해 보관하여야 배터리 소모가 적다.
③ 배터리 보관 시 화로, 전열기 주변 화재 위험이 있는 장소에 보관하면 안 된다.
④ 배터리 보관 시 더운 여름 차량 내부나 트렁크에 보관하지 않아야 한다.

07 다음 중 항공기의 양력을 크게 하기 위한 고양력장치는?

① 에어포일 ② 플랩
③ 엘리베이터 ④ 러더

08 다음 중 회전익 항공기나 고정익 항공기가 이착륙 지면과 가까워지면서 양력이 커지는 현상은?

① 편류현상 ② 코리오리스효과
③ 트림효과 ④ 지면효과

09 다음 중 대기 압력의 외부조건이 일정할 때 압력이 증가한다는 것의 의미는?

① 비행속도가 줄어들고 있다는 것을 의미한다.
② 비행속도가 증가하고 있다는 것을 의미한다.
③ 비행기가 등속 수평비행을 하고 있다는 것을 의미한다.
④ 비행 중인 항공기의 고도가 높아진다는 것을 의미한다.

10 다음은 안개에 대한 설명으로 괄호 안에 들어가야 할 알맞은 것은?

> 안개란 대기 중의 수증기가 찬 공기와 응결해 입자가 커지면서 지표면에 근접해 있거나 가까이에 형성되는 시정 ( )m 미만을 말한다.

① 1000m ② 1500m
③ 2000m ④ 3000m

11 다음 중 초경량비행장치의 프로펠러에 대한 설명으로 올바르지 <u>않은</u> 것은?

① 회전축에 가까울수록 꼬임각을 작게 한다.
② 프로펠러는 익근의 꼬임각을 익단보다 크게 한다.
③ 프로펠러의 꼬임각은 양력 불균형을 해소하기 위해서 차이를 둔다.
④ 프로펠러는 추진력을 발생시키는 장치이다.

12 다음 중 초경량비행장치 비행계획 승인 신청 시 첨부서류에 포함되지 <u>않는</u> 것은?

① 비행경로 및 고도 ② 동승자의 자격소지
③ 조종자의 자격증명서 ④ 비행장치의 종류 및 형식

01 ④ 02 ② 03 ② 04 ① 05 ③ 06 ② 07 ② 08 ④ 09 ② 10 ① 11 ① 12 ②

13 다음 중 한반도에 영향을 끼치는 여름철 기단은?

① 북태평양기단 ② 오호츠크해기단
③ 양쯔강기단 ④ 적도기단

14 다음 중 바람의 방향을 나타내는 풍향에 대한 설명으로 올바른 것은?

① 풍향은 진북을 기준으로 시계 방향을 표시한다.
② 풍향은 자북을 기준으로 반시계 방향으로 표시한다.
③ 풍향은 진북을 기준으로 반시계 방향으로 표시한다.
④ 풍향은 자북을 기준으로 시계 방향으로 표시한다.

15 다음 중 Nimbostratus와 같은 구름의 명칭에서 Nimbo, Nimbus의 접두사가 의미하는 것은?

① 비구름 ② 솟구치는 구름
③ 수직으로 발달한 구름 ④ 일정한 높이에 형성된 구름

16 다음 중 주변 대기보다 상대적으로 낮게 형성되고 중심부에 상승기류가 발생하면서 부는 바람의 방향에 대한 설명으로 올바른 것은?

① 고기압의 형성으로 북반구의 지표면에서는 바람이 반시계 방향으로 분다.
② 고기압의 형성으로 북반구의 지표면에서는 바람이 시계 방향으로 분다.
③ 저기압의 형성으로 남반구의 지표면에서는 바람이 반시계 방향으로 분다.
④ 저기압의 형성으로 남반구의 지표면에서는 바람이 시계 방향으로 분다.

17 다음 중 무인멀티콥터의 제어장치 요소에 대한 설명으로 올바르지 <u>않은</u> 것은?

① 자이로센서는 지표면을 중심으로 기울기 및 가속도 등을 측정하는 센서이다.
② 지자기센서는 지자기를 측정해 비행 방향을 인식할 수 있도록 하는 장치이다.
③ GPS는 위성항법장치로 위성으로부터 수신된 전파를 통해 위치를 계산하는 장치이다.
④ 짐벌은 비행체에 탑재되어 있는 카메라, 재머, 농약통, 무기 등을 제어하는 장치이다.

18 다음 중 X자형 멀티콥터의 작동원리에 대한 설명으로 올바른 것은?

① 조종기의 에일러론 스틱을 오른쪽으로 작동시키면 오른쪽 방향으로 이동한다.
② 조종기의 에일러론 스틱을 왼쪽으로 작동시키면 오른쪽 방향으로 이동한다.
③ 조종기의 피치 스틱을 앞쪽으로 작동시키면 멀티콥터가 상승한다.
④ 조종기의 피치 스틱을 뒤쪽으로 작동시키면 멀티콥터가 하강한다.

19 다음 중 초경량비행장치를 비행한 후 점검사항으로 올바르지 않은 것은?

① 초경량비행장치 비행 후 송신기를 off로 위치시킨다.
② 초경량비행장치의 기체 이상 유무를 점검한다.
③ 비행을 끝마치고 열이 발생한 부위 등을 바로 점검한다.
④ 기체를 분해하거나 안전한 장소로 이동시킨다.

20 다음 중 초경량비행장치 비행 전 점검사항으로 올바르지 않은 것은?

① 각종 조종기 스위치의 작동 유무를 확인한다.
② 초경량비행장치의 부품에 이상이 있는지 유무를 점검한다.
③ 초경량비행장치의 이상 유무를 확인하기 위해 호버링해 본다.
④ 각종 볼트 및 너트 부문의 조임 상태, 케이블 상태 등을 점검한다.

21 다음 중 초경량비행장치 비행 중에 진동 발생 시 조치사항으로 올바른 것은?

① 안전한 곳에 재빨리 착륙시켜 전원 스위치를 끈 후 열이 식기를 기다려 기체를 점검한다.
② 초경량비행장치를 좌우로 선회시키며 이상 유무를 확인한다.
③ 비행속도를 감소시키고 안전한 곳을 찾아 착륙한 후 열이 식기 전 배터리를 분리한다.
④ 비행 중 발생한 진동은 바람에 의한 것으로 호버링을 시도해 기체를 안정시킨다.

22 다음 중 항공기 엔진 윤활유의 역할로 올바르지 않은 것은?

① 운행 시 발생하는 고온의 열을 흡수해 엔진을 냉각시키는 역할을 한다.
② 윤활유는 엔진 내부를 밀봉시켜 출력을 높여 준다.
③ 윤활유는 엔진의 마모와 부식 등을 방지해 수명을 연장시킨다.
④ 윤활유는 엔진 내부 피스톤의 마찰력을 증가시켜 연비가 떨어진다.

23 다음 중 초경량비행장치 중 동력비행장치는 연료 등 중량을 제외한 자체 중량은?

① 70kg   ② 115kg   ③ 150kg   ④ 180kg

24 다음 중 초경량비행장치 조종자 전문교육기관 실기평가 조종자의 비행시간은?

① 100시간   ② 150시간   ③ 200시간   ④ 250시간

13 ① 14 ① 15 ① 16 ④ 17 ④ 18 ① 19 ③ 20 ③ 21 ① 22 ④ 23 ② 24 ②

25 다음 항공기에 작용하는 힘 중 내력에 포함되지 않는 것은?

① 인장력　　　　　　② 압축력
③ 전단력　　　　　　④ 항력

26 다음 중 공기밀도와 온도, 압력과의 관계를 설명한 것 중 올바른 것은?

① 공기의 온도가 높아지면 부피가 늘어나 공기밀도가 커진다.
② 공기의 온도가 높아지면 속력이 빨라지고 부피가 늘어나 공기밀도가 작아진다.
③ 높은 온도의 공기는 공기 밀도가 작아지고 압력도 줄어든다.
④ 낮은 온도의 공기는 공기 밀도가 작아지고 압력이 커진다.

27 다음 중 초경량비행장치에 사용되는 배터리의 보관방법으로 올바르지 않은 것은?

① 배터리를 완전 방전해 보관할 경우 수명이 짧아지고 성능이 저하된다.
② 배터리는 겨울철 온도가 낮은 곳에 보관하면 내부 저항이 증가해 전압이 낮아진다.
③ 겨울철 배터리는 습도가 낮고 난로 및 전열기 등 열원 주변에 보관해야 한다.
④ 배터리의 전력수준이 50%이상인 상태에서 낙하, 충격이 가해져도 관계가 없다.

28 다음 중 항공기의 뒤쪽에서 앞쪽으로 부는 바람은?

① 정풍　　　　　　② 측풍
③ 배풍　　　　　　④ 횡풍

29 다음 중 대류권의 상층, 중층, 하층까지 뻗어 있는 구름은?

① 층적운　　　　　　② 권적운
③ 적란운　　　　　　④ 난층운

30 다음 중 겨울철이나 여름철에 대륙성 기후와 해양성 기후의 온도 차이에서 발생된 바람은?

① 무역풍　　　　　　② 편서풍
③ 편동풍　　　　　　④ 계절풍

31 다음 중 국제민간항공기구(ICAO)의 표준대기 조건에 포함되지 않는 것은?

① 표준기압은 1,013.25hPa　　② 평균 해면 대기온도는 0℃
③ 해면상의 공기밀도는 1.225kg/m3　　④ 고도 1000ft 상승 시 2℃ 하락

32 다음 중 날씨가 맑고 바람이 없는 야간에 주로 발생하는 안개는?

① 복사안개　　　　　　② 이류안개
③ 활승안개　　　　　　④ 산안개

33 다음 중 바람이 고기압에서 저기압으로 이동하는 것을 방해하는 힘은?

① 지면 마찰　　　　　　② 기압 경도력
③ 코리올리 힘　　　　　④ 지구의 중력

34 다음 중 한국의 항공안전법에 의해 초경량비행장치 중 무인비행장치에 포함되지 않는 것은?

① 무인비행기　　　　　② 무인헬리콥터
③ 무인멀티콥터　　　　④ 무인기구

35 다음 중 항공고시보(NOTAM)의 유효기간은?

① 7일　　　　　　　　② 1개월
③ 3개월　　　　　　　④ 6개월

36 다음 중 항공기 기체에 발생하는 착빙에 대한 설명으로 올바르지 않은 것은?

① 항공기 기체 표면의 습한 공기가 결빙되면서 생긴다.
② 중력과 양력을 증가시켜 항력이 증가한다.
③ 착빙은 날개의 표면의 유해항력을 발생시킨다.
④ 시계와 무선통신 장애를 초래한다.

37 다음 중 상대풍과 에어포일의 시위선이 이루는 각은?

① 취부각　　　　　　　② 피치각
③ 붙임각　　　　　　　④ 받음각

38 다음 중 회전익 비행장치가 등속수평비행을 하고 있을 때 작용하는 힘은?

① 추력 = 항력, 양력 = 중력　　② 추력 = 양력 + 항력
③ 추력 = 양력 + 항력 + 중력　　④ 추력 = 양력 + 중력

39 다음 중 저기압과 고기압의 회전방향에 대한 설명으로 올바른 것은?

① 북반구에서 고기압은 시계 방향으로 회전한다.
② 북반구에서 고기압은 반시계 방향으로 회전한다.
③ 남반구에서 고기압은 시계 방향으로 회전한다.
④ 남반구에서 저기압은 반시계 방향으로 회전한다.

40 다음 중 무인멀티콥터를 상승할 때 사용하는 장치는?

① 러더
② 엘리베이터
③ 스로틀
④ 에일러론

기출 모의고사 8회

01 다음 중 역편요(adverse yaw)에 대한 설명으로 올바르지 않은 것은?

① 비행기가 선회 시 보조익을 조작해서 경사하게 되면 선회 방향과 반대방향으로 yaw 하는 것을 말한다.
② 비행기가 보조익을 조작하지 않더라도 어떤 원인에 의해서 rolling 운동을 시작하며 올라간 날개의 방향으로 yaw하는 특성을 말한다.
③ 비행기가 선회하는 경우, 옆 미끄럼이 생기면, 옆 미끄럼 한 방향으로 rolling하는 것을 말한다.
④ 비행기가 오른쪽으로 경사해 선회하는 경우 비행기의 기수가 왼쪽으로 yaw 하려는 운동을 말한다.

02 다음 중 바람이 생성되는 원인은?

① 지구의 자전
② 기압 경도력의 차이
③ 공기밀도 차이
④ 대류와 이류 현상

03 다음 중 초경량비행장치 중 국토교통부령으로 정하는 보험에 가입해야 하는 것은?

① 영리 목적으로 사용되는 인력활공기
② 개인의 취미생활에 사용되는 행글라이더
③ 영리목적으로 사용되는 동력비행장치
④ 개인의 취미생활에 사용되는 낙하산

04 다음 중 무인 회전익비행장치의 전진비행 시 힘은?

① 수직추력 > 항력
② 무게 < 양력
③ 항력 < 추력
④ 항력 < 양력

05 다음 중 초경량비행장치 조종자 자격시험에 응시 할 수 있는 최소 연령은?

① 만 12세 이상
② 만 13세 이상
③ 만 14세 이상
④ 만 18세 이상

01 ③ 02 ② 03 ③ 04 ③ 05 ③

06 다음 중 투명하고 단단한 형태로 형성되는 착빙은?

① 혼합 착빙　　　　　　② 맑은 착빙
③ 거친 착빙　　　　　　④ 서리 착빙

07 다음 중 비행 후 점검사항으로 올바르지 않은 것은?

① 수신기를 끈다.
② 송신기를 끈다.
③ 기체를 안전한 곳으로 옮긴다.
④ 열이 식을 때까지 해당 부위는 점검하지 않는다.

08 다음 중 국제민간항공기구(ICAO)에서 공식용어로 사용하는 무인항공기 용어는?

① Drone　　　　　　② UAV
③ RPV　　　　　　　④ RPAS

09 다음 중 멀티콥터가 우측으로 이동시 프로펠러 회전은?

① 좌측 앞뒤 2개의 프로펠러가 더 빨리 회전한다.
② 우측 앞뒤 2개의 프로펠러가 더 빨리 회전한다.
③ 좌측 앞 우측 뒤 프로펠러가 더 빨리 회전한다.
④ 우측 앞 좌측 뒤 프로펠러가 더 빨리 회전한다.

10 다음 중 난기류(Turbulence)를 발생하는 주 요인에 포함되지 않는 것은?

① 안정된 대기상태　　　　　　② 바람의 흐름에 대한 장애물
③ 대형 항공기에서 발생하는 후류　④ 기류의 수직 대류형상

11 다음 중 신고할 필요가 없는 초경량비행장치는?

① 계류식 무인비행장치
② 7미터를 초과하는 무인비행선
③ 초경량 헬리콥터
④ 사용하지 않고 보관해 놓은 무인비행기

12 다음 중 우시정에 대한 설명으로 올바르지 <u>않은</u> 것은?
① 우리나라에서는 2004년부터 우시정 제도를 채용하고 있다.
② 최대치의 수평 시정을 말하는 것이다.
③ 관측자로부터 수평원의 절반 또는 그 이상의 거리를 식별할 수 있는 시정.
④ 방향에 따라 보이는 시정이 다를 때 가장 작은 값으로부터 더해 각도의 합계가 180도 이상이 될 때의 값을 말한다.

13 다음 공역 중 통제공역에 해당되는 것은?
① 정보구역
② 비행금지구역
③ 군 작전구역
④ 관제구

14 다음 중 안정된 대기조건에 포함되지 <u>않는</u> 것은?
① 지속적인 강우
② 잔잔한 대기
③ 적란형 구름
④ 역전층

15 다음 중 항공시설 업무, 절차 또는 위험요소의 시설, 운영상태 및 그 변경에 관한 정보를 수록하여 전기통신 수단을 항공종사자들에게 배포하는 공고문은?
① AIC
② AIP
③ AIRAC
④ NOTAM

16 다음 중 안개가 발생하기 적합한 조건에 포함되지 <u>않는</u> 것은?
① 대기의 성층이 안정할 것
② 냉각작용이 있을 것
③ 강한 난류가 존재할 것
④ 바람이 없을 것

17 다음 중 리튬폴리머 배터리의 보관방법으로 올바른 것은?
① 뜨거운 곳이나 직사광선등 열이 잘 발생하는 곳에 보관한다.
② 자동차 안에 보관한다.
③ 화제폭발의 위험이 있으므로 밀폐용기에 보관한다.
④ 아무 곳이나 보관해도 상관없다.

06 ② 07 ① 08 ④ 09 ① 10 ① 11 ① 12 ④ 13 ② 14 ③ 15 ④ 16 ③ 17 ③

18 다음 중 신고해야 할 기체에 포함되지 않는 것은?
① 동력비행장치　　　　　② 초소형 헬리콥터
③ 초소형 자이로플레인　　④ 계류식 무인비행장치

19 다음 중 난기류(Turbulence)를 발생하는 주 요인에 포함되지 않는 것은?
① 안정된 대기 상태　　　　② 바람의 흐름에 대한 장애물
③ 대형 항공기에서 발생하는 후류　④ 기류의 수직 대류현상

20 다음 중 초경량비행장치 조종자 자격시험에 응시 할 수 있는 최소 연령은?
① 만 12세 이상　　　② 만 13세 이상
③ 만 14세 이상　　　④ 만 18세 이상

21 다음 중 안개가 발생하기 적합한 조건에 포함되지 않는 것은?
① 대기의 성층이 안정할 것　　② 냉각 작용이 있을 것
③ 강한 난류가 존재할 것　　　④ 바람이 없을 것

22 다음 중 왕복엔진의 윤활유의 역할에 포함되지 않는 것은?
① 기밀　　　② 윤활
③ 냉각　　　④ 방빙

23 다음 압력 단위계 중 압력의 단위에 포함되지 않는 것은?
① pa　　　② bar
③ Torr　　④ radian

24 다음 중 배터리 보관 시 주의사항으로 올바르지 않은 것은?
① 더운 날씨에 차량에 배터리를 보관하지 않으며 적합한 보관 장소의 온도는 22℃~28℃이다.
② 배터리를 낙하, 충격, 쑤심, 또는 인위적으로 합선시키지 말 것
③ 손상된 배터리나 전력 수준이 50%이상인 상태에서 배송하지 말 것
④ 화로나 전열기 등 열원 주변처럼 따뜻한 장소에 보관

25 다음 중 멀티콥터의 비행모드에 포함되지 않는 것은?
① GPS 모드
② 에티 모드
③ 수동 모드
④ 고도제한 모드

26 다음 중 초경량비행장치를 이용해 비행 정보 구역 내에 비행 시 비행계획에 포함해야 하는 내용이 아닌 것은?
① 교체비행장
② 연료 재보급 비행장 또는 지점
③ 기장의 성명
④ 예상소요비행시간

27 다음 중 일정 대기 조건의 변화가 없다고 가정하고, 대기가 포함돼 이슬이 맺히기 시작하는 온도는?
① 포화온도
② 노점온도
③ 대기온도
④ 상대온도

28 다음 중 배터리 보관 시 주의사항으로 올바르지 않은 것은?
① 더운 날씨에 차량에 배터리를 보관하지 않으며 적합한 보관 장소의 온도는 22℃~28℃이다.
② 배터리를 낙하, 충격, 쑤심, 또는 인위적으로 합선시키지 말 것
③ 손상된 배터리나 전력 수준이 50% 이상인 상태에서 배송하지 말 것
④ 화로나 전열기 등 열원 주변처럼 따뜻한 장소에 보관

29 다음 중 동체의 좌우 흔들림을 잡아주는 센서는?
① 자이로센서
② 지자계센서
③ 기압센서
④ GPS

30 다음 중 초경량비행장치의 기체 등록을 신청하는 기관은?
① 지방항공청장
② 국토교통부장관
③ 국방부장관
④ 지방경찰청장

18 ④ 19 ① 20 ③ 21 ③ 22 ④ 23 ④ 24 ④ 25 ④ 26 ④ 27 ② 28 ④ 29 ① 30 ①

31 다음 중 신고를 필요로 하는 초경량 비행장치는?

① 패러글라이더
② 계류식 기구류
③ 무인비행선 중 길이가 7미터 이하가 되지 않은 것으로 비행에 사용하지 않는 초경량비행장치
④ 동력을 이용하지 아니하는 비행장치

32 다음 중 대기오염물질과 혼합되어 나타나는 시정장애물은?

① 스모그
② 연무
③ 안개
④ 해무

33 다음 중 프로펠러 이상 시 가장 먼저 나타나는 현상은?

① 프로펠러의 진동이 느껴진다.
② 모터가 속도가 늦어진다.
③ 기체가 떨린다.
④ 배터리가 열이 난다.

34 다음 중 초경량 동력비행장치의 자격시험 응시자격 연령은?

① 만 14세
② 만 16세
③ 만 18세
④ 만 20세

35 다음 중 멀티콥터 착륙지점으로 올바르지 않은 것은?

① 고압선이 없고 평평한 지역
② 바람에 날아가는 물체가 없는 평평한 지역
③ 평평한 해안 지역
④ 평평하면서 경사진 곳

36 다음 중 받음각이 변하더라도 모멘트의 계수 값이 변하지 않는 점은?

① 압력중심
② 공력중심
③ 반력중심
④ 중력중심

37 다음 공역 중 통제공역에 포함되지 않는 것은?

① 비행금지구역
② 비행제한 구역
③ 군 작전구역
④ 초경량비행장치 비행제한 구역

38 다음 중 뇌우의 성숙단계 시 나타나는 현상에 포함되지 않는 것은?

① 상승기류가 생기면서 적란운이 운집
② 상승기류와 하강기류가 교차
③ 강한 비가 내린다.
④ 강한 바람과 번개가 동반한다.

39 다음이 설명하는 용어는?

> "날개골의 임의 지정에 중심을 잡고 받음각의 변화를 주면 기수를 들고 내리게 하는 피칭 모멘토가 발생하는데 이 모멘토의 값이 받음각에 관계없이 일정한 지점을 말함"

① 압력중심
② 공력중심
③ 무게중심
④ 평균공력시위

40 다음 공역 중 주의공역에 포함되지 않는 것은?

① 훈련구역
② 비행제한구역
③ 위험구역
④ 경계구역

31 ③ 32 ① 33 ① 34 ① 35 ④ 36 ② 37 ③ 38 ① 39 ② 40 ②

기출 모의고사 9회

01 다음 중 조종자 교육 시 논평(Criticize)을 실시하는 목적은?

① 잘못을 직접적으로 질책하기 위함
② 지도 조종자의 품위를 유지하기 위함
③ 주변의 타 학생들에게 경각심을 주기 위함
④ 문제점을 발굴해 발전을 도모하기 위함

02 다음 중 착빙의 종류에 포함되지 않는 것은?

① 이슬착빙   ② 맑은착빙(투명착빙)
③ 거친착빙   ④ 혼합착빙

03 다음 중 조종자 준수사항 위반 시 1차 과태료는?

① 5만원   ② 10만원
③ 20만원   ④ 30만원

04 다음 중 초경량비행장치의 종류에 포함되지 않는 것은?

① 초급활공기   ② 동력비행장치
③ 회전익비행장치   ④ 초경량헬리콥터

05 다음 중 멀티콥터의 비행자세 제어를 확인하는 시스템은?

① 자이로 센서   ② 가속도 센서
③ 위성시스템(GPS)   ④ 지자기방위센서

06 다음 중 해풍에 대한 설명으로 올바른 것은?

① 여름에 해상에서 육지로 부는 바람   ② 낮에 육지에서 바다로 부는 바람
③ 낮에 해상에서 육지로 부는 바람   ④ 밤에 해상에서 육지로 부는 바람

07 다음 중 초경량비행장치의 사용사업범위에 포함되지 않는 것은?

① 농약 살포
② 드론촬영
③ 산불조사
④ 야간정찰

08 다음 중 직원들의 스트레스 해소법에 포함되지 않는 것은?

① 정기적인 신체검사
② 직무평가 도입
③ 적성에 따른 직무 재배치
④ 정기 워크샵

09 다음 중 멀티콥터 CG의 위치는?

① 동체의 중앙 부분
② 배터리 장착부분
③ 로터 장착부분
④ GPS 안테나 부분

10 안개의 시정은 ( )m 이다. 다음 중 ( )안에 들어갈 알맞은 것을 고르시오.

① 100m
② 1,000m
③ 200m
④ 2,000m

11 다음 중 공기흐름 방향에 관계없이 모든 방향으로 작용하는 압력은?

① 정압
② 동압
③ 벤츄리 압력
④ 속도는 동압 더하기 정압에서 전압을 뺀 것이다.

12 다음 중 항공기에 작용하는 힘에 대한 설명으로 올바르지 않은 것은?

① 양력의 크기는 속도의 제곱에 비례한다.
② 항력은 비행기의 받음각에 따라 변한다.
③ 추력은 비행기의 받음각에 따라 변하지 않는다.
④ 중력은 속도에 비례한다.

01 ④ 02 ① 03 ③ 04 ① 05 ① 06 ③ 07 ④ 08 ② 09 ① 10 ② 11 ① 12 ④

13 다음 중 프로펠러 이상 시 가장 먼저 나타나는 현상은?
① 프로펠러의 진동이 느껴진다.
② 모터가 속도가 늦어진다.
③ 기체가 떨린다.
④ 배터리가 열이 난다.

14 다음 중 뇌우의 성숙단계 시 나타나는 현상에 포함되지 않는 것은?
① 상승기류가 생기면서 적란운이 운집
② 상승기류와 하강기류가 교차
③ 강한 비가 내린다.
④ 강한 바람과 번개가 동반한다.

15 다음 중 비관제공역에 대한 설명으로 올바른 것은?
① 항공교통의 안전을 위하여 항공기의 비행순서·시기 및 방법 등에 관하여 국토교통부장관의 지시를 받아야 할 필요가 있는 공역으로서 관제권 및 관제구를 포함하는 공역
② 항공교통의 안전을 위하여 항공기의 비행을 금지 또는 제한할 필요가 있는 공역
③ 관제공역외의 공역으로서 항공기에게 비행에 필요한 조언·비행정보 등을 제공하는 공역
④ 항공기의 비행 시 조종사의 특별한 주의·경계·식별등을 요구할 필요가 있는 공역

16 다음 중 조종자 리더십에 관한 설명으로 올바른 것은?
① 기체 손상여부 관리를 의논한다.
② 다른 조종자를 험 담을 한다.
③ 결점을 찾아내서 수정을 한다.
④ 편향적 안전을 위하여 의논한다.

17 다음 중 바람이 생성되는 근본적인 원인은?
① 지구의 자전
② 태양의 복사에너지의 불균형
③ 구름의 흐름
④ 대류와 이류 현상

18 다음 중 동력비행장치의 연료를 제외한 무게는?
① 70kg 이하
② 115kg 이하
③ 150kg 이하
④ 225kg 이하

19 다음 기체의 착빙에 대한 설명 중 올바르지 않은 것은?

① 양력과 무게를 증가시켜 추진력을 감소시킨다.
② 습도가 많은 공기가 기체표면에 부딪치면서 결빙이 발생한다.
③ 착빙은 Carburetor, Pitot관 등에도 생긴다.
④ 거친 착빙도 날개의 공기 역학에 영향을 줄 수 있다.

20 다음 중 무인 멀티콥터에 사용하지 않는 배터리는?

① Li-Po   ② Li-Ch   ③ Ni-MH   ④ Ni-Cd

21 다음 중 안개가 발생하기 적합한 조건에 포함되지 않는 것은?

① 대기의 성층이 안정할 것   ② 냉각작용이 있을 것
③ 강한 난류가 존재할 것   ④ 바람이 없을 것

22 다음 중 해양성 기단으로 매우 습하고 더우며 주로 7~8월에 태풍과 함께 한반도 상공으로 이동하는 기단은?

① 오호츠크해기단   ② 양쯔강기단
③ 북태평양기단   ④ 적도기단

23 다음 중 뇌운과 같이 동반하지 않는 것은?

① 하강기류   ② 우박
③ 안개   ④ 번개

24 다음 중 회전익 비행장치가 호버링 상태로부터 전진비행으로 바뀌는 과도적인 상태는?

① 전이성향   ② 전이 양력
③ 자동 회전   ④ 지면 효과

25 다음 대기권 중 기상 변화가 일어나는 층으로 고도가 상승할수록 온도가 강하되는 층은?

① 성층권   ② 중간권
③ 열권   ④ 대류권

13 ① 14 ① 15 ③ 16 ③ 17 ② 18 ② 19 ① 20 ② 21 ③ 22 ④ 23 ③ 24 ② 25 ④

26 다음 중 초경량비행장치의 기체 등록을 신청하는 기관은?
① 지방항공청장 ② 국토교통부장관
③ 국방부장관 ④ 지방경찰청장

27 다음 중 초경량비행장치 조종자 전문교육기관이 확보해야할 지도조종자의 최소비행시간은?
① 50시간 ② 100시간
③ 150시간 ④ 200시간

28 다음 중 NOTAM 유효기간으로 올바른 것은?
① 1개월 ② 3개월 ③ 6개월 ④ 1년

29 다음 중 초경량 비행장치의 운용시간으로 올바른 것은?
① 일출부터 일몰 30분전까지 ② 일몰부터 일출까지
③ 일출부터 일몰까지 ④ 일출 30분후부터 일몰 30분전까지

30 다음 중 수직으로 발달한 구름으로 강우가 예상되는 구름은?
① CU(적운) ② St(층운)
③ As(고층운) ④ Ci(권운)

31 다음 중 멀티콥터의 비행모드에 포함되지 않는 것은?
① GPS모드 ② 에티모드
③ 수동모드 ④ 고도제한모드

32 다음 중 착륙장치가 달린 동력패러글라이딩이 초경량비행장치가 되기 위한 무게는?
① 70kg ② 120kg ③ 150kg ④ 180kg

33 다음 중 무인멀티콥터의 기수를 제어하는 부품은?
① 지자계 센서 ② 온도
③ 레이저 ④ GPS

34 다음 중 이륙거리를 짧게 하는 방법으로 올바르지 않은 것은?

① 추력을 크게 한다. ② 비행기 무게를 작게 한다.
③ 배풍으로 이륙한다. ④ 고양력 장치를 사용한다.

35 다음 중 받음각이 변하더라도 모멘트의 계수 값이 변하지 않는 점은?

① 공기력중심 ② 압력중심
③ 반력중심 ④ 중력중심

36 다음 중 왕복엔진의 윤활유의 역할에 포함되지 않는 것은?

① 윤활력 ② 냉각력
③ 압축력 ④ 방빙력

37 다음 중 투명하고 단단한 형태로 형성되는 착빙은?

① 혼합 착빙 ② 맑은 착빙
③ 거친 착빙 ④ 서리 착빙

38 다음 중 무인멀티콥터의 위치를 제어하는 부품은?

① GPS ② 온도감지계
③ 레이저센서 ④ 자이로

39 다음 중 멀티콥터 우측으로 이동하려면 프로펠러 회전은?

① 좌측 앞뒤 2개의 프로펠러가 더 빨리 회전한다.
② 우측 앞뒤 2개의 프로펠러가 더 빨리 회전한다.
③ 좌측 앞 우측 뒤 프로펠러가 더 빨리 회전한다.
④ 우측 앞 좌측 뒤 프로펠러가 더 빨리 회전한다.

40 다음 초경량비행장치 중 프로펠러가 4개인 멀티콥터는?

① 헥사콥터 ② 옥토콥터
③ 쿼드콥터 ④ 트라이콥터

26 ① 27 ② 28 ② 29 ③ 30 ③ 31 ④ 32 ① 33 ① 34 ③ 35 ① 36 ④ 37 ② 38 ① 39 ① 40 ③

기출 모의고사 10회

01 다음 중 착빙의 종류에 포함되지 않는 것은?
① 맑은 착빙
② 거친 착빙
③ 서리 착빙
④ 이슬 착빙

02 다음 중 비행제한구역을 비행승인 없이 비행하면 범칙금은?
① 500만원
② 300만원
③ 200만원
④ 30만원

03 다음 중 초경량비행장치 비행계획승인 신청 시 포함되지 않는 것은?
① 비행경로 및 고도
② 동승자의 자격소지
③ 조종자의 비행경력
④ 비행장치의 종류 및 형식

04 다음 공기밀도에 대한 설명으로 올바르지 않은 것은?
① 온도가 높아질수록 공기밀도도 증가한다.
② 일반적으로 공기밀도가 하층보다 상층이 낮다.
③ 수증기가 많이 포함될수록 공기밀도는 감소한다.
④ 국제표준대기(ISA)의 밀도는 건조공기로 가정했을 때의 밀도이다.

05 다음 중 드론을 조종하다가 갑자기 기계에 이상이 생겼을 때 하는 행동으로 올바른 것은?
① 주위사람에게 큰소리로 외친다.
② 급추락이나 안전하게 착륙시킨다.
③ 자세제어 모드로 전환하여 조종을 한다.
④ 최단거리로 비상착륙을 한다.

06 다음 중 진한 회색을 띠며 비와 안개를 동반한 구름은?
① 권층운
② 난층운
③ 층적운
④ 권적운

07 다음 중 터널 속에서 GPS가 작동하지 않을 경우에 이용하는 항법은?

① 지문항법
② 추측항법
③ 관성항법
④ 무선항법

08 다음 중 고기압이나 저기압 시스템의 설명에 대한 설명으로 올바른 것은?

① 고기압 지역은 마루에서 공기가 올라간다.
② 고기압 지역은 마루에서 공기가 내려간다.
③ 저기압 지역은 골에서 공기가 정체한다.
④ 저기압 지역은 골에서 공기가 내려간다.

09 다음 중 초경량비행장치 비행 전 조종기 테스트로 올바른 것은?

① 기체와 30m 떨어져서 레인지모드로 테스트 한다.
② 기체와 100m 떨어져서 일반모드로 테스트 한다.
③ 기체 바로 옆에서 테스트를 한다.
④ 기체를 이륙해서 조종기를 테스트 한다.

10 다음 중 등압선이 좁은 곳에서 발생하는 현상은?

① 무풍 지역
② 태풍 지역
③ 강한 바람
④ 약한 바람

11 다음 중 비행 후 점검사항에 포함되지 않는 것은?

① 수신기를 끈다.
② 송신기를 끈다.
③ 기체를 안전한 곳으로 옮긴다.
④ 열이 식을 때까지 해당 부위는 점검하지 않는다.

12 다음 중 초경량비행장치 비행계획 신청서에 포함되지 않는 것은?

① 조종자의 비행경력
② 비행기 제작사
③ 신청인의 성명
④ 계류식 무인 비행장치

01 ④ 02 ③ 03 ② 04 ① 05 ① 06 ② 07 ② 08 ② 09 ① 10 ③ 11 ① 12 ②

13 다음 중 멀티콥터의 제어장치에 포함되지 않는 것은?

① GPS
② FC
③ 제어컨트롤
④ 프로펠러

14 다음 중 베르누이 정리에 대한 설명으로 올바른 것은?

① 베르누이 정리는 밀도와 무관하다.
② 유체의 속도가 증가하면 정압이 감소한다.
③ 위치 에너지의 변화에 의한 압력이 통합이다.
④ 정상 흐름에서 정압과 동압의 합은 일정하지 않다.

15 다음 중 비행체에 적용하는 힘에 포함되지 않는 것은?

① 항력
② 양력
③ 압축력
④ 중력

16 다음 중 멀티콥터의 무게중심 위치는?

① 전진 모터의 뒤쪽
② 후진 모터의 뒤쪽
③ 기체의 중심
④ 랜딩 스키드 뒤쪽

17 다음 중 회색 또는 검은색의 먹구름이며 비와 눈을 포함하고 두께가 두껍고 수직으로 발달한 구름은?

① Altostratus(고층운)
② Cumulonimbus(적란운)
③ Nimbostratus(난층운)
④ Stratocumulus(층적운)

18 다음 중 멀티콥터가 우측으로 이동 할 때 각 모터의 형태에 대한 설명으로 올바른 것은?

① 오른쪽 프로펠러의 힘이 약해지고 왼쪽 프로펠러의 힘이 강해진다.
② 왼쪽 프로펠러의 힘이 약해지고 오른쪽 프로펠러의 힘이 강해진다.
③ 왼쪽, 오른쪽 각각의 로터가 전체적으로 강해진다.
④ 왼쪽, 오른쪽 각각의 로터가 전체적으로 약해진다.

19 다음 중 고기압에 대한 설명으로 올바르지 않은 것은?

① 중앙으로 갈수록 기압이 떨어진다.
② 기단의 형성이 쉽다.
③ 중심부에 하강기류가 발생한다.
④ 북반구에서 시계방향으로 회전한다.

20 다음 중 무인멀티콥터가 비행할 수 없는 것은?

① 전진비행　　　　　　② 추진비행
③ 회전비행　　　　　　④ 배면비행

21 다음 중 무인 멀티콥터가 이륙할 때 필요 없는 장치는?

① 모터　　② 변속기　　③ 배터리　　④ GPS

22 다음 중 비행 전 점검사항에 포함되지 않는 것은?

① 조종기 외부 깨짐을 확인　　　② 보조 조종기의 점검
③ 배터리 충전 상태 확인　　　　④ 기체 각 부품의 상태 및 파손 확인

23 다음 중 조종기 관리방법으로 올바르지 않은 것은?

① 조종기는 하루에 한번 씩 체크를 한다.
② 조종기 점검은 비행 전 시행을 한다.
③ 조종기 장기 보관 시 배터리 커넥터를 분리한다.
④ 조종기는 22~28℃ 상온에서 보관한다.

24 다음 중 두 기단이 만나서 정체되는 전선은?

① 온난전선　　　　　　② 한냉전선
③ 정체전선　　　　　　④ 폐색전선

25 다음 중 난기류(Turbulence)를 발생하는 주 요인에 포함되지 않는 것은?

① 안정된 대기상태　　　　　　② 바람의 흐름에 대한 장애물
③ 대형 항공기에서 발생하는 후류　　④ 기류의 수직 대류형상

26 다음 중 시정 장애물에 포함되지 않는 것은?

① 황사　　　　　　② 안개
③ 스모그　　　　　④ 강한 비

13 ④　14 ②　15 ③　16 ③　17 ②　18 ①　19 ②　20 ④　21 ④　22 ②　23 ①　24 ③　25 ①　26 ④

27 다음 중 표준 대기온도, 대기압으로 올바르지 <u>않은</u> 것은?

① 103215hpa
② 760mmHG
③ 해수면 온도 섭씨 15도, 화씨 59도
④ 29.92inHg

28 다음 중 신고해야 할 기체에 포함되지 <u>않는</u> 것은?

① 동력비행장치
② 초소형 헬리콥터
③ 초소형 자이로플레인
④ 계류식 무인비행장치

29 다음 중 우시정에 대한 설명으로 올바르지 <u>않은</u> 것은?

① 우리나라에서는 2004년부터 우시정 제도를 채용하고 있다.
② 최대치의 수평 시정을 말하는 것이다.
③ 관측자로부터 수평원의 절반 또는 그 이상의 거리를 식별할 수 있는 시정이다.
④ 방향에 따라 보이는 시정이 다를 때 가장 작은 값으로부터 더해 각도의 합계가 180도 이상이 될 때의 값을 말한다.

30 다음 중 드론 하강 시 조작해야 할 조종기의 레버는?

① 엘리베이터
② 스로틀
③ 에일러론
④ 러더

31 다음 중 배터리를 사용할 때 주의사항으로 올바르지 <u>않은</u> 것은?

① 매 비행 시마다 배터리를 완충시켜 사용한다.
② 정해진 모델의 전용 충전기만 사용한다.
③ 비행 시 저 전력 경고가 표시될 때 즉시 복귀 및 착륙시킨다.
④ 배부른 배터리를 깨끗이 수리해서 사용한다.

32 다음 중 항공장애등을 설치하는 높이는?

① 300ft AGL
② 500ft AGL
③ 300ft MSL
④ 500ft MSl

33 다음 중 조종자가 서로 논평을 하는 이유로 올바른 것은?
① 못하는 부분만 찾아서 꾸짖는다.
② 서로 대화하며 문제점을 찾는다.
③ 일상생활의 이야기 한다.
④ 상대방의 의견에 변론을 제기한다.

34 다음 중 연료를 제외한 무게가 올바르게 연결되지 않은 초경량비행장치는?
① 동력비행장치는 연료 및 비상장비 중량을 제외한 자체 중량 115kg 이하이다.
② 회전익비행장치는 연료 및 비상장비 중량을 제외한 자체 중량 115kg 이하이다.
③ 동력패러글라이더는 연료 및 비상장비 중량을 제외한 자체 중량 115kg 이하이다.
④ 무인비행장치는 연료 및 비상장비 중량을 제외한 자체 중량 115kg 이하이다.

35 다음 중 안전성 인증검사를 받지 않은 초경량비행장치를 비행에 사용하다 적발되었을 경우 부과되는 과태료는?
① 200만원 이하의 과태료   ② 300만원 이하의 과태료
③ 400만원 이하의 과태료   ④ 500만원 이하의 과태료

36 다음 중 대기현상에 포함되지 않는 것은?
① 비   ② 바다선풍
③ 일출   ④ 안개

37 육상에서 나뭇잎이 움직이고 풍향계가 움직이기 시작한다. 바다에서는 뚜렷한 잔잔한 파도가 전면에 나타나고, 파도머리가 매끄러운 상태이다. 다음 중 이때의 풍속은 대략 어느 정도인가?
① 1.6~3.3m/s   ② 3.4~5.4m/s
③ 5.5~7.9m/s   ④ 8.0~10.7m/s

38 다음 중 2차 전지에 속하지 않는 배터리는?
① 리튬폴리머(Li-Po) 배터리   ② 니켈수소(Ni-MH) 배터리
③ 니켈카드뮴(Ni-Cd) 배터리   ④ 알카라인 전지

27 ① 28 ④ 29 ④ 30 ② 31 ④ 32 ② 33 ② 34 ④ 35 ④ 36 ③ 37 ① 38 ④

39 다음 중 공기흐름 방향에 관계없이 모든 방향으로 작용하는 압력은?

① 정압
② 동압
③ 벤츄리 압력
④ 전압-정압

40 비행기에 고정피치 프로펠러를 장착하고 시운전 중 진동이 느껴졌다. 다음 중 추정되는 원인으로 올바른 것은?

① 프로펠러 장착 볼트의 조임치가 일정하지 않다.
② 프로펠러의 표면이 거칠다.
③ 엔진 출력에 비해 큰 마찰수에 적당한 프로펠러를 장착했다.
④ 프로펠러의 장착과는 관계없다.

39 ① 40 ①

STEP 2 구술평가

1 기체에 관련된 사항

1. 기체의 분류

	내용
자체중량	초경량무인비행장치 12kg 초과 ~ 150kg
이륙중량	25kg 이상
인증기관	항공안전기술원
멀티콥터의 종류	프로펠러(Rotor)의 숫자에 따라 트리콥터(3개), 쿼드콥터(4개), 헥사콥터(6개), 옥터콥터(8개), 도데카(12개)

2. 기체의 제원

	내용
기체규격(크기)	1.78m × 1.78m × 0.64m(모터 축간거리 1.23m)
기체중량(무게)	자체중량 10.4kg,(배터리 제외), 1.48kg(배터리 포함) 최대이륙중량 24.9kg(배터리 + 10L 포함)
프로펠러	22 inch, 6.5 inch(피치) *피치 : 프로펠러가 1회전 했을 때 전진하는 거리
모터	브러쉬리스 모터 출력(180KV) *KV : 무부하 1V 입력 시 모터의 회전수(RPM)
배터리	리튬폴리머(Lipo) 22.2V, 16000mAh, 6s(2EA) *1cell 기준 표준전압 : 3.7V / 완충전압 : 4.2V / 충전하면 안 되는 전압 4.24V
비행성능	1회 비행시간 : 8~10분(최대이륙중량 기준) / 20~30분(허용중량 기준) 최대 이동거리 : 500m(소프트웨어 설정) 비행속도 3~8m/s

3. 비행원리

	내용
기체에 작용하는 힘	양력, 중력, 추력, 항력
멀티콥터 기동원리	회전수(RPM) 제어방식 ex) 전진 시 회전속도가 빠른 후방이 올라가고 속도가 낮은 전방이 내려감으로써 기체가 앞으로 기울어지면서 앞으로 나아가는 원리
기체요축(러더) 제어방식	작용반작용의 법칙

4. 멀티콥터 부품의 명칭과 기능

	내용
탑재센서의 종류와 기능	IMU : 기체의 수평을 제어하는 센서, 자이로 또는 MEMS Chip GPS : 위치, 속도 인식을 하고 건물 등이 가려지면 작동이 원활하지 않음 지자계센서 : 기체의 진북, 자북, 방향인식장치(Compass) 고도계 : 기압의 차이로 고도를 유지 또는 표시(Barometer)
변속기(ESC)의 역할	FC로부터 신호를 받아 배터리 전원(전류와 전압)을 사용해 모터가 신호 대비 적절하게 회전을 유지하도록 해주는 장치
리튬폴리머 배터리 주의사항	고온다습한 곳을 반드시 피해 보관, 과충전 금지, 완전방전 주의, 손상된 배터리 충전 금지
리튬폴리머 배터리 폐기방법	가능하면 잔량을 최소화할 것, 소금물에 담가 완전방전 0V를 확인하고 폐기처리
Attitude 모드	드론의 자세유지(기체가 뒤집히지는 않는 상태) 시켜주는 모드로, 사용자가 조정을 하지 않아도 수평자세 유지와 기압계를 통한 고도유지는 작동하나 위치고정(GPS)과 달리 외부 영향에 의해 위치변화가 발생

❷ 조종자에 관련된 사항

1. 응시자격 및 준수사항

	내용
조종자 응시자격	만 14세 이상, 신체검사 증명소지자로서 해당 비행장치의 비행경력이 20시간 이상인 자
조종자 준수사항	• 야간비행(일몰 후 일출 전) 비행금지 • 음주, 약물 흡입 비행금지(음주기준 : 혈중알코올 농도 0.02% 이상) • 고도 150m 이상(이륙장소 기준) 비행금지 • 낙하물 투하금지 • 시계외 비행금지 • 사람이 많은 곳에서 비행금지 • 유인기 출현 시 무조건 양보 및 즉시 착륙 • 무인기의 용도이외 사용을 금지 • 비행금지구역에서 허가 없이 비행금지 • 고압선 송전탑 부근 비행금지(지자계 센서에 악영향 우려) • 악천후 시(비, 우박, 외우, 눈, 안개) 비행금지

2. 기체등록 등 미준수시 과태료

벌금 또는 과태료	해당사항
30만원 이하의 과태료	• 말소신고를 하지 아니한 초경량비행장치소유자 • 사고에 관한 보고를 하지 아니하거나 허위로 한 조종자, 소유자
100만원 이하의 과태료	• 신고표시 하지 않거나 허위로 한 자
200만원 이하의 과태료	• 변경등록 또는 말소등록 신청 아니한 자 • 조종자 준수사항을 따르지 아니하고 비행한 자 • 국토교통부장관의 승인을 받지 아니하고 비행한 자
300만원 이하의 과태료	• 조종자 증명없이 비행한 경우
500만원 이하의 과태료	• 안정성 인증검사 없이 비행한 경우 • 보험가입 없이 사용사업한 자
1년 이하의 징역 또는 1천만원 이하의 벌금	• 안전성인증을 받지 아니한 초경량비행장치를 사용하여 조종자 증명을 받지 아니하고 비행을 한 자
3년 이하의 징역 또는 3천만원 이하의 벌금	• 주류 등의 영향으로 초경량비행장치를 정상적으로 사용할 수 없는 상태에서 비행을 한 자

3 공역 및 비행장에 관련된 사항

1. 비행금지구역 및 제한구역

	내용
비행금지구역	P-73 : 강북지역 일대 P-73A : 청와대 중심 3.7km P-73B : 서울상공-알파지역으로부터 4.6km P-518 : 휴전선 인근 경기북부, 강원 북부 P-61~65 : 고리(61), 한빛(영광 63), 한울(울진 64), 원전중심 18.6km
제한/관제공역	• R75 : 수도권 비행제한구역, 공항관제탑 중심 9.3km

2. 비행계획 승인기관

	비행금지구역 (P-73, P-61등)	비행제한구역 (R-75)	민간관제권	군관제권	그 밖의 지역
촬영허가(국방부)	○	○	○	○	○
비행허가(군)	○	○	×	○	×
비행승인(국토부)	×	×	○	×	×
공통사항	1. 위의 사항은 최대 이륙중량 25kg 이하의 기체, 고도 150m 이하로 한정 적용 2. 공역이 2개 이상 겹칠 경우 각 기관 모두에 허가를 득해야 함. 3. 고도 150m 이상 비행이 필요한 경우 공역에 관계없이 국토교통부 승인 요청				

※ 비행제한공역에서 비행하고자 하는 자는 해당 지방항공청에 승인을 받아야 함.
※ 서울지방항공청(서울, 경기, 강원, 충청, 충북, 전북), 부산지방항공청(부산, 경남, 전북), 제주항공청

4 일반지식 및 비상절차 등

1. 일반지식

	내용
NOTAM(노탐)	• 조종사를 포함한 종사자들이 적시 적절히 알아야 할 공항시설, 항공업무, 절차 등의 변경 및 설정, 위험요소의 시설 등에 관한 정보사항의 고시 • 비행금지구역, 제한구역, 위험구역 설정 등의 공역제공 • 유효기간 : 3개월
Mode1, 2 차이	• mode1은 왼쪽 스틱 위아래가 엘리베이터, 오른쪽 스틱이 스로틀 • mode2은 왼쪽 스틱 위아래가 스로틀, 오른쪽 스틱이 엘레베이터

2. 비상절차

	내용
비상절차	• 주변에 '비상'이라고 알려 사람들이 드론으로부터 대피하도록 하고, 인명/시설에 피해가 가지 않는 장소에 빨리 착륙(필요 시 Attitude 모드로 전환) • 사고가 났을 때에는 국토교통부에 신고(인사사고 시 응급조치 우선) • 통신두절 : Fail Safe / Go Home 기능과 현 장비의 셋팅 상태
충돌예방(우선권)	• 저고도 유인항공기 / 긴급항공기 출현 시 양보(즉각 회피 및 착륙)

3. 기타 자주하는 질문

	내용
자격증 명칭	• 초경량비행장치 무인멀티콥터 조종자 자격증
초경량비행장치의 정의	• 항공기와 경량항공기 외에 국토교통부령으로 비행할 수 있는 동력비행장치
자격증을 취득하려는 이유	

| STEP 3 | 실기시험 평가순서 |

1 비행 전 점검 사항

순번	내용
1	조종기와 배터리, 점검표를 들고 기체 앞으로 간다.
2	안전한 곳에 조종기와 점검표를 내려 놓는다.
3	배터리를 기체에 장착한다. (전원선 연결은 절대 금지)
4	기체번호 확인! "S―――(ex. S7337D)!" 확인 후 점검표에 작성
5	비행 전 기체점검 시작!
6	1번 ~ 6번까지 모터 및 프롭 • 회전 이상 무! • 프롭 깨짐 이상 무! • 나사 조임상태 이상 무! • 모터 온도 및 이물질 낌 이상 무! • 암대 고정 상태 이상 무! 1/2/3/4/5/6 동일하게 실시
7	기체커버, GPS 안테나 및 LED 고정 상태 이상 무!
8	약제통 고정상태 이상 무!
9	랜딩기어 고정상태 이상 무!
10	'비행 전 기체 점검 완료!'
11	'비행 전 조종기 점검 실시!'
12	조종기를 파지한다.
13	조종기 스위치 OFF 확인!
14	조종기 스틱 회전 상태 및 각 레버 상태 이상 무!
15	조종기 이물질 확인 이상 무!
16	'조종기 스위치 ON!'
17	'조종기 전압상태 확인!' 배러리 잔량 이상 무!
18	배터리 전압확인!(1번 배터리 95% 25볼트, 2번 배터리 95% 25볼트 이상무! 기체 전원연결!(1번 배터리연결! 2번 배터리연결!) GPS수신대기 중! GSP수신완료!
19	아워메타 확인1 '000.0!' 확인 후 점검표에 기재
20	조종자 위치로 이동! (안전거리 15M 확보)
21	비행 전 시야 점검! (전방/좌측/우측/후방) 확인 이상 무!
22	풍향 및 풍속 확인! (풍향은 0m/s 불고 있으며 풍향은 몇시 방향에서 몇시 방향으로 불고 있습니다.!)
23	GPS 수신 최종 확인! 이상 무! (녹색 / 보라색) (3회 점등까지 확인함)
	"수험생 OOO 시험준비 끝!"

2 실비행 시험절차

		내용
1	• 기체 시동! • 이륙! • 정지! 5,4,3,2,1	• 프롭 회전 이상 무! 약 3~5M 상승 후 "정지"구호를 외침!
2	키 점검1	
	• 에어런 점검 이상 무! • 엘리베이터 점검 이상 무! • 러더 점검 이상 무!	키 조작을 미세하게 하여 기체 점검 기체 정렬 후 5초간 정지!
	• 기체 이상 무!	이상이 없을 시 "기체 이상 무" 구호 이상이 있을 시 "기체 이상발견" 구호 후 즉시 착륙
	호버링 비행	
3	• 호버링 위치로! • 정지! 5,4,3,2,1	호버링 위치(라바콘위)로 이동하여 "정지" 구호
4	• 좌/우측 호버링 실시	고도 유지한 채 회전할 것 고도가 낮거나 높아질 경우 조종자가 적절히 조종하여 고도 유지를 한다.
	• 좌측면 호버링! • 정지! 5,4,3,2,1	좌로 90도 회전 후 "정지"구호, 5초간 유지
	• 우측면 호버링! • 정지! 5,4,3,2,1	우로 180도 회전 후 "정지"구호, 5초간 유지
	• 기체 정렬! • 정지! 5,4,3,2,1	5초간 유지
	50M 전진 및 후진 비행 실시!	
5	• 전진 비행 실시! • 정지! 5,4,3,2,1	50M 전진 후 라바콘 위에 정지하여 "정지" 구호, 5초간 호버링
	• 후진 비행 실시! • 정지! 5,4,3,2,1	호버링 위치까지 후진 후 라바콘 위에 정지하여 5초간 호버링
	삼각비행	
6	삼각 비행 실시! 삼각 비행 위치로1	
	• 우로 이동! • 정지! 5,4,3,2,1	3시 방향 라바콘 위 정지 후 "정지" 구호, 5초간 호버링
	• 좌로 45도 상승! • 정지! 5,4,3,2,1	좌측 대각선 45도 방향으로 상승하여 중앙 호버링 위치로 정지 후 5초간 호버링
	• 좌로 45도 하강! • 정지! 5,4,3,2,1	좌측 대각선 45도 방향으로 하강하여 9시 방향 라바콘 위 정지 후 5초간 호버링
	• 호버링 위치로! • 정지! 5,4,3,2,1	

		내용
		원주비행(러더턴)
7	• 원주비행실시! 착륙장 위치로! • 정지! 5,4,3,2,1	이착륙장 위로 이동하여 "정지" 구호 후 5초간 호버링
	• 우측면 호버링! • 정지! 5,4,3,2,1	우측으로 90도 회전하여 "정지" 구호 후 5초간 호버링
	• 원주비행시작! • 정지! 5,4,3,2,1	평가기준에 따라 원주비행실시, 원위치로 돌아온 후 "정지" 구호 후 5초간 호버링
	• 기체정렬! • 정지! 5,4,3,2,1	기수를 전방으로 돌려 "정지" 구호 후 5초간 호버링
		비상조작
8	• 비상조작 실시! • 2M 상승!	2M 상승 후 호버링 3초간 유지
	• 비상!	삼각비행 하강속도의 1.5배 이상의 속도로, 좌측 비상착륙장 1M위까지 하강
	• 착륙!	약 1M위에 2~3초내에 위치 수정 후 신속히 착륙
	• 착륙 완료!	프롭회전 정지 후 시동 OFF
		정상접근 및 착륙
9	• 에띠모드 전환! • "전환 확인"!	구호 후 에띠(수동)모드로 전환
	• 시동!	프롭 회전 확인! 이상 무!
	• 이륙! • 정지! 5,4,3,2,1	비상착륙장에서 이륙하여 자세 유지 후 "정지" 5초간 호버링
	• 정상접근 착륙 실시! • 정치! 5,4,3,2,1	이착륙장 위치로 이동하여 "정지" 5초간 호버링
	• 착륙!	이착륙장에 착륙
		측풍접근 및 착륙(GPS모드)
10	• GPS모드 전환! • 전환 확인!	구호 후 GPS모드로 전환
	• 시동	프롭 회전 확인 후 이상 무1
	• 이륙 • 정지! 5,4,3,2,1	이착륙장 이륙하여 자세 유지 후 "정지" 5초간 호버링
	• 측풍 접근 기준 위치로! • 정지! 5,4,3,2,1	3시 방향 라바콘으로 사선 이동, "정지" 구호 후 5초간 호버링
	• 우측면 호버링! • 정지! 5,4,3,2,1	우측면 호버링 후 "정지" 구호 후 5초간 호버링

		내용
10	• 측풍 접근 착륙 실시! • 정지! 5,4,3,2,1	기수 변경 없이 이착륙장으로 사선 이동 후 "정지"
	• 착륙!	기수 변경 없이 자세 유지한 채 착륙(시동OFF)
	착륙 완료!	
	비행 후 기체 점검	
	이동하여 아워미터 확인 후 기록 및 비행 후 점검 실시	
	조종기와 점검표를 소지하고 기체 앞으로 이동	
	조종기와 점검표를 안전한 곳에 내려 놓는다.	

3 비행 후 점검 사항

순번	내용	
1	아워메타 확인! 000.0아워! 복창 후 점검표에 기록!	
2	기체 전원 해제!(기체 배터리 분리!)	
3	조종기 전원 OFF!	
4	비행 후 기체 점검!	
5	1번 모터 ~ 6번 모터	• 회전 이상 무! • 프롭 깨짐 이상 무! • 나사 조임상태 이상 무! • 모터 온도 및 이물질 낌 이상 무! • 암대 고정 상태 이상 무! 2/3/4/5/6 동일하게 실시
6	기체커버, GPS 안테나 및 LED 고정 상태 이상 무!	
7	약제통 고정상태 이상 무!	
8	랜딩기어 고정상태 이상 무!	
9	비행 후 기체점검 완료!	

MEMO

드론 무인멀티콥터 조종자 자격증 필기

APPENDIX

부록

- **STEP 1** 초경량비행장치조종자 실기시험표준서
- **STEP 2** 무인멀티콥터 체크리스트

APPENDIX 01 초경량비행장치조종자 실기시험표준서

개정 기록표(RECORD OF AMENDMENTS)

개정사항 (AMENDMENTS)				
순번	개정일	근거	기록자	주요 개정내용
1	2017.12.21.	초경량비행장치 조종자 증명 운영세칙	김진욱	개정
2				
3				
4				
5				
6				
7				
8				
9				
10				

목차

제1장 총 칙

1. 목적 ··· 400
2. 실기시험표준서 구성 ··· 400
3. 일반사항 ··· 400
4. 실기시험표준서의 용어의 정의 ··· 400
5. 실기시험표준서의 사용 ··· 401
6. 실기시험표준서의 적용 ··· 401
7. 초경량비행장치 무인멀티콥터 실기시험 응시요건 ··· 401
8. 실기시험 중 주의산만(Distraction)의 평가 ··· 401
9. 실기시험위원의 책임 ··· 402
10. 실기시험 합격수준 ··· 402
11. 실기시험 불합격의 경우 ··· 402

제2장 실기영역

1. 구술 관련 사항 ··· 403
2. 실기 관련 사항 ··· 403
3. 종합능력 관련 사항 ··· 404

제3장 실기영역 세부기준

1. 구술 관련 사항 ··· 405
2. 실기 관련 사항 ··· 406
3. 종합능력 관련 사항 평가기준 ··· 408

[별지] 초경량비행장치조종자(무인멀티콥터) 실기시험 채점표 ··· 409

제1장 총칙

1 목적

이 표준서는 초경량비행장치 무인멀티콥터 조종자 실기시험의 신뢰와 객관성을 확보하고 초경량비행장치 조종자의 지식 및 기량 등의 확인과정을 표준화하여 실기시험 응시자에 대한 공정한 평가를 목적으로 한다.

2 실기시험표준서 구성

초경량비행장치 무인멀티콥터 실기시험 표준서는 제1장 총칙, 제2장 실기영역, 제3장 실기영역세부기준으로 구성되어 있으며, 각 실기영역 및 실기영역 세부기준은 해당 영역의 과목들로 구성되어 있다.

3 일반사항

초경량비행장치 무인멀티콥터 실기시험위원은 실기시험을 시행할 때 이 표준서로 실시하여야 하며 응시자는 훈련을 할 때 이 표준서를 참조할 수 있다.

4 실기시험표준서 용어의 정의

가. "실기영역"은 실제 비행할 때 행하여지는 유사한 비행기동들을 모아놓은 것이며, 비행 전 준비부터 시작하여 비행종료 후의 순서로 이루어져 있다. 다만, 실기시험위원은 효율적이고 완벽한 시험이 이루어질 수 있다면 그 순서를 재배열하여 실기시험을 수행할 수 있다.
나. "실기과목"은 실기영역 내의 지식과 비행기동/절차 등을 말한다.
다. "실기영역의 세부기준"은 응시자가 실기과목을 수행하면서 그 능력을 만족스럽게 보여주어야 할 중요한 요소들을 열거 한 것으로, 다음과 같은 내용을 포함하고 있다.
　- 응시자의 수행능력 확인이 반드시 요구되는 항목
　- 실기과목이 수행되어야 하는 조건
　- 응시자가 합격될 수 있는 최저 수준
라. "안정된 접근"이라 함은 최소한의 조종간 사용으로 초경량비행장치를 안전하게 착륙시킬 수 있도록 접근하는 것을 말한다. 접근할 때 과도한 조종간의 사용은 부적절한 무인멀티콥터 조작으로 간주된다.
마. "권고된"이라 함은 초경량비행장치 제작사의 권고 사항을 말한다.
바. "지정된"이라 함은 실기시험위원에 의해서 지정된 것을 말한다.

5 실기시험표준서의 사용

가. 실기시험위원은 시험영역과 과목의 진행에 있어서 본 표준서에 제시된 순서를 반드시 따를 필요는 없으며 효율적이고 원활하게 실기시험을 진행하기 위하여 특정 과목을 결합하거나 진행순서를 변경할 수 있다. 그러나 모든 과목에서 정하는 목적에 대한 평가는 실기시험 중 반드시 수행되어야 한다.
나. 실기시험위원은 항공법규에 의한 초경량비행장치 조종자의 준수사항 등을 강조하여야 한다.

6 실기시험표준서의 적용

가. 초경량비행장치 조종자증명시험에 합격하려고 하는 경우 이 실기시험표준서에 기술되어 있는 적절한 과목들을 완수하여야 한다.
나. 실기시험위원들은 응시자들이 효율적이고 주어진 과목에 대하여 시범을 보일 수 있도록 지시나 임무를 명확히 하여야 한다. 유사한 목표를 가진 임무가 시간 절약을 위해서 통합되어야 하지만, 모든 임무의 목표는 실기시험 중 적절한 때에 시범보여져야 하며 평가되어야 한다.
다. 실기시험위원이 초경량비행장치 조종자가 안전하게 임무를 수행하는 능력을 정확하게 평가하는 것은 매우 중요한 것이다.
라. 실기시험위원의 판단하에 현재의 초경량비행장치나 장비로 특정 과목을 수행하기에 적합하지 않을 경우 그 과목은 구술평가로 대체할 수 있다.

7 초경량비행장치 무인멀티콥터 실기시험 응시요건

초경량비행장치 무인멀티콥터 실기시험 응시자는 다음 사항을 충족하여야 한다. 응시자가 시험을 신청할 때에 접수기관에서 이미 확인하였더라도 실기시험위원은 다음 사항을 확인할 의무를 지닌다.

가. 최근 2년 이내에 학과시험에 합격하였을 것.
나. 조종자증명에 한정될 비행장치로 비행교육을 받고 초경량비행장치 조종자증명 운영세칙에서 정한 비행경력을 충족할 것.
다. 시험당일 현재 유효한 항공신체검사증명서를 소지할 것.

8 실기시험 중 주의산만(Distraction)의 평가

사고의 대부분이 조종자의 업무부하가 높은 비행단계에서 조종자의 주의산만으로 인하여 발생된 것으로 보고되고 있다. 비행교육과 평가를 통하여 이러한 부분을 강화시키기 위하여 실기시험위원은 실기시험 중 실제로 주의가 산만한 환경을 만든다. 이를 통하여 시험위원은 주어진 환경 하에서 안전한 비행을 유지하고 조종실의 안과 밖을 확인하는 응시자의 주의분배 능력을 평가할 수 있는 기회를 갖게 된다.

9 실기시험위원의 책임

가. 실기시험위원은 관계 법규에서 규정한 비행계획 승인 등 적법한 절차를 따르지 않았거나 초경량비행장치의 안전성 인증을 받지 않은 경우(관련규정에 따른 안전성인증 면제 대상 제외) 실기시험을 실시해서는 안 된다.
나. 실기시험위원은 실기평가가 이루어지는 동안 응시자의 지식과 기술이 표준서에 제시된 각 과목의 목적과 기준을 충족하였는지의 여부를 판단할 책임이 있다.
다. 실기시험에 있어서 "지식"과 "기량" 부분에 대한 뚜렷한 구분이 없거나 안전을 저해하는 경우 구술시험으로 진행할 수 있다.
라. 실기시험의 비행부분을 진행하는 동안 안전요소와 관련된 응시자의 지식을 측정하기 위하여 구술시험을 효과적으로 진행하여야 한다.
마. 실기시험위원은 응시자가 정상적으로 임무를 수행하는 과정을 방해하여서는 안 된다.
바. 실기시험을 진행하는 동안 시험위원은 단순하고 기계적인 능력의 평가보다는 응시자의 능력이 최대로 발휘될 수 있도록 기회를 제공하여야 한다.

10 실기시험 합격수준

실기시험위원은 응시자가 다음 조건을 충족할 경우에 합격판정을 내려야 한다.

가. 본 표준서에서 정한 기준 내에서 실기영역을 수행해야 한다.
나. 각 항목을 수행함에 있어 숙달된 비행장치 조작을 보여주어야 한다.
다. 본 표준서의 기준을 만족하는 능숙한 기술을 보여 주어야 한다.
라. 올바른 판단을 보여 주어야 한다.

11 실기시험 불합격의 경우

응시자가 수행한 어떠한 항목이 표준서의 기준을 만족하지 못하였다고 실기시험위원이 판단하였다면 그 항목은 통과하지 못한 것이며 실기시험은 불합격 처리가 된다. 이러한 경우 실기시험위원이나 응시자는 언제든지 실기시험을 중지할 수 있다. 다만 응시자의 요청에 의하여 시험은 계속될 수 있으나 불합격 처리된다.

실기시험 불합격에 해당하는 대표적인 항목들은 다음과 같다.

가. 응시자가 비행안전을 유지하지 못하여 시험위원이 개입한 경우.
나. 비행기동을 하기 전에 공역확인을 위한 공중경계를 간과한 경우.
다. 실기영역의 세부내용에서 규정한 조작의 최대 허용한계를 지속적으로 벗어난 경우.
라. 허용한계를 벗어났을 때 즉각적인 수정 조작을 취하지 못한 경우 등이다.
마. 실기시험시 조종자가 과도하게 비행자세 및 조종위치를 변경한 경우.

제2장 실기영역

1 구술 관련 사항

가. 기체에 관련한 사항
   1) 비행장치 종류에 관한 사항
   2) 비행허가에 관한 사항
   3) 안전관리에 관한 사항
   4) 비행규정에 관한 사항
   5) 정비규정에 관한 사항

나. 조종자에 관련한 사항
   1) 신체조건에 관한 사항
   2) 학과합격에 관한 사항
   3) 비행경력에 관한 사항
   4) 비행허가에 관한 사항

다. 공역 및 비행장에 관련한 사항
   1) 기상정보에 관한 사항
   2) 이·착륙장 및 주변 환경에 관한 사항

라. 일반지식 및 비상절차
   1) 비행규칙에 관한 사항
   2) 비행계획에 관한 사항
   3) 비상절차에 관한 사항

마. 이륙 중 엔진 고장 및 이륙 포기
   1) 이륙 중 엔진 고장에 관한 사항
   2) 이륙 포기에 관한 사항

2 실기 관련 사항

가. 비행 전 절차
   1) 비행 전 점검
   2) 기체의 시동
   3) 이륙 전 점검

나. 이륙 및 공중조작
   1) 이륙비행
   2) 공중 정지비행(호버링)

3) 직진 및 후진 수평비행
　　　4) 삼각비행
　　　5) 원주비행(러더턴)
　　　6) 비상조작

　다. 착륙조작
　　　1) 정상접근 및 착륙
　　　2) 측풍접근 및 착륙

　라. 비행 후 점검
　　　1) 비행 후 점검
　　　2) 비행기록

3 종합능력 관련 사항

가. 계획성
나. 판단력
다. 규칙의 준수
라. 조작의 원활성
마. 안전거리 유지

제3장 실기영역 세부기준

1 구술 관련 사항

가. 기체관련사항 평가기준
  1) 비행장치 종류에 관한 사항
     기체의 형식인정과 그 목적에 대하여 이해하고 해당 비행장치의 요건에 대하여 설명할 수 있을 것
  2) 비행허가에 관한 사항
     항공안전법 제124조에 대하여 이해하고, 비행안전을 위한 기술상의 기준에 적합하다는 '안전성인증서'를 보유하고 있을 것
  3) 안전관리에 관한 사항
     안전관리를 위해 반드시 확인해야 할 항목에 대하여 설명할 수 있을 것
  4) 비행규정에 관한 사항
     비행규정에 기재되어 있는 항목(기체의 재원, 성능, 운용한계, 긴급조작, 중심위치 등)에 대하여 설명할 수 있을 것
  5) 정비규정에 관한 사항
     정기적으로 수행해야 할 기체의 정비, 점검, 조정 항목에 대한 이해 및 기체의 경력 등을 기재하고 있을 것

나. 조종자에 관련한 사항 평가기준
  1) 신체조건에 관한 사항
     유효한 신체검사증명서를 보유하고 있을 것
  2) 학과합격에 관한 사항
     필요한 모든 과목에 대하여 유효한 학과합격이 있을 것
  3) 비행경력에 관한 사항
     기량평가에 필요한 비행경력을 지니고 있을 것
  4) 비행허가에 관한 사항
     항공안전법 제125조에 대하여 설명할 수 있고 비행안전요원은 유효한 조종자 증명을 소지하고 있을 것

다. 공역 및 비행장에 관련한 사항 평가기준
  1) 공역에 관한 사항
     비행관련 공역에 관하여 이해하고 설명할 수 있을 것
  2) 비행장 및 주변 환경에 관한 사항
     초경량비행장치 이착륙장 및 주변 환경에서 운영에 관한 지식

라. 일반 지식 및 비상절차에 관련한 사항 평가기준
  1) 비행규칙에 관한 사항
     비행에 관한 비행규칙을 이해하고 설명할 수 있을 것

2) 비행계획에 관한 사항
   가) 항공안전법 제127조에 대하여 이해하고 있을 것
   나) 의도하는 비행 및 비행절차에 대하여 설명할 수 있을 것
3) 비상절차에 관한 사항
   가) 충돌예방을 위하여 고려해야 할 사항(특히 우선권의 내용)에 대하여 설명할 수 있을 것
   나) 비행 중 발동기 정지나 화재발생 시 등 비상조치에 대하여 설명할 수 있을 것

마. 이륙 중 엔진 고장 및 이륙포기 관련한 사항 평가기준
   1) 이륙중 엔진 고장에 관한 사항
      이륙중 엔진 고장 상황에 대해 이해하고 설명할 수 있을 것
   2) 이륙포기에 관한 사항
      이륙 중 엔진 고장 및 이륙 포기 절차에 대해 이해하고 설명할 수 있을 것

2 실기 관련 사항

가. 비행 전 절차 관련한 사항 평가기준
   1) 비행 전 점검
      점검항목에 대하여 설명하고 그 상태의 좋고 나쁨을 판정할 수 있을 것
   2) 기체의 시동 및 점검
      가) 올바른 시동절차 및 다양한 대기조건에서의 시동에 대한 지식
      나) 기체 시동 시 구조물, 지면 상태, 다른 초경량비행장치, 인근 사람 및 자산을 고려하여 적절하게 초경량비행장치를 정대
      다) 올바른 시동 절차의 수행과 시동 후 점검·조정 완료 후 운전상황의 좋고 나쁨을 판단할 수 있을 것
   3) 이륙 전 점검
      가) 엔진 시동후 운전상황의 좋고 나쁨을 판단할 수 있을 것
      나) 각종 계기 및 장비의 작동상태에 대한 확인절차를 수행할 수 있을 것

나. 이륙 및 공중조작 평가기준
   1) 이륙비행
      가) 원활하게 이륙 후 수직으로 지정된 고도까지 상승할 것
      나) 현재 풍향에 따른 자세수정으로 수직으로 상승이 되도록 할 것
      다) 이륙을 위하여 유연하게 출력을 증가
      라) 이륙과 상승을 하는 동안 측풍 수정과 방향 유지
   2) 공중 정지비행(호버링)
      가) 고도와 위치 및 기수방향을 유지하며 정지비행을 유지할 수 있을 것
      나) 고도와 위치 및 기수 방향을 유지하며 좌측면/우측면 정지비행을 유지할 수 있을 것
   3) 직진 및 후진 수평비행
      가) 직진 수평비행을 하는 동안 기체의 고도와 경로를 일정하게 유지할 수 있을 것

나) 직진 수평비행을 하는 동안 기체의 속도를 일정하게 유지할 수 있을 것
4) 삼각비행*
가) 삼각비행을 하는 동안 기체의 고도(수평비행시)와 경로를 일정하게 유지할 수 있을 것
나) 삼각비행을 하는 동안 기체의 속도를 일정하게 유지할 수 있을 것
* 삼각비행 : 호버링 위치 → 좌(우)측 포인트로 수평비행 → 호버링 위치로 상승비행 → 우(좌)측 포인트로 하강비행 → 호버링 위치로 수평비행
5) 원주비행(러더턴)
가) 원주비행을 하는 동안 기체의 고도와 경로를 일정하게 유지할 수 있을 것
나) 원주비행을 하는 동안 기체의 속도를 일정하게 유지할 수 있을 것
다) 원주비행을 하는 동안 비행경로와 기수의 방향을 일치시킬 수 있을 것
6) 비상조작
비상상황시 즉시 정지후 현위치 또는 안전한 착륙위치로 신속하고 침착하게 이동하여 비상착륙할 수 있을 것

다. 착륙조작에 관련한 평가기준
1) 정상접근 및 착륙
가) 접근과 착륙에 관한 지식
나) 기체의 GPS 모드 등 자동 또는 반자동 비행이 가능한 상태를 수동비행이 가능한 상태(자세모드)로 전환하여 비행할 것
다) 안전하게 착륙조작이 가능하며, 기수방향유지가 가능할 것
라) 이착륙장 또는 착륙지역 상태, 장애물 등을 고려하여 적절한 착륙지점(Touchdown point) 선택
마) 안정된 접근자세(Stabilized Approach)와 권고된 속도(돌풍요소를 감안)유지
바) 접근과 착륙 동안 유연하고 시기 적절한 올바른 조종간의 사용
2) 측풍접근 및 착륙
가) 측풍 시 접근과 착륙에 관한 지식
나) 측풍상태에서 안전하게 착륙조작이 가능하며, 방향유지가 가능할 것
다) 바람상태, 이착륙장 또는 착륙지역 상태, 장애물 등을 고려하여 적절한 착륙지점(Touchdown point) 선택
라) 안정된 접근자세(Stabilized Approach)와 권고된 속도(돌풍요소를 감안)유지
마) 접근과 착륙 동안 유연하고 시기 적절한 올바른 조종간의 사용
바) 접근과 착륙동안 측풍 수정과 방향 유지

라. 비행 후 점검에 관련한 평가기준
1) 비행 후 점검
가) 착륙 후 절차 및 점검 항목에 관한 지식
나) 적합한 비행 후 점검 수행
2) 비행기록
비행기록을 정확하게 기록할 수 있을 것

3 종합능력 관련 사항 평가기준

가. 계획성
　　비행을 시작하기 전에 상황을 정확하게 판단하고 비행계획을 수립했는지 여부에 대하여 평가할 것
나. 판단력
　　수립한 비행계획을 적용 시 적절성 여부에 대하여 평가할 것
다. 규칙의 준수
　　관련되는 규칙을 이해하고 그 규칙의 준수여부에 대하여 평가할 것
라. 조작의 원활성
　　기체 취급이 신속정확하며 원활한 조작을 하고 있는지 여부에 대하여 평가할 것
마. 안전거리 유지
　　실기시험 중 기종에 따라 권고된 안전거리 이상을 유지할 수 있을 것

[별지] 초경량비행장치조종자(무인멀티콥터) 실기시험 채점표

실기시험 채점표

초경량비행장치조종자(무인멀티콥터)

등급표기
S : 만족(Satisfactory)
U : 불만족(Unsatisfactory)

응시자성명		사용비행장치		판정	
시험일시		시험장소			

순번	구분	실기영역 및 실기과목	등급
		구술시험	
1		기체에 관련한 사항	
2		조종자에 관련한 사항	
3		공역 및 비행장에 관련한 사항	
4		일반지식 및 비상절차	
5		이륙 중 엔진 고장 및 이륙 포기	
		실기시험(비행 전 절차)	
6		비행 전 점검	
7		기체의 시동	
8		이륙 전 점검	
		실기시험(이륙 및 공중조작)	
9		이륙비행	
10		공중 정지비행(호버링)	
11		직진 및 후진 수평비행	
12		삼각비행	
13		원주비행(러더턴)	
14		비상조작	

실기시험(착륙조작)			
15	정상접근 및 착륙		
16	측풍접근 및 착륙		
실기시험(비행 후 점검)			
17	비행 후 점검		
18	비행기록		
실기시험(종합능력)			
19	안전거리 유지		
20	계획성		
21	판단력		
22	규칙의 준수		
23	조작의 원활성		

실기시험위원 의견

실기시험위원		자격증명 번호	

APPENDIX 02

무인멀티콥터 체크리스트

점검일자 202 . . .   기체신고번호 :

시작 시간		종료 시간		운용 시간		운용자		비행 목적	

NO	구분	점검 내용	확인 비행 전	확인 비행 후	이상 증상
1	배터리	기체 배터리 전압 확인(비행 전 25V 이상)	☐		
2	프로펠러	프롭 단차	☐	☐	
3		프롭 회전	☐	☐	
4		프롭 깨짐	☐	☐	
5		프롭 유격	☐	☐	
6	모터	모터 온도 및 이물질	☐	☐	
7		모터 고정 볼트 조임 상태	☐	☐	
8	변속기	변속기 고정 상태	☐	☐	
9	붐/암	암대 고정 상태	☐	☐	
10	본체	본체 해치 고정 상태	☐	☐	
11		GPS 안테나 고정 상태	☐	☐	
12		LED 램프 부착 상태	☐	☐	
13		기체 중앙 메인 프레임 고정 상태	☐	☐	
14		약제통 고정 상태	☐	☐	
15	착륙 장치	랜딩 기어 고정 상태	☐	☐	
16	조종기	조종기 스위치 OFF 상태	☐		
17		조종기 스틱 상태	☐		
18		조종기 전압 확인	☐		
19	커넥터	기체 배터리 커넥터 연결상태	☐		
20	아워 미터	아워 미터 숫자 확인 및 기록	☐	☐	

이륙 전 확인 사항

NO	내용	확인	비고
1	면허증(자격증)은 소지하고 계십니까?	☐	
2	현재 비행할 지역의 비행승인(지방항공청)은 받으셨습니까?	☐	
3	현재 기상 상태는 확인하셨습니까? Ex) 풍향, 풍속, 시정	☐	
4	비행하는데 적합한 옷을 입고 계십니까?	☐	
5	개인 안전장구(보호안경, 안전모 등)를 착용하고 있습니까?	☐	
6	현재의 장소가 이착륙하는데 문제 없습니까?	☐	
7	비행장 주변의 장애물은 확인하셨습니까?	☐	
8	기체와 조종자 간 안전거리(15m)는 확보하셨습니까?	☐	

MEMO

드론 무인멀티콥터 조종자 자격증 필기   ISBN 979-11-91391-99-2

발행일 2021년 11월 30日   초판 1쇄

저　자 l 민진규, 박재희, 김봉석
발행인 l 이용중
발행처 l 도서출판 배움
주　소 l 서울시 영등포구 영등포로 400 신성빌딩 2층 (신길동)
주문 및 배본처 l Tel 02) 813-5334 / Fax 02) 814-5334

| 저자와의 |
| 협의하에 |
| 인지생략 |

본서의 無斷轉載·複製를 禁함. 본서의 무단 전재·복제행위는 저작권법 제136조에 의거 5년 이하의 징역 또는 5,000만 원 이하의 벌금에 처하거나 이를 병과할 수 있습니다. 파본은 구입처에서 교환하시기 바랍니다.

정가 26,000원